专项职业能力考核培训教材

网站设计与网页制作

人力资源社会保障部教材办公室　组织编写

主　编：杨根兴

副主编：蔡　伟

编　者：蒋存锋　郭剑峰　姚宝敬

主　审：李　婷

中国劳动社会保障出版社

图书在版编目（CIP）数据

网站设计与网页制作 / 人力资源社会保障部教材办公室组织编写. -- 北京：中国劳动社会保障出版社，2022

专项职业能力考核培训教材

ISBN 978-7-5167-5310-1

Ⅰ. ①网… Ⅱ. ①人… Ⅲ. ①网站－设计－教材②网页－制作－教材 Ⅳ. ①TP393.092

中国版本图书馆 CIP 数据核字（2022）第 146393 号

中国劳动社会保障出版社出版发行

（北京市惠新东街 1 号　邮政编码：100029）

*

三河市华骏印务包装有限公司印刷装订　新华书店经销

787 毫米 ×1092 毫米　16 开本　21.5 印张　399 千字

2022 年 9 月第 1 版　2022 年 9 月第 1 次印刷

定价：50.00 元

读者服务部电话：（010）64929211/84209101/64921644

营销中心电话：（010）64962347

出版社网址：http://www.class.com.cn

前　言

职业技能培训是全面提升劳动者就业创业能力、促进充分就业、提高就业质量的根本举措，是适应经济发展新常态、培育经济发展新动能、推进供给侧结构性改革的内在要求，对推动大众创业万众创新、推进制造强国建设、推动经济高质量发展具有重要意义。

为了加强职业技能培训，《国务院关于推行终身职业技能培训制度的意见》（国发〔2018〕11号）、《国务院办公厅关于印发职业技能提升行动方案（2019—2021年）的通知》（国办发〔2019〕24号）提出，要深化职业技能培训体制机制改革，推进职业技能培训与评价有机衔接，建立技能人才多元评价机制，完善技能人才职业资格评价、职业技能等级认定、专项职业能力考核等多元化评价方式。

专项职业能力是可就业的最小技能单元，劳动者经过培训掌握了专项职业能力后，意味着可以胜任相应岗位的工作。专项职业能力考核是对劳动者是否掌握专项职业能力所做出的客观评价，通过考核的人员可获得专项职业能力证书。

为配合专项职业能力考核工作，人力资源社会保障部教材办公室组织有关方面的专家编写了这套专项职业能力考核培训教材。该套教材严格按照专项职业能力考核规范编写，教材内容充分反映了专项职业能力考核规范中的核心知识点与技能点，较好地体现了适用性、先进性与前瞻性。教材编写过程中，我们还专门聘请了相关行业和考核培训方面的专家参与教材的编审工作，保证了教材内容的科学性及与考核规范、题库的紧密衔接。

专项职业能力考核培训教材突出了适应职业技能培训的特色，不但有助于读者通过考核，而且有助于读者真正掌握专项职业能力的知识与技能。

本教材在编写过程中得到上海市职业技能鉴定中心、上海市软件行业协会等单位的大力支持与协助，在此一并表示衷心感谢。

教材编写是一项探索性工作，由于时间紧迫，不足之处在所难免，欢迎各使用单位及个人对教材提出宝贵意见和建议，以便教材修订时补充更正。

人力资源社会保障部教材办公室

序

当前互联网应用进入一个崭新的时代，互联网技术快速发展，尤其是 Web 技术日新月异，这让每位置身其中的互联网从业人员都有逆水行舟、不进则退的感觉。对于互联网从业人员来说，网站设计与网页制作是一项基本技术，也是一项基本技能。

实际上，“网站设计与开发”是世界技能大赛的一个竞赛项目（曾称“网站设计”）。网站设计与开发是指根据项目需求设计、制作站点，通过能在各种终端上使用的页面，实现各种交互效果、后台功能的竞赛项目。自第 41 届世界技能大赛以来，中国选手参加此竞赛项目均取得了较好成绩，这也显示了中国在这一技能领域具有一定的竞争力。世界技能大赛对此项目提出的技能要求是非常高的，主要体现在以下四个方面：熟练地使用 Photoshop 等软件进行图形图像处理，设计站点的 logo 及主题风格；使用 HTML5、CSS3 和 JS 按设计稿制作页面，并完成各种交互效果的开发；使用 PHP、MYSQL 和主流框架技术搭建较复杂的后台管理系统；掌握网页制作的技术，理解网页制作的艺术价值。

本教材是为初学者编写的，读者只要具备互联网的基础知识和基本的编程技能，就可以开始学习。本教材具有低门槛、易学习、重技能的特点。对一个初入行的互联网从业人员来说，学习、掌握网站设计与网页制作这项基本技能，是进入互联网行业的“敲门砖”，更是开始就业、创业的起点。

本教材分为三个循序渐进的培训任务。通过学习“培训任务 1　网站结构设计”，使网站能够“建”起来；通过学习“培训任务 2　网页重构”，使网站能够“美”起来；通过学习“培训任务 3　Web 前端交互开发”，使网站能够“动”起来。

本教材配备了一个完整的实战案例，该案例分为三个实战练习，依次设置在各培训任务的最后。该实战案例贯穿教材的始终，让读者学以致用，逐步体验学习的成果和快乐。

由于水平有限，不当之处在所难免，欢迎各使用单位及个人对教材提出宝贵意见和建议，以便教材修订时补充更正。

本书编写人员

2022 年 9 月

目　录

培训任务 1　网站结构设计

培训任务 2　网页重构

培训任务 3　Web 前端交互开发

附录

培训任务 1

网站结构设计

任务导入

本培训任务主要面向网站设计和网页制作的初学者，读者将通过四个单元的学习，掌握网站设计的基本技能，使网站能够“建”起来。

本培训任务所有示例代码（完整版）均在配套素材中提供，读者可自行查看。

学习单元 1

网站设计基础知识

学习目标

- 了解网站设计基础概念。
- 熟悉网站开发工具。
- 掌握网站建设流程。

知识准备

一、网站设计基础概念

1. 网站的相关术语

（1）HTTP。HTTP（hypertext transfer protocol，超文本传输协议）是互联网上应用最广泛的一种网络协议，所有网页文件都必须遵守这个协议。HTTP 也是客户端和服务端请求和应答的一个标准。

（2）HTTPS。HTTPS（hypertext transfer protocol secure，超文本传输安全协议）是以安全为目标的 HTTP 通道，用于安全的 HTTP 数据传输。简单来说，HTTPS 是 HTTP 的安全版，即在 HTTP 下加入安全套接层（作为安全基础）。

（3）WWW。WWW（World Wide Web，万维网）可以写作“3W”，常简称 Web。

WWW 是一个由许多互相链接的超文本组成的系统，通过浏览器访问。在这个系统中，每个有用的事物都被称为“资源”，并且由统一资源标识符 URI（uniform resource identifier）标识。

（4）TCP/IP。TCP/IP（transmission control protocol/internet protocol，传输控制协议 / 互联网协议）是因特网体系结构传输、交换信息所使用的协议族。该协议除了包括核心协议 TCP 和 IP 之外，还包括多种其他协议，因为 TCP 和 IP 为最早通过的，所以称其为 TCP/IP 协议族，简称 TCP/IP。

（5）URL。URL（uniform resource locator，统一资源定位符）用来简洁地表示从互联网上得到资源的位置和访问路径，是指互联网上标准资源的地址，俗称网页地址（简称网址）。

（6）HTML。HTML（hypertext markup language，超文本标记语言）是标准通用标记语言的一个类型，它通过标记符号来标记网页中要显示的各个部分。

（7）CSS。CSS（cascading style sheets，串联样式表）是一种用来表现 HTML 等文件样式的计算机语言。CSS 能够对网页中元素位置的排版进行像素级精确控制，支持大多数字体、字号样式，拥有对网页对象和模型样式进行编辑的能力。

（8）JavaScript。JavaScript（简称 JS）是一种属于动态类型、弱类型、内置支持类型的基于原型的直译式脚本语言。它的解释器被称为 JavaScript 引擎，是浏览器的一部分。JS 广泛用于客户端。

（9）XML。XML（extensible markup language，可扩展标记语言）是一种用来标记电子文件，使其体现结构性的标记语言。XML 可以用来标记数据、定义数据类型，是一种允许用户对自己的标记语言进行定义的源语言。

（10）JSON。JSON（JavaScript object notation，JS 对象简谱）是一种轻量级的数据交换格式。它是基于 ECMAScript 的一个子集，采用完全独立于编程语言的文本格式来存储和表示数据。简洁和清晰的层次结构使 JSON 成为理想的数据交换格式。

（11）AJAX。AJAX（asynchronous JavaScript and XML，异步 JavaScript 和 XML 技术）是一种创建交互式应用的网页开发技术。通过在后台与服务器进行少量数据的交换，AJAX 可以实现网页异步更新，不需要重新加载整个网页。

2. 网页与网站

（1）网页。网页是一个包含 HTML 标签的纯文本文件，可以存放在某一台计算机中，是万维网中的一“页”。网页是构成网站的基本元素，是承载各种网站应用程序的平台。

文字和图片是构成一个网页的两个基本元素。文字是网页的内容，而图片用来修

饰网页或更直观地表达文字信息。大多数网页都可以由文字和图片构成。除了文字和图片，网页中的元素还包括表格、视频、音乐、程序、对象等。

网页可以分为静态网页和动态网页两类。静态网页的内容是预先确定的，并存储在本地或 Web 主机上，文件扩展名为 html 或 htm。动态网页则采用动态网页技术编写而成，它的内容取决于用户提供的信息，并根据存储于数据库中的数据由服务器创建。网页要通过浏览器（browser）来阅读。

（2）网站。网站是指在因特网上根据一定规则制作的，用于展示特定内容的众多网页的集合。网站是在线沟通的平台，网站可以发布资讯与用户互动，也可以提供相关的线上或线下服务。用户可以通过浏览器来访问网站，获取资讯或者享受服务。

在早期的因特网中，网站还只能保存单纯的文本。经过多年的发展，图像、声音、动画、视频，甚至 3D 技术都可以通过因特网得到呈现。通过应用动态网页技术，用户可以与其他用户或者网站管理者进行交互。一些网站还提供电子邮件服务和在线交流服务。

1）网站的组成。在网站发展的早期阶段，域名、空间服务器与网站程序是网站的基本组成部分。随着技术的不断发展，网站的组成也日趋复杂。目前，大多数网站由域名、空间服务器、数据库等组成。

域名（domain name）是由一串用点分隔的字母和数字组成的互联网上某一台计算机或某一个计算机组的名称，用于在传输数据时标识计算机的电子方位（有时也指地理位置）。域名已经成为网络品牌保护的重要内容之一。

空间服务器能够划分出一定的磁盘空间供用户放置站点、应用组件等，同时提供必要的站点以及数据存放和传输功能。常见的空间服务器有虚拟主机、独立服务器、云主机等。

数据库（database）是指存储在一起的相关数据的集合，它具有结构化、可共享、可统一管理的特点。数据的存储独立于使用它的应用程序，数据的新增、修改、删除和检索均能按一种公用的、可控制的方式进行。

2）网站的分类。根据不同的分类原则，网站有以下几种常规分类方法：根据开发工具分为 ASP（active server pages，活动服务器页面）网站、PHP（page hypertext preprocessor，页面超文本预处理器）网站、JSP（Java server pages，Java 服务器页面）网站、ASP.NET 网站等；根据用途分为门户网站（综合网站）、行业网站、娱乐网站等；根据主要功能数量分为单一功能网站（如企业网站）、多功能网站（如网络商城）；根据所有者分为个人网站、商业网站、政府网站、教育网站等。

3）Web 服务器。Web 服务器是可以向发起请求的 Web 浏览器提供文档的程序。Web 服务器不仅能存储信息，还能在用户提供信息的基础上运行脚本和程序。常用的

Web 服务器有 Nginx、Apache、Tomcat 和微软的网络信息服务器（internet information services，简称 IIS）。

（3）网页与网站的关系。网页是网站的组成部分。网站是由一个网页构成的或由多个网页链接而成的，网站包含网页。网站有独立的域名和空间。网页涉及内容及排版两个方面，而网站涉及策划、设计、开发、运营、维护等多个方面。

3. 浏览器工作原理

浏览器是一种用于检索并展示万维网信息资源的应用程序，其主要功能是将用户选择的 Web 资源呈现出来。浏览器需要向服务器请求资源，将其渲染后显示在浏览器窗口中。这里所说的资源主要是指 HTML 文档，但也可以是文字、图片、音乐等，资源位置由用户使用 URI 指定。浏览器虽然主要用于访问万维网，但也可以用于获取专用网络中服务器的信息或文件系统内的文件。

浏览器解析并显示 HTML 文件的方式是在 HTML、CSS、JS、XML 等规范中指定的，这些规范由 W3C（World Wide Web consortium，万维网联盟）制定并进行维护。过去，各大浏览器供应商都没有完全遵循这些规范，同时还在开发自己独有的扩展程序，这给网站开发人员的工作带来了严重的不兼容问题。经过多方努力协商，如今，大多数浏览器供应商都尽量遵循这些规范。

目前，主流浏览器有 Internet Explorer（简称 IE）、Firefox、Safari、Chrome、Opera 等。常见的浏览器内核有 Trident、Gecko、WebKit、Blink、Presto 等。

4. 访问网站的流程

用户在浏览器地址栏输入某网站的域名（也可以输入 IP 地址）就可以直接访问它的主机，直到网页加载完毕。访问网站的流程具体如下。

（1）首先浏览器会查询本机的系统，获取主机名对应的 IP 地址。

（2）若本机查询不到对应的 IP 地址，则会发起 DNS（domain name system，域名系统）请求，获取主机名对应的 IP 地址。

（3）用查询到的 IP 地址直接访问目标服务器。

（4）浏览器发送 HTTP 请求信息。HTTP 请求信息由三部分组成，分别是请求行、消息报头、请求正文。

（5）从 HTTP 请求信息中获取用户主机要访问的主机名。

（6）从 HTTP 请求信息中获取用户主机要访问的 Web 应用（Web 应用程序简称 Web 应用，是指可以通过 Web 访问的应用程序）。

（7）从 HTTP 请求信息中获取用户主机要访问的 Web 资源（即各种文件，如图

片、视频、文本等）。

（8）读取相应主机下的 Web 应用、Web 资源。

（9）用读取到的 Web 资源创建一个 HTTP 响应信息。HTTP 响应信息也由三部分组成，分别是状态行、消息报头、响应正文。

（10）服务器回送 HTTP 响应信息。

（11）用户浏览器解析回送的资源，并显示结果。

二、网站开发工具

基于网站开发各个阶段的需求不同，网站开发工具可以分为 Web 原型工具、Web 开发工具、Web 调试工具、Web 代码托管工具。

1. Web 原型工具

Web 原型工具是交互设计师与网站开发人员进行沟通的工具。Web 原型是交互设计师的作品，以用户为中心的交互设计理念应贯穿整个网站制作过程。网站的布局、设计和开发必须在 Web 原型建立后进行。Web 原型开发的主要目的是在设计与开发界面之前测试系统的功能性与可用性。常用的 Web 原型工具有 Axure RP、Mockplus、Balsamip Mockups、Office 组件等。

（1）Axure RP。Axure RP 可以快速地帮助原型设计人员创建基于 Web 的网站流程图和原型页面、进行交互体验设计、标注详细开发说明，并输出 HTML 原型或 Word 文档格式的规格说明书。Axure RP 面对的用户主要包括用户体验设计师、交互设计师、业务分析师、信息架构师、可用性专家、产品经理等。

（2）Mockplus。Mockplus 是一款简洁、高效的原型工具，操作简单（只需拖拽），功能多，组件资源丰富，支持 8 种预览方式和多种文件导出类型，支持团队协作。其用户可以是各阶段的产品经理、用户体验设计师或交互设计师。它支持一键导入页面和模板，能快速搭建基础页面。它还支持自定义组件库，具有数据填充、Sketch 导入、拖拽设置等特色功能，可实现快速设计。

（3）Balsamiq Mockups。Balsamiq Mockups 是一款基于 Adobe Air 的快速原型设计工具，它抓住了原型设计的核心与平衡点，既能快速设计草图，又能较好地接入团队平时工作的流程和工具。它能在不同浏览器、不同操作系统平台下完美运行，可以在线使用或离线使用。

（4）Office 组件。部分 Office 组件可以用在原型设计中，如 Visio、PowerPoint、Word、Excel 等，但是操作过程比较繁琐。Visio 功能相对丰富，适合画流程图、框架图，不适合做批注与演示。Word 可以画线框图、流程图，还可以添加批注，但是交互表达效果不好，不利于演示。PowerPoint 易于画框架图、做批注，也可以表达部分交互流程，有利于演示。

2. Web 开发工具

Web 开发工具种类繁多，主要功能是支持编程语言的语法高亮、简化或者自动编辑格式化代码。主流 Web 开发工具都具有良好的扩展能力、拼写检查能力和完全开放的用户自定义配置，可以进行批量编辑等操作，大大提高了前端的开发效率，减少了重复劳动，降低了拼写错误等低级错误产生的可能性。Web 开发工具较多，常用的有 WebStorm、Adobe Dreamweaver、HBuilder、Sublime Text 等。

（1）WebStorm。WebStorm 是一款专业的智能 HTML/CSS/JS 开发工具，在 HTML5 和 JS 的应用方面表现出色。它与 IntelliJ IDEA 同源，继承了 IntelliJ IDEA 的 JS 部分的强大功能，被称为“Web 前端开发神器”“最强大的 HTML5 编辑器”“最智能的 JavaScript IDE（integrated development environment，集成开发环境）”。它具有代码补全、HTML 标签提示、代码检查和快速修复、联想查询等功能，可以极大地提升开发效率。

（2）Adobe Dreamweaver。Adobe Dreamweaver 是集网页制作和网站管理于一体的“所见即所得”网页代码编辑器。借助简化的智能编码引擎，它能轻松地创建、制作和管理动态网站。它支持 HTML、CSS、JS 等语言，可以通过视觉辅助功能减少错误并提高网站开发速度，帮助开发人员快速地制作网站。

（3）HBuilder。HBuilder 是一款支持 HTML5 的 Web 开发工具。“快”是 HBuilder 最大的优势，它能大幅度提升 HTML、JS、CSS 的开发效率。HBuilder 的主体是基于 Eclipse、由 Java 编写的，所以兼容了 Eclipse 的插件。HBuilder 的编写还用到了 C 语言、Ruby 等。

（4）Sublime Text。Sublime Text 是一个跨平台的代码编辑器，同时支持 Windows、Linux、macOS 等操作系统。Sublime Text 具有漂亮的用户界面，包含代码缩略图、Python 插件、代码段等。Sublime Text 还有强大的功能，如拼写检查、书签、完整的 Python API（application program interface，应用程序接口）、goto（无条件转移）、即时项目切换、多重选择、多窗口等。

3. Web 调试工具

对于 Web 开发人员来说，掌握 Web 调试工具的使用方法是必备技能。针对 Web 端 B/S（browser/server，浏览器 / 服务器）结构的调试工作主要在 Firefox、Chrome、IE 这三个典型的浏览器上进行。Web 调试的基本步骤是定位错误、修改设计和代码、排

除错误、防止新错误产生。

（1）Firefox 的 Web 调试工具。Firefox 即“火狐”，是一个自由、开放源代码的浏览器，使用 Gecko 引擎，支持多种操作系统，如 Windows、macOS、Linux 等。Firefox 的特点是支持较多的网络标准、重视隐私保护、可以进行个性化设置、具有出色的性能（如上网和硬件加速）、含有智能地址栏等。

目前，新版的 Firefox 已集成 Web 调试工具，从菜单栏就可以直接进入开发者工具（按下 Ctrl+Shift+I 组合快捷键或 F12）；或者在网页中任意位置先点击右键，再点击菜单栏中的“检查”也可以进入调试过程。它集 HTML 查看和编辑、JS 控制台、网络状况监视器于一体，是开发 JS、CSS、HTML 和 AJAX 的得力助手。

（2）Chrome 的 Web 调试工具。Chrome 是由谷歌公司开发的一款简单、高效的浏览器。该浏览器基于其他开源软件（包括 WebKit）撰写，支持多标签浏览。Chrome 的特点是不易崩溃、速度快、标签灵活、界面简洁、非常安全等。

Chrome 自带调试工具，从菜单栏就可以直接进入开发者工具（按下 Ctrl+Shift+I 组合快捷键或 F12）；或者在网页中任意位置先点击右键，再点击菜单栏中的“检查”也可以进入调试过程。整个控制界面都是英文，功能齐全，调试非常方便，可以将其当作一个简单的帮助文档来使用。

（3）IE 的 Web 调试工具。IE 是微软公司推出的一款浏览器。在 IE11 版本的 IE 浏览器上集成了 Web 调试工具，按下 F12 可以快速打开。微软公司还推出一款浏览器 Microsoft Edge，它也有相同的调试功能。相对于前面介绍的 Firefox 和 Chrome，IE 自带的 Web 调试工具在功能上较简单。

拥有仿真面板是 IE 浏览器的特色，仿真面板可以模拟 IE 的各个版本，便于开发人员选择不同的版本进行测试。当然，重要业务系统还是需要在实际版本的 IE 浏览器上进行测试。

4. Web 代码托管工具

Web 代码托管工具（又称代码版本管理工具）是网站开发项目中不可缺少的生产工具，通过该工具，开发人员可以管理项目中的代码，并跟踪某个文件的历史信息。Web 代码托管工具的基本功能包括版本控制、备份、并行开发。目前，较为流行的 Web 代码托管工具有 GitHub、GitLab、SVN 等。

（1）GitHub。GitHub 是一个面向开源及私有软件项目的托管平台，只支持 Git 作为唯一的版本库格式进行托管。GitHub 除了支持 Git 代码仓库托管功能及提供基本的 Web 管理界面以外，还支持订阅、讨论组、文本渲染、在线文件编辑器、协作图、代码片段分享等功能。在 GitHub 上，开源项目可以免费托管，但私有库是收费的。

（2）GitLab。GitLab 是利用 Ruby on Rails 开发的开源版本管理系统，可以实现自托管 Git 项目仓库，可以通过 Web 界面访问公开项目或者私人项目。它能浏览源代码、管理缺陷和注释。GitLab 可以管理开发团队对 Git 项目仓库的访问，便于浏览提交过的版本并能提供一个文件历史库，团队成员可以利用内置的简单聊天程序进行交流。它还具有代码片段收集功能，可以轻松地实现代码复用，便于日后有需要时进行查找。

（3）SVN。SVN 是 Subversion 的简称，它是一个采用了分支管理系统的开放源代码的版本控制系统。SVN 服务器有两种运行方式——独立服务器运行和借助 Apache 运行。SVN 存储版本数据的方式有 BDB（Berkeley DB 简称 BDB，它是一种嵌入式数据库，其中 DB 是指 data base 数据库）和 FSFS（fast secure file system，快速安全文件系统）。BDB 在服务器中断时可能锁住数据，所以还是 FSFS 更安全。SVN 能安全地跨接互联网、局域网、外联网之间的网络端点，还能提供基于策略的信息管理机制，以充分、有效地利用有限的带宽。

三、网站建设流程

1. 网站规划

网站规划又称网站策划，是指在网站建设前对市场进行分析，确定网站建设的目的和功能，并根据需求对网站建设的技术、内容、费用，以及网站的测试、维护等做出的规划。网站规划对网站建设起到计划和指导作用，对网站内容和维护起到定位作用。

对于网站主题，一般必须确定网站所属的行业及其类别，以及网站所做的服务或产品。

（1）制定网站的发展战略。网站应该服务于组织管理，其发展战略必须与组织的发展战略和目标协调一致。制定网站的发展战略，首先要调查和分析组织的发展战略和目标，评价网站的功能、环境和应用状况，在此基础上确定网站的使命，统一制定网站的发展战略、目标及相关策略。

（2）制定网站的总体方案，安排项目，开展计划。在调查和分析组织对网站建设需求的基础上，制订网站的总体方案。根据网站的发展战略和总体方案，确定系统和应用的开发次序及时间进度安排。

（3）制订网站建设的资源分配计划。提出实现网站开发计划所需要的硬件、软件、技术人员、资金等资源，以及编制整个网站项目建设的预算，并进行可行性分析及评估。

2. 网站设计

网站设计是根据组织希望向访问者传递的信息（包括产品、服务、理念、文化等）

开展网站功能规划，然后进行的页面设计与美化工作。网站是组织对外宣传的互联网门户，精美的网站设计对于提升组织的品牌形象至关重要。网站设计的两大要点是整体风格和颜色搭配。网站设计要使用合理的颜色、字体、图片、线条，将规划的内容、主题模式通过艺术的手法表现出来，其目的是充分吸引访问者的注意力，让访问者产生视觉上的愉悦感。

（1）网站设计原则。好的网站布局应该遵循设计的四大基本原则——对齐原则、对比原则、重复原则、亲密性原则。

1）对齐原则。对齐原则是指使画面中的元素形成规律和视觉关联，打造出统一、规范、有秩序感的画面。整洁、规范、统一的网站页面具有一种有利于浏览的秩序感，易于传达信息。

①左对齐。左对齐是常见的对齐方式之一，它符合用户的阅读习惯，具有简洁、贯通的特点。

②右对齐。右对齐与人们阅读的习惯方向相反，从易读性上比左对齐略差，但能起到丰富画面的作用。右对齐处理难度较大，建议慎用。

③居中对齐。居中对齐可以给人一种庄严、正规的感觉。

2）对比原则。对比原则有很多，如大小对比、颜色对比、图形对比、位置对比、肌理对比、字体对比、远近对比等。只要画面中存在较大的不同处，都可以理解为对比。对比的作用是使信息的主次层级有区分，从而产生焦点，使阅读更有趣。

3）重复原则。重复原则是指画面中的元素出现超过两次，重复排列在设计中非常常见。

4）亲密性原则。亲密性表现为将相关的元素信息组织在一起。亲密性原则的设计要点是相邻元素差异不大，排列上层层过渡，看起来比较自然、不突兀。

（2）网站设计风格。网站设计风格即网站风格，是指网站页面上各视觉元素组合在一起的整体形象，及其展现给访问者的直观感受。网站设计风格体现在网站的配色、整体布局、页面内容、交互应用、广告、宣传语等要素上。

1）扁平化风格。扁平化风格是最常用的网页设计风格，其特点是弱化了材质、渐变效果和阴影效果，去除了冗余的图形元素，简化了整体排版。这种风格可以使画面更简洁、平滑，提升了网站内容的视觉层级，更方便访问者快速寻找自己需要的内容。同时，扁平化界面能更好地实现网页自适应。

2）极简风格。好的设计往往是尽可能少的设计，如在网页中去除非必要的信息。页面中元素越多，越会分散用户的关注度。过多的元素甚至阻碍用户完成目标任务。极简风格能最大化节约用户的时间成本。

3）无边框风格。无边框风格是指避免使用各类边框的设计风格，这里所说的边框是指任何类型的装饰性容器。无边框设计通过去除装饰性容器来加强基本内容，如图片质量和排版布局的设计感，从而提升整体的视觉体验。

4）插画风格。在网页设计中，除了使用大量的图片作为背景或主体元素外，运用插画也是一种很好的设计方法。网页可以运用插画来表达网站主体结构，再加上插画图形元素的点缀，看起来清新、有趣，独特性较强。

5）黑板风格。虽然黑板风格在网站设计中并不常见，但是它具有经典的使用方式和装饰效果。其最常见的使用方式就是将黑板作为背景元素，而黑板本身的装饰效果能使网站看起来非常时尚。

6）纵向分割风格。纵向分割风格是指将网页一分为二甚至分为多栏（又称分屏），这种网页设计风格受到很多设计师和用户的喜爱。在网页设计中应用均衡的分屏设计方法便于呈现不同的信息，并能创造和加强对比效果。

7）超级头版风格。超级头版风格是指在首页上使用尺寸超大、精美的横幅（即网站 banner）。超级头版往往汇聚了产品或服务的精华，从而将网站最重要的内容展示给用户。

8）照片与白字搭配的风格。这种风格采用大幅照片搭配白色文案，从而产生对比效果，使文字更加清晰、易于传达。此类风格常运用于设计类、服饰类、摄影类网站。

（3）颜色搭配。颜色搭配简称配色，是指对颜色进行搭配，以取得更好的视觉效果。在设计网站时一定要注意配色，因为配色的好坏直接影响一个网站的整体效果。

1）与颜色相关的概念

①三原色。三原色是指红、黄、蓝，它们是颜色的基本单位。三原色两两混合分别产生橙、绿、紫三个二次色，三原色等量混合形成黑色。

②色相。色相是指颜色所呈现出来的质的面貌，如红、橙、黄、绿、青、蓝、紫等。

③明度。明度是指颜色的明亮程度。例如，黄的明度最高，超过白等其他所有颜色。

④纯度。纯度是指颜色的强弱程度，纯度值越高，颜色越强。

2）颜色的分类。按视觉效果分类，颜色可以分为中性色（又称非彩色，包括白色、黑色和灰色）和彩色两类。按给人的冷暖感受分类，颜色可以分为冷色、暖色和中性色。

3. 网页布局

网页布局是指对网页上的文字、图形或表格进行格式设置，包括字体、字号、方向、颜色、页面大小、页边距等的设置。网页布局的核心是站在用户的角度思考问题。

用户量是一个网站的立足之本，没有用户量的网站即使内容做得再好，也无法体现网站的价值。

（1）首页。首页代表一个网站的门面，重要性毋庸置疑。通常要将首页打造得比其他页面更完善、直观效果更好，以获得更好的用户体验，这样才能吸引并留住用户。首页版块的规划原则是重要的内容在上方，次要的内容在中间，用户很少关心的内容在下方。例如，版权声明和相关链接就属于用户很少关心的内容，它们通常位于首页的下方。首页底部可以根据网站需求来设计，也可以选择性地增加一个直接返回到顶部的按钮以提升用户体验。首页内容在规划时应尽量精简，最好不要超过两屏的长度。

（2）常见的页面布局类型

1）通栏型布局。通栏型是目前较为流行的布局类型，是指不对页面进行纵向切割，直接横向地展示网页的图文内容。通栏型布局较为灵活，不受边框的限制，在制作横幅时显得更有气势。

2）单页型布局。单页型布局近几年非常流行，它适用于展示极简内容，或者专注于呈现一个主题。当网站主题集中、内容比较固定的时候，无须复杂的页面布局来呈现，采用单页单行型（每行独立显示内容）布局即可。

3）国字型布局。国字型又称同字型，大型门户类网站常采用这种布局类型。这类布局的主要特点是页面可以被灵活地切割，横幅只占其中一小部分，整个页面所承载的信息量相对较多。

三栏型布局是比较常见的一种国字型布局，通常最上方是网站的标题以及横幅广告条；接下来是网站的主要内容，左、右栏各列一些小条内容，中间栏是主要部分，与左、右栏一起罗列到底；最下方是网站的基本信息、联系方式、版权声明等。

4）拐角型布局。在拐角型布局中，最上方是标题及横幅广告，左侧部分是导航链接等，右侧部分是很宽的正文，最下方是网站的一些辅助信息。

5）T 结构布局。与拐角型布局相近的还有 T 结构布局。T 结构布局是指网页顶部和左边相结合，网页顶部为横幅的网站标志和广告条，左边为主菜单，主菜单右面显示内容。T 结构布局是网页设计中用得最多的一种布局类型。在实际设计中还可以改变 T 结构布局的形式，如形成左右两栏式布局。

6）POP 布局。POP（point of purchase，卖点广告）本是广告术语，POP 布局页面看起来像一张巨幅宣传海报，一般以一张精美的图片作为页面的设计中心。POP 布局常用于时尚类网站，优点是吸引人，缺点是速度慢。

4. 用户体验

用户体验是指用户在使用一个产品或系统之前、使用期间和使用之后的全部感受，包括情感、信仰、认知印象、生理和心理反应等方面。用户体验是主观的，且注重实际应用时产生的效果。网站的用户群体相对固定，用户体验的共性是可以通过良好的设计实验来认识的。

影响用户体验的三个因素是系统、用户和使用环境，提升用户体验的措施主要是改善感官体验和交互体验。

随着计算机和互联网技术的发展，技术创新形态正在发生转变，以用户为中心、以人为本的理念越来越得到重视。应在网站建设的初期就开始考虑用户体验，并在整个建设过程中都予以重视。网站建设人员应对用户体验有正确的预估，了解用户的真实期望和目的；适时改进和完善程序功能，避免因重大返工造成项目延期或经费超支等问题。

5. 网站搭建

网站搭建的基本步骤包括申请域名、申请空间、定位网站、上传网站程序、完善资料、网站维护等。

（1）申请域名。网站一般都是通过对应域名来访问的，因此搭建网站首先需要申请一个域名。每个域名都是独一无二的，可在第三方服务商申请域名，之后在“万网”“新网”等域名授权注册商的官方网站去注册。

顶级域名是按用途分类的，以不同后缀结尾。通用顶级域名在 1985 年 1 月创立，当时共有 6 个通用顶级域名：.com，原供商业机构使用，现无限制，最常用；.net，原供网络服务供应商使用，现无限制；.org，原供不属于其他通用顶级域类别的组织使用，现无限制；.edu，原供美国教育机构使用，现无限制；.gov，原供美国政府机关使用，现无限制；.mil，供美国军事机构使用。1988 年 11 月，域名 .int 开始使用，该域名原计划用于部分因特网基建数据库，后来建议所有新数据库使用域名 .arpa（.arpa 是美国军方保留的域名）创建，因此现有使用 .int 的网站将在可能的情况下移到 .arpa。

（2）申请空间。网站空间主要用来存放网站的程序与数据库，如果在国内运行，还需要进行 ICP（internet content provider，互联网内容提供者）备案和公安备案。网站空间可以是服务器实体机，也可以是虚拟主机或云主机。下面主要介绍虚拟主机和云主机。

1）虚拟主机。虚拟主机又称虚拟空间，是指将一台运行在互联网上的服务器划分成多个“虚拟”的服务器。虚拟主机完全独立，可由用户自行管理。“虚拟”不是指不存在，而是指空间由实体的服务器延伸而来，其硬件系统可以基于服务器群或单个服务器。

2）云主机。云主机又称云服务器，是云计算服务的重要组成部分，也是向各类互联网用户提供综合业务的服务平台。云主机整合了云计算、云存储与网络资源的 IT（information technology，信息技术）基础设施，有效地解决了传统实体主机价格偏高、

服务品质参差不齐的缺点，可全面满足中小企业、个人站长用户对主机租用服务低成本、高可靠性、易管理的需求。

（3）定位网站。定位网站又称域名解析，是指将域名指向网站空间的 IP 地址，让用户通过注册的域名访问网站的一种服务。简而言之，域名解析就是将域名解析成 IP 地址的过程。域名解析需要由专门的域名解析服务器来完成，空间服务商一般都提供域名解析服务。

（4）上传网站程序。上传网站程序是指将制作好的网页、文字、图片、视频等通过互联网传送至服务器系统。空间服务商提供的常用上传方式有远程控制、采用 FTP（file transfer protocol，文件传送协议）工具或 Web 程序等。

（5）完善资料。将网站程序上传到服务器系统后，还需要完善相关的配置信息等资料，否则网站无法正常运行、访问。对于虚拟主机，通常 ISP（internet service provider，因特网服务提供者）会让用户直接进行简单的配置，而且可管理的内容较少。对于主机（或云主机），需要完善网站目录、默认文档、IP 地址及端口、数据库、服务器数字证书等的配置信息，并且要完成 Web 服务器软件、数据库软件的安装和网络设置。

1）网站目录。在服务器上新建网站时，应配置网站的根目录。为了便于管理，一般不把网站的总目录放在 Web 服务器的默认站点目录下，而是将其放在主机一个独立磁盘的根目录下。

2）默认文档。默认文档是指某一路径下的默认文件（包括根路径），根据开发语言的不同，其扩展名有 aspx、jsp、php、html、htm 等。因为计算机并不智能，所以需要用户提前配置好默认文档。同样，也需要确定文件名，常用的有 index、default 等。

3）IP 地址及端口。主机并非只有一个 IP 地址，常规的服务器都是多网卡配置的，因此需要为网站配置正确的 IP 地址，一般需要和网络管理员确认。IP 地址与网络安全有直接关系，IP 地址配置错误会造成网站无法访问。HTTP 协议默认的端口是 80，但是有些特殊要求可以使用非 80 端口，如 8080、8088 等，那么就需要在服务器上配置端口，以方便通信。访问的方式如下：http:// 域名地址（IP 地址）: 端口。

4）数据库。从安全角度考虑，搭建网站时一般将网站文件与数据库分离。数据库可以是集群化的，也可以是本机化的，但都需要在 Web 服务器上配置数据库的访问链接，否则无法访问数据库，动态网页也无法获取数据完成网页渲染，最终导致无法访问网站。

5）服务器数字证书。服务器数字证书安装在服务器设备上，用来证明服务器的身份并进行通信加密。浏览器会自动验证服务器数字证书是否有效，以及所访问的站点是否假冒。服务器数字证书保护的站点多被用来进行密码登录、订单处理、网上银行

交易等。HTTPS 协议的默认端口是 443，当服务器配置了 SSL（secure socket layer，安全套接字层）证书时，在浏览器地址栏输入域名就可以直接进入安全通道，并且能看到绿色的锁标志。

（6）网站维护。网站需要定期或不定期地更新内容，这样才能不断地吸引访问者，增加访问量。除了网站内容，网站的软硬件环境也是维护重点。网站维护的目的是让网站能够长期稳定地运行在互联网上。网站维护工作主要包括维护制度制定、服务器维护、网站安全维护、网站内容更新等。

XAMPP 网站部署及配置

XAMPP 是一款开源、免费、功能强大的建站集成软件包，经过简单安装，就可以在个人计算机上搭建服务器环境。XAMPP 可以在 Windows、Linux、Solaris、macOS 等多种操作系统下安装使用，支持多种语言（包括英文、简体中文、繁体中文、韩文、俄文、日文等）。

1. 下载及安装

前往官网（https://www.apachefriends.org）下载，并完成安装。建议不要安装在 C 盘，本案例安装在 D 盘。XAMPP 面板如图 1-1 所示。

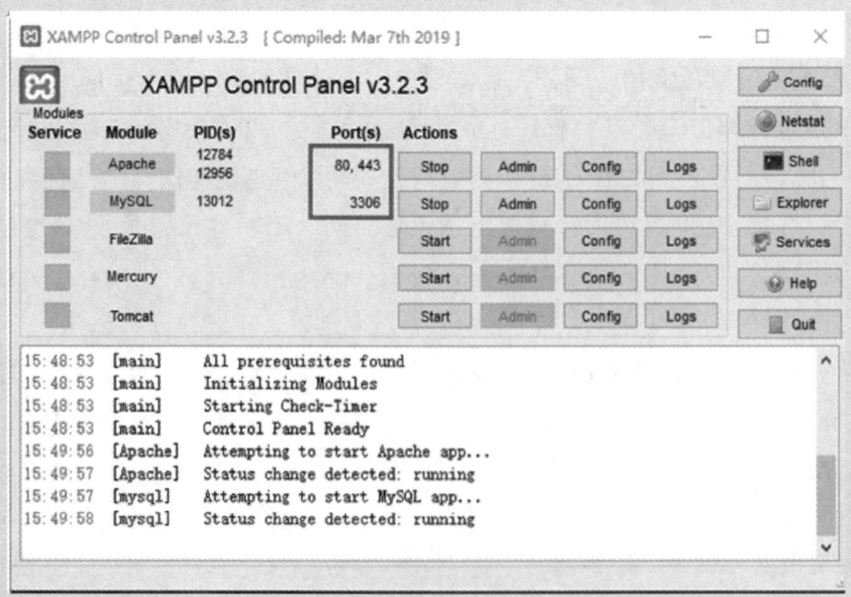

图 1-1 XAMPP 面板

2. 配置访问端口

默认的 HTTP 访问端口是 80，默认的 HTTPS 访问端口是 443，如果这两个端口已被占用，就需要更换其他端口。本案例将 HTTP 访问端口设置为 8080，将 HTTPS 访问端口设置为 4433。

先设置 HTTP 访问端口，点击面板中 Apache 对应的 Config 按钮，在弹出的菜单栏中选择并点击（指用鼠标左键点击，下同）Apache（httpd.conf），如图 1-2 所示。在打开的文档中找到相关的配置项，将 HTTP 访问端口修改为 8080，如图 1-3 所示。

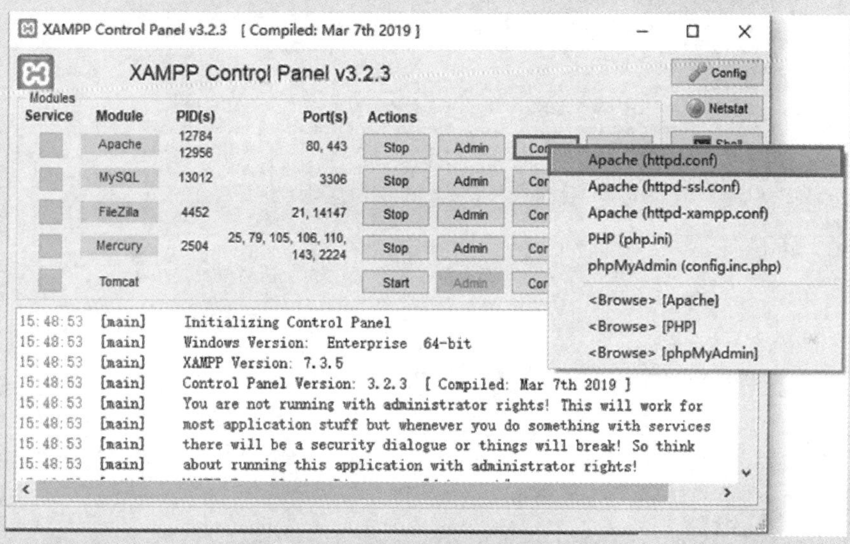

图 1-2　选择并点击 Apache（httpd.conf）

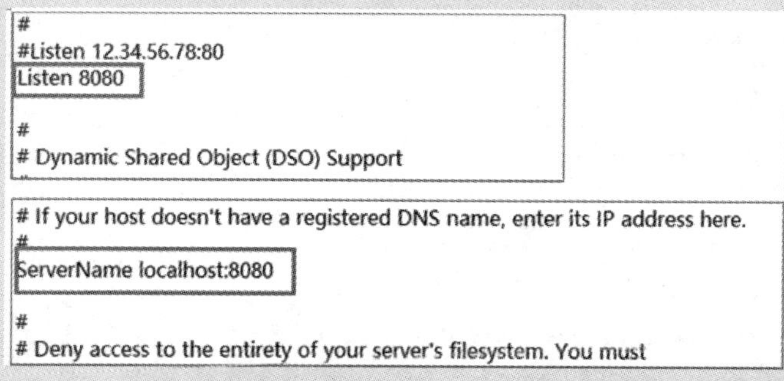

```
#
#Listen 12.34.56.78:80
Listen 8080

#
# Dynamic Shared Object (DSO) Support

# If your host doesn't have a registered DNS name, enter its IP address here.
#
ServerName localhost:8080

#
# Deny access to the entirety of your server's filesystem. You must
```

图 1-3　修改 HTTP 访问端口

接下来设置 HTTPS 访问端口，点击面板中 Apache 对应的 Config 按钮，在弹出的菜单栏中选择并点击 Apache（httpd-ssl.conf），如图 1-4 所示。在打开的文档中找到相关的配置项，将 HTTPS 访问端口修改为 4433，如图 1-5 所示。

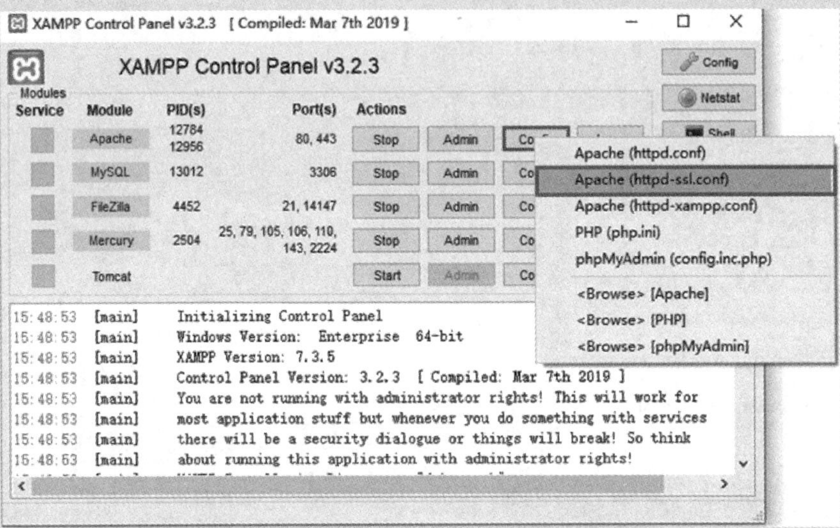

图 1-4　选择并点击 Apache（httpd-ssl.conf）

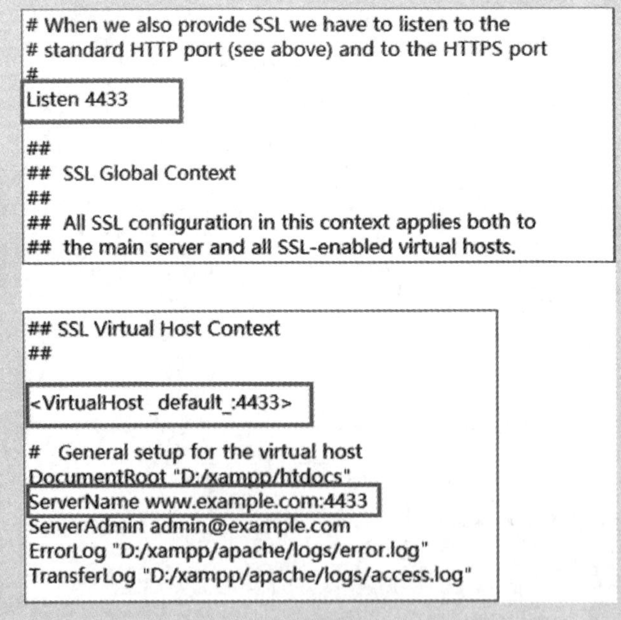

```
# When we also provide SSL we have to listen to the
# standard HTTP port (see above) and to the HTTPS port
#
Listen 4433

##
##  SSL Global Context
##
##  All SSL configuration in this context applies both to
##  the main server and all SSL-enabled virtual hosts.

## SSL Virtual Host Context
##

<VirtualHost _default_:4433>

#   General setup for the virtual host
DocumentRoot "D:/xampp/htdocs"
ServerName www.example.com:4433
ServerAdmin admin@example.com
ErrorLog "D:/xampp/apache/logs/error.log"
TransferLog "D:/xampp/apache/logs/access.log"
```

图 1-5　修改 HTTPS 访问端口

3. 配置网站目录

网站目录的默认路径是“D:/xampp/htdocs”，若不想更改，直接拷贝网站文件至此目录下即可。若要设置自定义目录，则需要点击面板中 Apache 对应的 Config 按钮，在弹出的菜单栏中选择并点击 Apache（httpd.conf），然后进行设置（本案例将目录地址设置为“D:/myweb”），如图 1-6 所示。

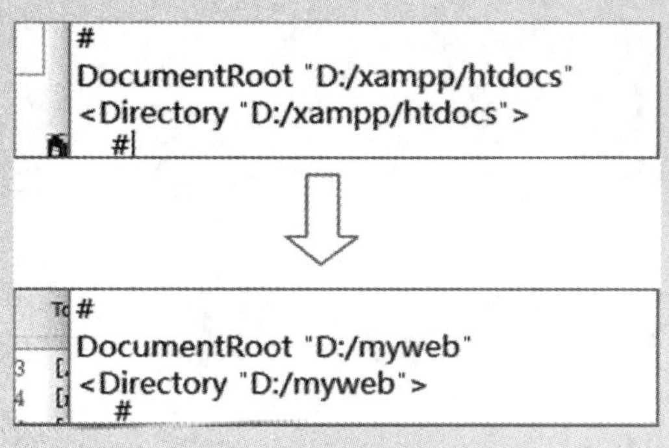

图 1-6　设置网站目录

4. 配置默认文档

XAMPP 已设置一些默认文档，但是有可能不满足实际需求，因此需要添加自定义默认文档，点击面板中 Apache 对应的 Config 按钮，在弹出的菜单栏中选择并点击 Apache（httpd.conf），然后在打开的文档中添加默认文档的文件名，如图 1-7 所示。

```
#
<IfModule dir_module>
    DirectoryIndex index.php index.pl index.cgi index.asp index.shtml index.html index.htm \
                   default.php default.pl default.cgi default.asp default.shtml default.html default.htm \
                   home.php home.pl home.cgi home.asp home.shtml home.html home.htm
</IfModule>
```

图 1-7　在打开的文档中添加默认文档的文件名

5. 网站测试

打开浏览器，输入 http://localhost:8080 或 https://localhost:4433，即可实现网站访问。本案例中未介绍如何配置 MySQL 数据库，读者有需求可以自行拓展学习。

学习单元 2

HTML5 基础知识

学习目标

- 掌握 HTML5 基础知识。
- 能制作基础的 HTML5 网页。

知识准备

一、概述

HTML5 是 HTML 标记语言的第 5 个版本，2008 年正式发布。HTML5 结合了 HTML4.01 的相关标准并有所革新，更符合现代网络发展要求。

1. 概念

（1）HTML5 元素。因特网上的信息是以网页文件的形式展示给用户的，而这种文件是用 HTML 标记语言书写的。HTML 不是一种编程语言，而是一种告知浏览器如何组织页面的标记语言，它有一套用来描述网页的标记标签。HTML 由一系列元素组成，这些元素可以用来包围不同部分的内容，使其以某种方式呈现或者工作。

1）语义与呈现分离。HTML5 的主要特点是将元素的语义与元素对其内容呈现结果的影响分开。HTML5 元素负责文档内容的结构和含义，文档内容的呈现则由应用于元素上的 CSS 样式控制。HTML5 文档的语义与呈现分离有助于简化浏览器对 HTML 的处理，并从中自动提炼含义。

2）元素分类。按照 W3C 在最新 HTML5 规范中对元素的分类，元素不再按照块级元素、内联元素来分，而是分为以下几种：Flow（流式）元素、Heading（标题）元素、Sectioning（章节）元素、Phrasing（短语）元素、Embedded（嵌入）元素、Interactive（交互）元素、Metadata（元数据）元素，如图 1–8 所示。

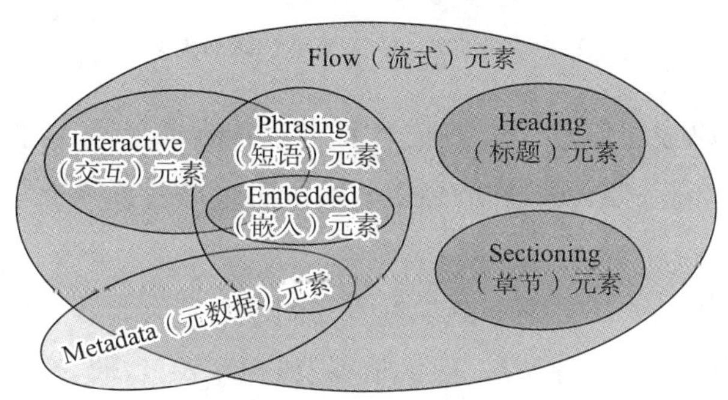

图 1–8　HTML5 元素分类

3）标签和属性。HTML 标签（HTML tag）是由尖括号包围的关键词，如 <html>。标签通常是成对出现的（每个版本的标准不同），书写规范为"< 元素名 > 内容 </ 元素名 >"，如图 1–9 所示。标签对的第一个标签是开始标签，第二个标签是结束标签。

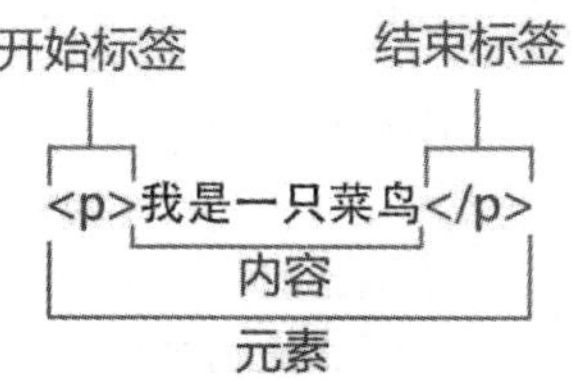

图 1–9　HTML 标签书写规范

开始标签（opening tag）包含元素名（如图 1–9 所示，元素名为 p），被尖括号所包围，表示元素从这里开始或者起作用。

结束标签（closing tag）与开始标签相似，只是在其元素名之前增加了一个斜杠"/"。初学者常常会忘记包含结束标签，这可能会产生一些奇怪的结果。

如图 1–9 所示，元素的内容（content）就是所输入的文本本身，即"我是一只菜鸟"。

开始标签、结束标签与内容相结合，便是一个完整的元素（element），但是，不是所有元素都拥有开始标签、内容和结束标签。

HTML5 有全局属性，很多元素还拥有独特属性，带属性元素的书写规范为“< 元素名 属性 =" 属性值 "> 内容 </ 元素名 >”，如图 1–10 所示。

图 1–10　HTML 标签带属性的书写规范

属性包含元素的额外信息，这些信息不会出现在实际内容中。如图 1–10 所示，class 属性给元素赋予了一个可识别的名字，这个名字之后可以被用来识别此元素的样式信息和其他信息。

4）空元素。元素的开始标签和结束标签之间不一定有内容，没有内容的元素就是空元素，如 <b></b> 没有任何内容，但仍是有效的 HTML 代码。

5）自闭合标签。自闭合标签没有结束符号，不能在其内部插入其他标签或文字，只能定义自身的一些属性。常见的自闭合标签有 <meta/>、<link/>、
、<hr/>、<input/>、<img/> 等。

（2）实体引用。在 HTML 中，<、>、"、' 和 & 是特殊字符，它们是 HTML 语法自身的一部分，如果要将这些特殊字符包含进 HTML 文档的文本中，而不想让它们被浏览器视为代码、解释，就必须使用实体引用。每个实体引用以符号“&”开始，以半角分号“;”结束。特殊字符与等价实体引用见表 1–1。

表 1–1　特殊字符与等价实体引用

特殊字符	等价实体引用
<	<
>	>
"	"
'	'
&	&

（3）HTML5 的全局属性。全局属性是指任何元素都可以使用的属性。HTML5 的全局属性见表 1–2，其中带 的为新增设的（下同）。

表 1-2　　HTML5 的全局属性

属性	值	描述
accesskey	character	定义访问元素的快捷键
class	classname	定义元素的类名（用于规定样式表中的类）
contenteditable 5	true false	定义是否允许用户编辑内容
dir	ltr rtl	定义元素中内容的文本方向
draggable 5	true false auto	定义是否允许用户拖动元素
hidden 5	hidden	定义元素是隐藏的，不会显示
id	id	定义元素的唯一 id
lang	language_code	定义元素中内容的语言代码
spellcheck 5	true false	定义是否必须对元素进行拼写或语法检查
style	style_definition	定义元素的行内样式
tabindex	number	定义元素的 tab 键控制次序
title	text	定义有关元素的额外信息
translate	true false	定义元素的值在页面载入时是否需要翻译

2. 创建文档

（1）文档基本结构。用 HTML5 标记语言编写一个最简单的网页（空白页），其基本结构如下：

```
<!DOCTYPE HTML>
<html>
<head>
</head>
<body>
</body>
</html>
```

将上述代码保存为扩展名为 html 的文件，用浏览器查看，网页是没有任何内容的。

1）DOCTYPE 元素。<!DOCTYPE> 声明必须位于 HTML5 文档的第一行，也就是位于 <html> 标签之前。该标签告知浏览器文档所使用的 HTML 规范。注意，<!DOCTYPE> 声明不属于 HTML 标签，它只是一条指令，在文档中包含 DOCTYPE 元素可确保浏览器尽最大可能遵循相关规范。

在所有 HTML 文档中，<!DOCTYPE> 是非常重要的，通过它浏览器就能了解预期的文档类型。在 HTML5 中，文档类型声明非常简单，即 <!DOCTYPE HTML>。注意，<!DOCTYPE> 标签没有结束标签，而且对大小写不敏感。

2）html 元素。<html> 标签告知浏览器这是一个 HTML 文档，它位于文档结构的最顶层。html 元素又称根元素，是 HTML 文档中最外层的元素。html 元素除了支持 HTML5 的全局属性外，还支持其他属性（部分属性 HTML5 不支持），具体见表 1–3。

表 1–3 html 元素属性

属性	值	描述
manifest 5	url	定义一个 URL，在这个 URL 上描述了文档的缓存信息
xmlns	http://www.w3.org/1999/xhtml	HTML5 不支持，只有 XHTML 支持，定义 XML namespace 属性

3）head 元素。<head> 标签定义文档的头部，是所有头部元素的“容器”，<head> 内部可以包含脚本、样式表、元信息等，这些信息大都不在网页上呈现（部分可通过 JS 程序在页面上实现）。可用作 head 元素的有 base、link、meta、script、style、title 等元素。

4）body 元素。<body> 标签定义文档的主体，包含 HTML 文档的所有内容，如文本、超链接、图像、表格、列表等，简单来说就是浏览器能看到的内容。body 元素紧跟在 head 元素之后，是 html 元素的第二个子元素。在 HTML5 中，删除了所有 body 元素的特殊属性。

（2）文档说明

1）title 元素。<title> 标签用来描述网页的内容，标题应尽可能短，并能正确地描述内容。每个 HTML 文档应该有且只有一个 <title> 标签。虽然标题不是网页的可见部分，但它对于提升网站的品质依然非常重要，因为它在以下位置都是可见的：搜索引擎列表、窗口标题栏、历史记录、书签（或收藏夹）。

2）base 元素。<base> 标签为页面上所有链接定义默认地址或默认目标。在一个 HTML 文档中，最多能使用一个 <base> 标签。若 HTML 文档使用了 <base> 标签，浏

览器将不再使用当前 HTML 文档的 URL，而使用指定的基础 URL 来解析所有的相对 URL，如指定 <a>、<img>、<link>、<form> 标签中的 URL。base 元素除了支持 HTML5 的全局属性外，还支持其他属性，具体见表 1–4。

表 1–4 base 元素属性

属性	值	描述
href	URL	定义基础 URL
target	_blank _parent _self _top	定义在何处打开页面上的链接，该属性会被每个链接中的 target 属性覆盖

3）meta 元素。<meta> 标签可以提供有关页面的元信息，如针对搜索引擎和更新频率的描述和关键词。meta 元素除了支持 HTML5 的全局属性外，还支持其他属性（部分属性 HTML5 不支持），具体见表 1–5。

表 1–5 meta 元素属性

属性	值	描述
charset 5	character_set	定义文档的字符编码
content	text	定义与 http–equiv 或 name 属性相关的元信息
http–equiv	content–type default–style refresh	把 content 属性关联到 HTTP 头部
name	application–name author description generator keywords robots	把 content 属性关联到一个名称
scheme	format 或 URI	HTML5 不支持，定义与翻译 content 属性值的格式

4）style 元素。<style> 标签定义 HTML 文档的样式信息，规定 HTML 元素如何在浏览器中呈现。如果需要链接外部样式表，可以参考 <link> 标签。style 元素可以出现在 HTML 文档的各个部分，而且一个 HTML 文档可以包含多个 style 元素。style 元素除了支持 HTML5 的全局属性外，还支持其他属性，具体见表 1–6。

表 1-6　　style 元素属性

属性	值	描述
type	text/css	定义内容类型
media	screen tty tv projection handheld print braille aural all	定义样式信息的目标媒介，默认值为 all
scoped	scoped	如果使用该属性，则样式仅仅应用到 style 元素的父元素及其子元素

5）link 元素。<link> 标签定义文档与外部资源之间的关系，在大多数情况下用来链接外部样式表。<link> 标签出现的次数不限。link 元素除了支持 HTML5 的全局属性外，还支持其他属性（部分属性 HTML5 不支持），具体见表 1-7。

表 1-7　　link 元素属性

属性	值	描述
charset	char_encoding	HTML5 不支持，定义被链接文档的字符编码方式
href	URL	定义被链接文档的位置
hreflang	language_code	定义被链接文档中文本的语言
media	screen tty projection handheld print braille aural all	定义被链接文档将被显示在哪种设备上
rel	alternate archives author bookmark external	定义当前文档与被链接文档之间的关系

续表

属性	值	描述
rel	first help icon last license next nofollow noreferrer pingback prefetch prev search sidebar stylesheet tag up	定义当前文档与被链接文档之间的关系
rev	reversed relationship	HTML5 不支持，定义被链接文档与当前文档之间的关系
sizes	heightxwidth any	定义被链接资源的尺寸，仅适用于 rel="icon" heightxwidth 为被链接的图标规定一个或多个以像素计的高度和宽度属性值对，高度与宽度之间用 x 或 X 分隔 any 规定图标是可伸缩的
target	_blank _self _top _parent frame_name	HTML5 不支持，定义在何处加载被链接文档
type	mime_type	定义被链接文档的 MIME（multipurpose internet mail extensions，多用途互联网邮件扩展）类型

（3）脚本元素

1）script 元素。<script> 标签用于定义客户端脚本，如 JS 脚本。<script> 标签既可以包含脚本语句，也可以通过 src 属性指向外部脚本文件。如果使用 src 属性，则 <script> 标签必须是空的。如果既不使用 async 也不使用 defer，则在浏览器继续解析页面之前，应立即读取并执行脚本。script 元素除了支持 HTML5 的全局属性外，还支持其他属性（部分属性 HTML5 不支持），具体见表 1–8。

表 1–8　　script 元素属性

属性	值	描述
async	async	定义异步执行脚本（仅适用于外部脚本）
defer	defer	当页面已完成解析后，执行脚本（仅适用于外部脚本）
type	mime_type	定义脚本的 MIME 类型
charset	character_set	定义在脚本中使用的字符编码（仅适用于外部脚本）
src	URL	定义外部脚本的 URL
xml:space	preserve	HTML5 不支持，定义是否保留代码中的空白

2）noscript 元素。<noscript> 标签用来定义脚本未被执行时的替代文本内容，用于可识别 <script> 标签但无法支持脚本的浏览器。如果浏览器支持脚本，那么它不会显示 noscript 元素中的文本。

（4）注释。<!--...--> 注释标签用于在源文档中插入注释，省略处为注释的文本内容。注释会被浏览器忽略。使用注释对代码进行解释有助于以后对代码进行编辑。一个好的习惯是把注释或样式元素放入注释文本中，这样就可以避免不支持脚本或样式的老版浏览器把它们显示为纯文本。

注释除了在源文档中起作用外，在许多 Web 服务器中也能实现文档服务端软件的特有特性。这些 Web 服务器可以扫描文档，从传统的 HTML/XHTML 注释中找到特定的字符序列，然后根据嵌在注释中的命令采取相应的动作。

3. HTML5 新特性和已移除的元素

为了更好地处理互联网应用问题，HTML5 增加了很多新特性，如新语义和结构元素、表单元素的新输入类型、新多媒体内容、新图形元素等。注意，各种版本的主流浏览器对 HTML5 新元素及其属性、方法的支持情况各不相同，应视具体支持情况进行应用。对于 HTML5 已移除的元素也将一一列出，供读者了解。

（1）新语义和结构元素。语义化标签使页面内容结构化，HTML5 提供了新语义和结构元素，以创建更好的页面结构，详情见表 1–9。

表 1–9　　HTML5 新语义和结构元素

元素	描述
article	定义页面独立的内容区域
aside	定义页面的侧边栏内容
bdi	定义隔离文本
details	定义文档或文档某个部分的细节

续表

元素	描述
dialog	定义对话框，如提示框等
figure	定义独立的流内容，如图像、图表、照片、代码等
figcaption	定义 figure 元素的标题
footer	定义 section 元素或文档的页脚
header	定义文档的头部区域
main	定义文档的主体内容
mark	定义带有记号的文本
meter	定义度量衡，仅用于已知最大值和最小值之间的度量
nav	定义导航链接的部分
progress	定义任何类型的任务进度
ruby	定义包含注音符号的注释，如汉语或日语注释
rt	定义文本的发音
rp	在注释中使用，定义不支持 <ruby> 标签的浏览器所显示的内容
section	定义文档中的节
summary	定义包含 details 元素的标题
time	定义日期或时间
wbr	定义在文本中何处适合添加换行符

（2）表单元素的新输入类型。HTML5 拥有多个表单元素 input 的新输入类型，这些新输入类型提供了更好的输入控制和验证。input 元素的新输入类型见表 1–10。HTML5 新表单元素见表 1–11。HTML5 新表单属性见表 1–12。

表 1–10　　input 元素的新输入类型

输入类型	描述
color	选择一个颜色
date	选择一个日期［非 UTC（coordinated universal time，协调世界时）时间］
datetime	选择一个日期（UTC 时间）
datetime–local	选择一个日期和时间（无时区）
email	包含 email 地址的输入域
month	选择一个月份
number	定义数值的输入域
range	定义一定范围内数值的输入域
search	定义搜索域

续表

输入类型	描述
tel	定义输入的电话号码字段
time	选择一个时间
url	URL 地址的输入域
week	选择周和年

表 1-11　　HTML5 新表单元素

表单元素	描述
datalist	规定输入域的选项列表，使用 input 元素的 list 属性与 <datalist> 元素的 id 绑定
keygen	提供一种验证用户的可靠方法，标签规定用于表单的密钥对生成器字段
output	用于不同类型的输出，如计算或脚本输出

表 1-12　　HTML5 新表单属性

表单属性	描述
autocomplete	定义是否使用输入字段的自动完成功能
autofocus	定义在页面加载时，域自动地获得焦点，boolean 属性
form	定义所属的一个或多个表单
formaction	定义覆盖表单的 action 属性
formenctype	定义覆盖表单的 enctype 属性
formmethod	定义覆盖表单的 method 属性
formnovalidate	定义覆盖表单的 novalidate 属性，如果使用该属性，则提交表单时不用进行验证
formtarget	定义覆盖表单的 target 属性
height	定义 image 类型的 input 元素的图像高度
list	引用包含输入字段的预定义选项的 datalist
max	定义输入字段的最大值
min	定义输入字段的最小值
multiple	定义 input 元素中可选择多个值，boolean 属性
pattern	定义一个正则表达式，用于验证 input 元素的值
placehoder	定义简短的提示语，当用户输入前会在输入域上显示，当用户输入后消失
required	定义输入域是必填的，boolean 属性
step	定义输入域合法的数字间隔
width	定义 image 类型的 input 元素的图像宽度

（3）新多媒体元素。HTML5 新多媒体元素见表 1–13，它们已实现对原生音频和视频的支持。

表 1–13　　HTML5 新多媒体元素

元素	描述
audio	定义声音内容
embed	定义外部交互内容或插件
source	定义媒介源
track	定义用在媒体播放器中的文本轨道
video	定义视频

（4）新图形元素。HTML5 新图形元素见表 1–14。

表 1–14　　HTML5 新图形元素

元素	描述
canvas	定义图形，如图表和其他图像，该定义基于 JS 的绘图 API

（5）已移除的元素。部分 HTML4.01 元素在 HTML5 中已经被删除，已移除的元素见表 1–15。

表 1–15　　已移除的元素

元素	描述
acronym	定义首字母缩写
applet	定义嵌入的 applet
basefont	定义页面中文本文字的默认字体、颜色和大小
big	定义大号文本
center	定义居中文本
dir	定义目录列表
font	定义文字的字体、颜色和大小
frame	定义框架集的窗口或框架
frameset	定义框架集
noframes	定义针对不支持框架的用户的替代内容
strike	定义加删除线的文本
tt	定义打字机文本

4. HTML5 开发工具

（1）Adobe Dreamweaver CS6。Adobe Dreamweaver CS6 作为一个 Web 设计软件，提供了 HTML 网站和移动程序的可视化编辑界面。其 Fluid Grid 排版系统整合 CSS 样式表功能，能实现跨平台兼容性的自适应版面。通过 Adobe Dreamweaver CS6，开发人员可以实现 Web 设计的可视化操作，无须为代码所困。开发人员不但能在 Live View 中预览，还能进行多屏幕预览，并通过 MultiScreen 预览面板查看 HTML5 内容的渲染效果。

（2）Adobe Animate。Adobe Animate 曾称 Adobe Flash Professional、Macromedia Flash、FutureSplash Animator，可用于设计矢量图形和动画，并发布到电视节目、网络影片、网站、网络应用程序和电子游戏中。该软件还支持位图、音频和影片嵌入以及 ActionScript 脚本，可以发布 HTML5 动画、WebGL 动画、Spritesheet（精灵表单）动画以及 SVG（scalable vector graphics，可缩放矢量图形）、SWF（shock wave flash，一种支持矢量和点阵图形的动画文件格式）、AIR（Adobe integrated runtime，用于分发 Adobe AIR 应用程序的软件安装包）等格式的动画。

（3）iH5。iH5 在国内应用较广泛，因为其界面能进行可视化操作，并支持网页的发布，且不需要二次开发。iH5 是一款生产 HTML5 页面的软件，它采用 SaaS（software as a service，软件即服务）模式，集成了“前后端”所需的所有功能。用户可以通过 iH5 制作各种营销场景、游戏、手机软件、流程系统、网站等，且不需要有任何代码编写基础。

（4）Google Web Toolkit。Google Web Toolkit（简称 GWT）透过编译器将 Java 代码编译成 JavaScript，可以让开发人员使用 Java 语言快速建立与维护复杂但高性能的 JavaScript 前端应用程序，减轻开发人员的工作负担。GWT 用于开发浏览器，它支持很多 HTML5 功能，如支持客户端或 Web 存储、支持 Canvas 可视化等。

二、HTML5 常用元素

1. 超链接

一个完整的超链接包括两个部分，即链接的载体和链接的目标地址。在创建超链接之前，必须先确定链接的载体和链接的目标地址。超链接是指一个网页指向一个目标的连接关系，这个目标可以是另一个网页，也可以是相同网页上的不同位置，还可以是一个图片、电子邮件地址、文件，甚至是一个应用程序。超链接是 Web 页面区别于其他媒体的重要特征之一，访问者只要单击网页中的超链接，就可以自动跳转到目标地址。超链接在本质上属于一个网页的一部分，各个网页链接在一起后，在框架结构上真正构成一个网站。

（1）超链接 a 元素。<a> 标签定义超链接，用于创建通向其他网页、文件、同一页面内不同位置、电子邮件地址或其他 URL 的超链接。a 元素最重要的属性是 href 属性，它指定链接的目标。

在 HTML5 中，如果 <a> 标签不设置 href 属性，则它是超链接的一个占位符。a 元素除了支持 HTML5 的全局属性外，还支持其他属性（部分属性 HTML5 不支持），具体见表 1–16。

表 1–16　　a 元素属性

属性	值	描述
charset	char_encoding	HTML5 不支持，定义目标 URL 的字符编码
coords	coordinates	HTML5 不支持，定义链接的坐标
href	URL	定义链接的目标 URL
hreflang	language_code	定义目标 URL 的基准语言，仅在 href 属性存在时使用
media 5	media query	定义目标 URL 的媒介类型，默认值是 all，仅在 href 属性存在时使用
name	section_name	HTML5 不支持，定义锚的名称
rel	alternate archives author bookmark contact external first help icon index last license next nofollow noreferrer pingback prefetch prev search stylesheet sidebar tag up	定义当前文档与目标 URL 之间的关系，仅在 href 属性存在时使用

续表

属性	值	描述
rev	text	HTML5 不支持，定义目标 URL 与当前文档之间的关系
shape	default rect circle poly	HTML5 不支持，定义链接的形状
target	_blank _parent _self _top framename	定义在何处打开目标 URL，仅在 href 属性存在时使用
type	mime_type	定义目标 URL 的 MIME 类型，仅在 href 属性存在时使用

（2）超链接分类。按照使用对象的不同，网页中的超链接可以分为文本链接、图像链接、锚点链接、多媒体文件链接、空链接等。按照连接路径的不同，网页中的超链接一般分为指向外部的链接、内部链接和锚点链接。空链接具有正常链接的外表，但是点击后不会发生跳转。当超链接指向非网页文件如 ZIP、RAR 等压缩文件时，浏览器不会打开该文件，而是直接下载。

1）指向外部的链接。指向外部的链接是指通过当前网站链接到其他网站的链接。指向外部的链接使用 URL 来定位万维网信息，这种方式可以简洁、准确地描述信息所在的地址。

与指向外部的链接易混淆的一个概念是外部链接。外部链接又称反向链接、导入链接，是指通过其他网站链接到自己网站的链接。外部链接的主要作用是提升网站关键词的排名和网页权重。

2）内部链接。内部链接使同一网站域名下的各页面之间互相链接。例如，首页、栏目、内容页之间的链接，乃至站内关键词之间的 tag 链接都可以归为内部链接，因此，内部链接又称站内链接。内部链接容易控制，成本低，可以直接在自己的网站上进行部署，不像外部链接不可控性较大。

3）锚点链接。锚点链接（又称书签链接）常常用于那些内容繁琐的网页，通过点击命名锚点，不仅能指向文档，还能定位到页面里的特定段落，更能当作“精准链接”的便利工具，让链接对象接近焦点，便于访问者查看网页内容。锚点链接类似于书籍的目录页码或章回提示。在需要指定页面的特定部分时，标记锚点是最佳方法。锚点链接示例部分代码见例 1–1。

【例 1-1】

```
<body>
  <p>
    <a href="#bottom"> 到最后一章 </a>
  </p>
  <h2><a id="top">Chapter 1</a></h2>
  <p>This chapter explains ba bla bla</p>

  <h2>Chapter 2</h2>
  <p>This chapter explains ba bla bla</p>

  <h2>Chapter 3</h2>
  <p>This chapter explains ba bla bla</p>

  <h2>Chapter 4</h2>
  <p>This chapter explains ba bla bla</p>

  <h2><a id="bottom">Chapter 5</a></h2>
  <p>This chapter explains ba bla bla</p>


  <p>
    <a href="#top"> 到第一章 </a>
  </p>
</body>
```

（3）路径。路径分为相对路径和绝对路径。在网站内部，链接地址可以是相对地址，也可以是绝对地址。网页上的超链接按路径可以分为以下三种：第一种是绝对 URL 的超链接，第二种是相对 URL 的超链接，第三种就是锚点链接。

1）相对路径。相对路径是指以当前文件所在路径为参考基础建立的其他文件（或文件夹）的目录路径。相对路径并不是主页上文件在硬盘上的真正路径，而是相对当前文件所在目录的路径，如上一级或者下一级的路径，因此使用相对路径不需要考虑源文件的位置。在相对路径中，如果目标文件被移动，则链接会失效。在 HTML 文档中插入图像其实只是写入一个图像链接的地址，而不是把图像插入文档中。使用相对

URL 地址时，图像的链接起点是当前 HTML 文档所在的文件夹。

2）绝对路径。绝对路径是指从树型目录结构顶部的根目录到某个目录或文件的路径。绝对路径由一系列连续目录组成，中间用斜线“/”分隔，直到要指向的目录或文件，路径中的最后一个名称即为要指向的目录或文件。之所以称其为绝对路径，是因为当所有网页引用同一个文件时，所使用的路径都是一样的。

指向外部的链接只能使用绝对 URL 地址。内部链接用“/”表示根目录，所有网页或外部链接的站内资源都从根目录开始计算层级。路径示例部分代码见例 1–2。

【例 1–2】

```
<body>
  <p> 相对路径 </p>
  <p><a href="index.html"> 同目录下 index.html</a><br>
  <a href="../index.html"> 上一级目录下 index.html</a><br>
  <a href="aaa/index.html"> 下一级 aaa 子目录下 index.html</a></p>
  <p> 绝对路径 </p>
  <p> 指向外部的链接：<a href="https://www.microsoft.com/zh-cn/ "> 微软 </a></p>
  <p> 内部链接：<a href="/index.html"> 根目录下首页 </a><br>
  <a href="/aaa/index.html"> 根目录下 aaa 子目录下 index.html</a></p>
</body>
```

（4）浏览环境。<a> 标签的 target 属性定义在何处打开链接文档。如果在一个 <a> 标签内包含一个 target 属性，那么浏览器将会在这个与目标相吻合的窗口中载入和显示链接文档。如果这个指定名称的窗口不存在，那么浏览器将打开一个新窗口，给这个窗口一个指定的标记，然后在这个窗口载入新的文档。a 元素 target 属性值见表 1–17。

表 1–17　　a 元素 target 属性值

属性值	描述
_blank	浏览器总在一个新打开、未命名的窗口中载入目标文档
_parent	使文档载入父窗口或者包含超链接引用框架的框架集。如果在窗口或者顶级框架中引用，那么它与 _self 等效
_self	对于所有没有指定目标的 <a> 标签来说，_self 都是默认目标，它使目标文档载入并显示在相同的框架或者窗口中作为源文档。除非与 <base> 标签中的 target 属性一起使用，即 target="_self"，否则不必设置该属性

续表

属性值	描述
_top	使文档载入包含这个超链接的窗口，清除所有被包含的框架并将文档载入整个浏览器窗口
framename	在指定的框架中打开被链接的文档

在 HTML4.01 与 HTML5 中，不再允许把框架名称设定为目标，因为不再支持 frame 和 frameset。target 属性值 _parent、_self 及 _top 大多与 iframe 一起使用。浏览环境示例部分代码见例 1–3。

【例 1–3】

```
<body>
  <p><a href="http://www.softline.org.cn" target="_self"> 本窗口打开 </a></p>
  <p><a href="http://www.softline.org.cn" target="_blank"> 新开一个窗口 </a></p>
</body>
```

2. 文字标记

（1）基本文字标记元素。基本文字标记元素定义文本为特别强调、重要、上下标等形式，详情见表 1–18。HTML5 不支持 <font> 标签，因此字体样式（如黑体、仿宋、微软雅黑）应由 CSS 来定义实现。

表 1–18 基本文字标记元素

元素	描述
b	定义凸现的文本，以粗体显示
em	定义特别强调的文本
i	定义特殊文本，以斜体显示
s	定义不正确的文本
strong	定义重要的文本
small	定义旁注信息
sub	定义下标文本
sup	定义上标文本
u	定义未标注的文本跨度

基本文字标记元素示例部分代码见例 1–4，示例效果如图 1–11 所示。

【例 1–4】

```
<body>
    <p> 这是 <b> 凸现 </b> 的文本 </p>
    <p> 这是 <em> 特别强调 </em> 的文本 </p>
    <p> 这是 <i> 特殊 </i> 的文本 </p>
    <p><s> 这是不正确的 </s></p>
    <p><strong> 重要的，也是粗体 </strong></p>
    <p><small> 小型文本 </small></p>
    <p> 水分子是 H<sub>2</sub>0</p>
    <p> 平方 10<sup>2</sup></p>
    <p><u> 浙江 </u> 是中国一个省份 </p>
</body>
```

这是**凸现**的文本

这是*特别强调*的文本

这是*特殊*的文本

~~这是不正确的~~

重要的，也是粗体

小型文本

水分子是H_2O

平方10^2

浙江是中国一个省份

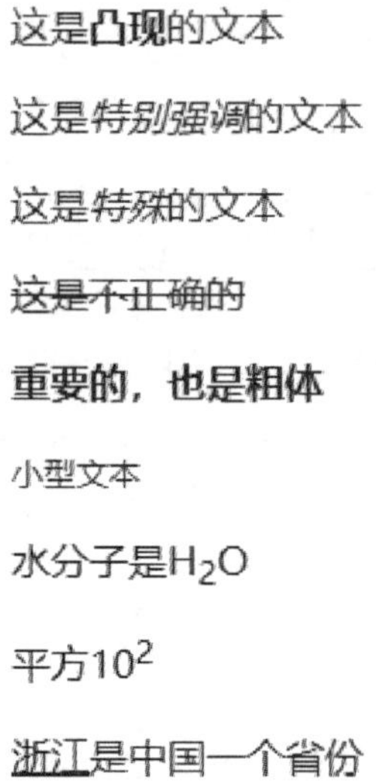

图 1–11　基本文字标记元素示例效果

1）b 元素。<b> 标签定义凸现的文本，不含有特别的语义，因此 b 元素并不表示特别强调或重要。根据 HTML5 规范，<b> 标签应该作为最后的选择，只有在其他标签不合适时才使用它。<b> 标签通常用粗体呈现效果。

2）em 元素。<em> 标签是一个短语标签，用来呈现特别强调的文本，用斜体呈现效果。当引入新术语、引用特定类型的术语或概念作为固定样式的时候，可以使用 <em> 标签，<em> 标签可以把这些术语或概念与其他斜体字区别开来。

3）i 元素。<i> 标签定义与文本中其余部分不同的部分，并把这部分文本呈现为斜体文本，不含有特别的语义。<i> 标签可以用来表示科技术语、其他语种的俗语等。在没有适当的语义元素可以使用时，应使用 i 元素。

4）s 元素。<s> 标签定义不正确、不准确或者没有用的文本，不建议用 <s> 标签定义替换或者删除的文本。如果要定义替换或者删除的文本，应使用 <del> 标签。注意，在 HTML4.01 中，s 元素就已废弃。

5）strong 元素。<strong> 标签用来定义重要的文本。<strong> 标签和 <em> 标签一样，用于强调文本，但它强调的程度更强一些。如果只是为了达到某种视觉效果而使用这个标签，建议通过 CSS 来定义。注意，在 HTML4.01 中，strong 元素定义加粗的特别强调文本。

6）small 元素。<small> 标签定义旁注信息，并呈现为小型文本。通常，免责声明、注意事项、法律限制或版权声明都使用小型文本，新闻来源、许可要求有时也使用小型文本。注意，在 HTML4.01 中，small 元素显示为更小的文本。

7）sub 元素。<sub> 标签定义下标文本。包含在开始标签 _{和结束标签}

中的内容将以当前文本流字符高度的一半在基准线下方显示，但是与当前文本流中文字的字体和字号都是一样的。例如，水分子 H_2O 中的 2 为下标，在 HTML 代码中则需要写成 H₂O。

8）sup 元素。<sup> 标签定义上标文本。包含在开始标签 ^{和结束标签} 中的内容将以当前文本流字符高度的一半在基准线上方显示，但是与当前文本流中文字的字体和字号都是一样的。上标文本通常还用来添加脚注的编号，如 WWW[1] 中的［1］为上标，在 HTML 代码中则需要写成 WWW^[1]。<sup> 标签在向文档添加脚注以及表示方程式中的指数值时非常有用。如果将 <sup> 标签与 <a> 标签结合起来使用，就可以创建出很好的超链接脚注。

9）u 元素。<u> 标签定义未标注的文本跨度，显示渲染效果，属于非文本注释。不建议用 <u> 标签为文本添加下划线，因为这时的 <u> 标签容易混淆为一个超链接。HTML5 规范建议开发人员尽量使用其他元素替代 u 元素，或者使用 CSS 样式来实现类似效果。

（2）换行元素。换行标签用于插入换行符，换行元素见表 1–19。

表 1–19　　换行元素

元素	描述
br	插入换行符
wbr 5	定义在文本中何处适合添加换行符

换行示例部分代码见例 1–5，示例效果如图 1–12 所示。

【例 1–5】

```
<body>
  <p>br 是用来换行的 <br> 不是用来分隔段落的 </p>
  <p> 学习 AJAX 就必须熟悉 <wbr>Http<wbr>Request 对象。</p>
</body>
```

br是用来换行的
不是用来分隔段落的

学习AJAX就必须熟悉Http
Request对象。

图 1–12　换行示例效果

1）br 元素。
 标签用来插入一个简单的换行符。
 标签是空标签。在 XHTML 中，把斜杠放在开始标签中表示，也就是
。
 标签只是简单地开始新的一行，并未改变行距，也不是分隔段落，并不会产生特殊的段间距。

2）wbr 元素。<wbr> 标签是 HTML5 的新标签，定义在文本中何处添加换行符，至于换不换行由浏览器决定。如果单词太长，或者担心浏览器在错误的位置换行，那么就可以使用 <wbr> 标签来定义。

（3）输入和输出元素。输入和输出元素见表 1–20。输入和输出示例部分代码见例 1–6，示例效果如图 1–13 所示。

表 1–20　　输入和输出元素

元素	描述
code	定义文本为计算机源代码或者其他计算机可以阅读的内容
var	定义文本为程序变量
samp	定义文本为计算机程序输出内容
kbd	定义文本为键盘输入内容

【例 1–6】

```
<body>
  <pre>
    <code>
    &#60;p&#62; 你最喜欢吃的水果是：&#60;span id=&#34;fruit&#34;&#62;&#60;/
span&#62;&#60;/p&#62;&#60;script type=&#34;text/javascript&#34;&#62;
        var user_input = prompt(&#34; 你最喜欢吃的水果是：&#34;);
        document.getElementById(&#34;fruit&#34;).innerHTML = user_input;&#60;/
script&#62;
    </code>
  </pre>
  <p> 上面代码定义了一个变量 <var>user_input</var>，用于接收用户输入的信息。
</p>
  <p> 如果用户输入的是 <kbd> 香蕉 </kbd>，那么程序将打印 <samp> 你最喜欢吃
的水果是：香蕉 </samp></p>
</body>
```

```
<p>你最喜欢吃的水果是：<span id="fruit"></span></p>
<script type="text/javascript">
        var user_input = prompt("你最喜欢吃的水果是：");
        document.getElementById("fruit").innerHTML = user_input;
</script>
```

上面代码定义了一个变量*user_input*，用于接收用户输入的信息。

如果用户输入的是香蕉，那么程序将打印你最喜欢吃的水果是：香蕉

图 1–13 输入和输出示例效果

1）code 元素。程序员已经习惯了编写源代码时用文本表示特殊样式，<code> 标签就是专门为此而设计的。包含在该标签内的文本将用等宽的 Courier 字体显示出来，表示这段文本是源代码。

2）var 元素。<var> 标签表示变量的名称或者由用户提供的值，文本通常显示为斜体。<var> 标签经常与 <code> 标签和 <pre> 标签一起使用，用来显示计算机编程代码范例及某些特定元素。与计算机编程和文档相关的标签一样，<var> 标签的作用不仅能让用户更容易浏览和理解文档，还能帮助浏览器从文档中提取信息。

3）samp 元素。<samp> 标签用于定义计算机程序输出文本，通常使用浏览器缺省的 Monotype 字体。

4）kbd 元素。<kbd> 标签定义键盘输入文本，用来表示用户输入的内容，以浏览器默认的 Monospace 字体显示。

（4）标题引用、引文、定义和缩写元素。cite、q、dfn、abbr 这四个元素分别用来引用标题、引用内容（即引文）、定义术语、定义缩写或简称，它们在显示学术文章的网页中经常使用，见表 1–21。

表 1–21　标题引用、引文、定义和缩写元素

元素	描述
cite	引用其他作品的标题
q	引用来自他处的内容
dfn	定义术语
abbr	定义缩写或简称

标题引用、引文、定义和缩写元素示例部分代码见例 1–7，示例效果如图 1–14 所示。

【例 1-7】

```
<body>
  <p><abbr title="World Wide Web">WWW</abbr> 就是万维网。</p>
  <p><q cite="https://baike.baidu.com/item/%E8%8B%B9%E6%9E%9C%E5%85%AC%E5%8F%B8/304038?fromtitle=APPLE&fromid=3860362"><dfn title="苹果"> 苹果 </dfn>公司是美国一家高科技公司。</q></p>
  <p><cite>《史蒂夫 · 乔布斯传》</cite> 是史蒂夫 · 乔布斯唯一授权的官方传记。</p>
</body>
```

WWW就是万维网。

"*苹果*公司是美国一家高科技公司。"

*《史蒂夫•乔布斯传》*是史蒂夫•乔布斯唯一授权的官方传记。

图 1-14　标题引用、引文、定义和缩写元素示例效果

1）cite 元素。<cite> 标签通常表示它所包含的文本是对某个作品标题的引用。按照惯例，引用的文本将以斜体显示。通常用 <cite> 标签将指向其他文档的引用分离出来，主要是分离那些传统媒体如书籍、杂志、期刊等的文档。

<cite> 标签的语义已经远远超过了它所包含文本的外观呈现，使浏览器能够以各种实用的方式向用户表达文档的内容。通过 <cite> 标签，浏览器能够自动整理、引用表格，并将它们作为脚注或者独立的文档来显示。

2）q 元素。<q> 标签定义一个短的引用，表示引自他处的内容。根据 HTML4.01 规范，q 元素应使用引号来分界。使用 <q> 标签不仅因为规范有要求，还因为将其应用于文档处理、信息提取等方面时显示效果较好。q 元素属性见表 1-22。

表 1-22　q 元素属性

属性	值	描述
cite	URL	定义引用的引文

3）dfn 元素。<dfn> 标签可标记特殊术语或短语的定义。与其他基于内容样式和物理样式的标签一样，<dfn> 标签应尽量少用。

4）abbr 元素。<abbr> 标签定义缩写或简称，它通过对缩写或简称进行标记，为浏览器、拼写检查插件和搜索引擎提供有用的信息。可以在 <abbr> 标签中使用全局属性

title，这样就能够在鼠标指针移动到 <abbr> 元素上时显示出缩写或简称的完整版本。

（5）语言元素。ruby、rb、rt、rp、rtc、bdo、bdi 这七个元素的作用是在使用非西方语言时提供支持，具体见表 1-23。

表 1-23　语言元素

元素	描述
ruby 5	定义包含注音符号的注释，如汉语或日语注释
rb 5	定义被标记的元素对象，用于分隔 ruby 基本文本的片段
rt 5	定义文本的发音
rp 5	在注释中使用，定义不支持 <ruby> 标签的浏览器所显示的内容
rtc 5	定义文字的语义注解
bdo	定义用来覆盖默认文本方向的文本方向
bdi 5	定义隔离文本

语言元素示例部分代码见例 1-8，示例效果如图 1-15 所示。

【例 1-8】

```
<body>
  <p>
    <ruby> 琴 <rp>(</rp><rt>qín</rt><rp>)</rp></ruby>
    <ruby> 瑟 <rp>(</rp><rt>sè</rt><rp>)</rp></ruby>
    <ruby> 琵 <rp>(</rp><rt>pí</rt><rp>)</rp></ruby>
    <ruby> 琶 <rp>(</rp><rt>pa</rt><rp>)</rp></ruby>
  </p>
  <p>
    <ruby><rb> 魑 </rb><rt>chī</rt> 魅魍魉 <rtc> 四个小鬼 </rtc></ruby>
  </p>
</body>
```

qín sè pí pa
琴瑟琵琶

chī
魑魅魍魉四个小鬼

图 1-15　语言元素示例效果

1）ruby、rb、rt、rp、rtc 元素。注音标签 <ruby>、<rb>、<rt>、<rp>、<rtc> 是用来帮助读者掌握文字正确发音的符号。

ruby 元素是与基本文本一起呈现的短文本，主要用在部分语言文本排版中，作为发音指南或包含其他注释。在日语中，这种排版形式又称假名。ruby 文本可以出现在基本文本的某一侧，有时也可以出现在两侧，并且可以使用 CSS 控制其位置。

2）bdo 元素。bdo 元素一般用于把一段文本的方向规定为与周围文本的默认方向相反。方向由必需属性 dir 指定。bdo 元素很少使用，只用于某些多语言文档中。在这类文档中，可能某一段文本使用的语言的阅读方式与其他段文本使用的语言不同。bdo 元素属性见表 1–24。

表 1–24　　bdo 元素属性

属性	值	描述
dir	ltr rtl	必需，定义文本方向

3）bdi 元素。<bdi> 标签是 HTML5 的新标签，它能设置一段文本，使其脱离父元素的文本方向设置。此标签适用于内容文字方向未知的情况，如来自数据库的文本可以使用 <bdi> 标签。

（6）其他文字标记元素。其他文字标记元素见表 1–25。

表 1–25　　其他文字标记元素

元素	描述
span	定义一段一般性内容
mark 5	定义高亮显示的文本
ins	定义添加的文本
del	定义删除的文本
time 5	定义时间和日期

其他文字标记元素示例部分代码见例 1–9，示例效果如图 1–16 所示。

【例 1–9】

```
<body>
  <p><mark> 乔布斯 </mark> 的 <span> 养父 </span> 是一个非常关注细节的人，而
<span> 苹果 </span> 的产品会把别人看不见的细节也做到极致，<mark> 乔布斯
</mark> 的这种 <span> 习惯 </span> 深受他养父的影响。</p>
```

```
    <p>My favorite color is <del>blue</del> <ins>red</ins>!</p>
    <p> 我在 <time datetime="2020-02-14"> 情人节 </time> 有个约会。</p>
</body>
```

乔布斯的养父是一个非常关注细节的人，而苹果的产品会把别人看不见的细节也做到极致，乔布斯的这种习惯深受他养父的影响。

My favorite color is ~~blue~~ red!

我在情人节有个约会。

图 1-16　其他文字标记元素示例效果

1）span 元素。<span> 标签用于将文档中的行内元素进行组合。span 元素是短语内容的通用行内“容器”，并没有任何特殊的语义，通常在没有其他合适语义元素时才使用它。span 元素与 div 元素相似，但 div 是一个块级元素，而 span 是行内元素。使用 span 元素可以对行内元素进行分组，以便通过样式对它们进行格式化。

2）mark 元素。<mark> 标签是 HTML5 的新标签，定义高亮显示的文本，使文档中的文字达到醒目的效果。在一个引用或者块级元素中，高亮显示的文本通常是外部引用的文本。在主要文本中，高亮显示的文本通常可能和用户的当前活动具有某种关联性，如搜索的结果。

3）ins 元素。<ins> 标签定义已经被插入文档中的文本。<del> 标签和 <ins> 标签通常一起使用，共同描述文档中的更新和修正。浏览器通常会在已删除文本上添加一条删除线，在新插入文本下添加一条下划线。ins 元素除了支持 HTML5 的全局属性外，还支持其他属性，具体见表 1-26。

表 1-26　ins 元素属性

属性	值	描述
cite	URL	定义指向另一个文档的 URL，此文档解释了文本被插入的原因
datetime	YYYY-MM-DDThh:mm:ssTZD	定义文本被插入的日期和时间

4）del 元素。<del> 标签表示一些从文档中删除的文字内容。例如，可以在需要显示修改记录或者源代码差异的情况下使用这个标签。可见，<ins> 标签的作用与此标签相反。del 元素除了支持 HTML5 的全局属性外，还支持其他属性，具体见表 1-27。

表 1-27 del 元素属性

属性	值	描述
cite	URL	定义指向另一文档的 URL，此文档解释了文本被删除的原因
datetime	YYYY-MM-DDThh:mm:ssTZD	定义文本被删除的日期和时间

5）time 元素。<time> 标签是 HTML5 的新标签，用来表示 24 小时制时间或者公历日期，且表示日期时可以包含时间和时区。time 元素用计算机可读的格式表示日期和时间，制作需要日程表功能的网页时可以使用。time 元素除了支持 HTML5 的全局属性外，还支持其他属性，具体见表 1-28。

表 1-28 time 元素属性

属性	值	描述
datetime 5	datetime	定义日期和时间，否则由元素的内容给定日期和时间
pubdate 5	pubdate	定义 time 元素中的日期、时间是文档（或 article 元素）的发布日期、时间

3. 内容组织

（1）段落 p 元素。<p> 标签定义段落。p 元素是块级元素，独占一行，并且有默认的行距和段落间距。<p> 标签既可以在块级元素内指定段落，也可以将段落与其他段落、列表、表单和预定义格式的文本一起使用。<p> 标签不能出现在头部、锚或者其他要求内容只能是文本的地方。实际上，多数浏览器都忽略了这个限制，它们会把段落作为所含元素的内容一起格式化，但是显示结果可能与预期不同。段落 p 元素示例部分代码见例 1-10，示例效果如图 1-17 所示。

【例 1-10】

```
<body>
  <h1> 春晓 </h1>
  <p>
    春眠不觉晓，<br>
      处处闻啼鸟。<br>
        夜来风雨声，<br>
          花落知多少。
  </p>
```

```
  <p> 注意，浏览器忽略了源代码中的排版（省略了多余的空格）。</p>
</body>
```

春晓

春眠不觉晓，
处处闻啼鸟。
夜来风雨声，
花落知多少。

注意，浏览器忽略了源代码中的排版（省略了多余的空格）。

图 1–17　段落 p 元素示例效果

注意，
 标签与 <p> 标签不同，
 标签只是简单地开始新的一行，并无其他附加属性。
 标签多应用在 <p> 标签内部，可以继承 <p> 标签的属性。以行距为例，如果用 CSS 定义 <p> 标签的 line–heigth:2，那么
 标签同样继承了 <p> 标签的 2 倍行距属性。

（2）分区 div 元素。<div> 标签是一个通用型流容器，在语义上不代表任何特定类型的内容，一般用于满足样式化的相关需求（使用 class 或 id 属性），或者对具有相同特性的一组元素进行分组。应在没有其他语义元素可用时才使用它。

div 元素通常用来在文档中添加自定义结构。自定义结构的缺点是其含义只限于在设计人员制作的网页或 Web 应用系统中有效，别人并不了解，因此，具有自定义结构的 HTML 文档由第三方处理或设计样式时可能会遇到问题。

（3）预排格式内容 pre 元素。<pre> 标签可以定义预格式化文本。被包围在 <pre> 标签中的文本会保留空格和换行符，文本会显示为等宽字体。<pre> 标签的特殊字符需要用实体引用来表示，以保证关闭代码不被浏览器解释为标签。

通常使用 <pre> 标签来定义计算机源代码，一般将 <pre> 标签与 <code> 标签结合起来使用，以获得更加精确的语义，同时标记页面中需要呈现的源代码。在 HTML4.01 中不建议使用 width 属性，而在 HTML5 中不再支持该属性。预排格式内容 pre 元素示例部分代码见例 1–11，示例效果如图 1–18 所示。

【例 1–11】

```
<body>
  <pre>
&lt;html&gt;
&lt;head&gt;
```

```
    &lt;script type=&quot;text/javascript&quot; src=&quot;welcome.js&quot;&gt;
&lt;/script&gt;
&lt;/head&gt;

&lt;body&gt;
    &lt;script type=&quot;text/javascript&quot;&gt;
        xmlDoc=<a href=" welcome.asp">loadXMLDoc</a>(&quot;books.xml&quot;);
    &lt;/script&gt;
&lt;/body&gt;
&lt;/html&gt;
    </pre>
</body>
```

```
<html>
<head>
  <script type="text/javascript" src="welcome.js">
</script>
</head>

<body>
  <script type="text/javascript">
    xmlDoc=loadXMLDoc("books.xml");
  </script>
</body>
</html>
```

图 1–18　预排格式内容 pre 元素示例效果

（4）主题分隔 hr 元素。<hr> 标签定义段落级别的主题分隔，在 HTML 页面中创建一条水平分隔线，可以在视觉上将文档分隔成多个部分。在 HTML4.01 中不建议使用 align、noshade、size 和 width 属性，在 HTML5 中也不再支持这些属性。主题分隔 hr 元素示例部分代码见例 1–12，示例效果如图 1–19 所示。

【例 1–12】

```
<body>
    <p>hr 标签定义主题分隔 </p>
    <hr>
    <p> 这是另一个主题段落 </p>
</body>
```

hr标签定义主题分隔

这是另一个主题段落

图 1-19　主题分隔 hr 元素示例效果

4. 文档分节

HTML5 提供的文档分节元素定义了网页的不同部分，这些元素的特性与 div 元素相似，只能应用在 <body> 内部，包含的语义可以方便地识别和管理代码。文档分节元素便于开发人员布局网页。文档分节元素见表 1-29。

表 1-29　　文档分节元素

元素	描述
h1、h2、h3、h4、h5、h6	定义文档的标题
hgroup	对文档的标题进行分组
address	定义文档作者或所有者的联系信息
header	定义文档或节的页眉
main	定义文档的主体内容
nav	定义导航链接的容器
section	定义文档的某个区域
article	定义独立结构
aside	定义所在内容之外的内容，如侧边栏等内容
footer	定义文档或节的页脚

文档分节示例部分代码见例 1-13，示例效果如图 1-20 所示。

【例 1-13】

```
<body>
  <header>
    <h1>City Gallery</h1>
  </header>
  <nav>
    London<br>Paris<br>Tokyo<br>
  </nav>
  <main>
```

```
  <section>
    <h2> 浏览器 </h2>
    <p>Chrome、Firefox 以及 Internet Explorer 是目前较流行的浏览器。</p>
    <article>
      <h3>Chrome</h3>
      <p>Chrome 是由 Google 开发的一款免费开源浏览器。</p>
    </article>
    <article>
      <h3>Firefox</h3>
      <p>Firefox 是由 Mozilla 开发的一款免费开源浏览器。</p>
    </article>
  </section>
 </main>
 <footer>
   <address>
     联系 <a href="mailto:servicedesk@example.com"> 服务台 </a><br>
     上海市闵行区联航路 1588 号
   </address>
 </footer>
</body>
```

City Gallery

London
Paris
Tokyo

浏览器

Chrome、Firefox以及Internet Explorer是目前较流行的浏览器。

Chrome

Chrome是由Google开发的一款免费开源浏览器。

Firefox

Firefox是由Mozilla开发的一款免费开源浏览器。

联系服务台
上海市闵行区联航路1588号

图 1-20　文档分节示例效果

（1）基本标题 Hn 元素。<h1>、<h2>、<h3>、<h4>、<h5>、<h6> 标签定义标题，只能设置在 <body></body> 内。由于 Hn 元素拥有确切的语义，因此应慎重地选择恰当的标签层级来构建文档结构。不要利用标题标签来改变同一行文本字体的大小，而应利用串联样式表来形成漂亮的显示效果。

在标题标签中，6 级标题的字体大小从 1 级到 6 级依次递增。<h1> 定义最大的标题，用来描述网页的最上层；<h6> 定义最小的标题。应确保把 <h1> 用于最顶层的标题（每个网页有且只有一个），且与网页标题 <title> 标签中的内容基本一致，<h2> 和 <h3> 用于较低的层级，<h4>、<h5> 和 <h6> 用于更低的层级。

在 HTML4.01 中，不推荐使用 h1、h2、h3、h4、h5、h6 元素的 align 属性，但若使用，如 <h1 align="right"> 仍可以实现居右效果。在 HTML5 中，h1、h2、h3、h4、h5、h6 元素的 align 属性不被支持。

（2）标题组 hgroup 元素。<hgroup> 标签是 HTML5 的新标签，用来对 h1、h2、h3、h4、h5、h6 标题元素进行分组，代表一个段落的标题。当标题有多个层级（即有副标题）时，<hgroup> 标签用来对一系列 <h1>、<h2>、<h3>、<h4>、<h5>、<h6> 标签进行分组。

（3）首部 header 元素。<header> 标签是 HTML5 的新标签，定义文档或节的页眉，用于展示介绍性内容，通常包含一组介绍性或辅助导航的实用元素。<header> 标签不是分段内容，因此不会往大纲中引入新的段落。它可能包含一些标题元素，也可能包含其他元素，如标识、搜索框、作者名称等。

（4）尾部 footer 元素。<footer> 标签是 HTML5 的新标签，定义文档或节的页脚。一个页脚通常包含该章节作者、版权声明、免责声明、与文档相关的链接等信息。在一个文档中，可以定义多个 <footer> 标签。

（5）联系信息 address 元素。<address> 标签定义文档作者或所有者的联系信息。address 元素通常呈现为斜体，大多数浏览器会在该元素的前后添加换行符。address 元素可以放在当前 section 的 footer 元素中。如果 address 元素位于 body 元素内，则它表示文档的联系信息；如果 address 元素位于 article 元素内，则它表示文章的联系信息。

当需要表示一个与联系信息无关的任意地址时，应使用 p 元素而不是 address 元素。address 元素不能包含除了联系信息之外的任何信息，如出版日期不应该包含在 address 元素中，而应该包含在 time 元素中。

（6）导航 nav 元素。<nav> 标签是 HTML5 的新标签，定义导航链接的容器。如果一个网页含有两个 nav 元素，那么其中一个是网站的导航列表，另一个是本页面的导航列表。

并不是所有链接都必须使用 <nav> 标签，它只用来将一些热门链接放入导航栏。

例如，footer 元素就常用来在页面底部包含一个不常用到、没必要加入 <nav> 标签的链接列表。如果文档中有“前后”按钮，则应该把它放入 <nav> 标签中。

（7）主体内容 main 元素。<main> 标签是 HTML5 的新标签，定义文档的主体内容。主体内容是由与文档直接相关或者从文档扩展出的中心主题、应用主要功能部分的内容组成的。main 元素中的内容对于文档来说应是唯一的，它不应包含文档中重复出现的内容，如侧边栏、导航栏链接、版权信息、搜索框等。

（8）重要主题 section 元素。<section> 标签是 HTML5 的新标签，定义文档的某个区域，如章节、头部、底部或者文档的其他区域。一般通过是否包含一个作为子节点的标题来辨识 <section> 标签。

（9）独立发布的重要主题 article 元素。<article> 标签是 HTML5 的新标签，定义文档、页面、应用程序或网站中的独立结构，其目的是建立可独立分配的或可复用的结构。它可能显示为论坛帖子、杂志文章或新闻、博客、用户提交的评论，或其他独立的内容项目等。

（10）侧边栏话题 aside 元素。<aside> 标签是 HTML5 的新标签，定义所在内容之外的内容。aside 元素被认为是独立于所在内容的一部分，且可以被单独拆分出来而不会使整体受影响。aside 元素通常表现为侧边栏或者嵌入内容，如来自词汇表的定义、相关广告、笔者传记、Web 应用程序、个人资料信息、相关链接等。

5. 列表

（1）无序列表 ul 元素。<ul> 标签定义无序列表。无序列表是一个没有特定顺序的列表项的集合，又称项目列表。ul 元素属性见表 1-30。在 HTML4.01 中，不建议使用 ul 元素的 compact 属性和 type 属性。在 HTML5 中，不支持这两个属性。

表 1-30　　ul 元素属性

属性	值	描述
compact	compact	HTML5 不支持，应使用 CSS 样式进行替代，定义列表呈现的效果比正常情况更小巧
type	disc square circle none	HTML5 不支持，应使用 CSS 样式进行替代，定义列表的项目符号类型

通过使用无序列表标签 ul 的 type 属性（建议使用 CSS 的 list-style 属性进行替代），用户可以指定出现在列表项前的项目符号样式，主要有 disc（实心圆点，默认）、circle（空心圆点）、square（实心方块）、none（无项目符号）。无序列表 ul 元素示例部

分代码见例 1–14，示例效果如图 1–21 所示。

【例 1–14】

```
<body>
  <h4> 食品 </h4>
  <ul>
    <li> 咖啡 </li>
    <li> 茶 </li>
    <li> 牛奶 </li>
  </ul>
</body>
```

食品

- 咖啡
- 茶
- 牛奶

图 1–21　无序列表 ul 元素示例效果

（2）有序列表 ol 元素。<ol> 标签定义有序列表，各列表项按照一定顺序（如数字或字母顺序等）排列。ol 元素除了支持 HTML5 的全局属性外，还支持其他属性（部分属性 HTML5 不支持），具体见表 1–31。

表 1–31　ol 元素属性

属性	值	描述
compact	compact	HTML5 不支持，HTML4.01 不建议使用，定义列表呈现的效果比正常情况更小巧
reversed 5	reversed	定义列表顺序为降序
start	number	定义有序列表的起始值
type	1	默认值，按阿拉伯数字顺序排列的有序列表（1、2、3、4 等）
	a	按小写英文字母顺序排列的有序列表（a、b、c、d 等）
	A	按大写英文字母顺序排列的有序列表（A、B、C、D 等）
	i	按小写罗马数字顺序排列的有序列表（ⅰ、ⅱ、ⅲ、ⅳ等）
	I	按大写罗马数字顺序排列的有序列表（Ⅰ、Ⅱ、Ⅲ、Ⅳ等）

注意，在 HTML4.01 中，不赞成使用 start 属性，但是所有浏览器都支持 start 属性，因为目前没有 start 属性的 CSS 替代方案。有序列表 ol 元素示例部分代码见例 1–15，示例效果如图 1–22 所示。

【例 1–15】

```
<body>
  <h4> 食品 </h4>
  <ol start="20" type="i">
    <li> 咖啡 </li>
    <li> 牛奶 </li>
    <li> 茶 </li>
  </ol>
</body>
```

食品

xx. 咖啡
xxi. 牛奶
xxii. 茶

图 1–22　有序列表 ol 元素示例效果

（3）定义列表 dl、dt、dd 元素。<dl> 标签定义了定义列表。定义列表又称字典列表，因为它与字典具有相同的格式。在定义列表中，每个列表项都带有一个缩进的定义字段，就好像字典词条对文字进行解释一样。

定义列表不仅是一列项目，还是项目及其注释的组合。<dl> 标签用于结合 <dt> 标签（定义列表中的项目名词）和 <dd> 标签（定义列表中项目名词的注释）。在定义列表中，一个 <dt> 标签下可以有多个 <dd> 标签作为名词的解释和说明。自定义列表常用于对术语或名词进行解释和描述，其列表项前没有任何项目符号。定义列表 dl、dt、dd 元素示例部分代码见例 1–16，示例效果如图 1–23 所示。

【例 1–16】

```
<body>
  <dl>
    <dt> 软中大数据中心 </dt>
    <dd> 地址：联航路 1588 号技术中心楼 2 楼 </dd>
```

```
    <dd> 云主机 8 核 CPU 32GB 内存 </dd>
    <dd>1000 Mbps 带宽 100T 存储空间 </dd>
  </dl>
</body>
```

软中大数据中心

地址：联航路1588号技术中心楼2楼

云主机8核CPU 32GB内存

1000 Mbps带宽 100T存储空间

图 1–23　定义列表 dl、dt、dd 元素示例效果

（4）菜单列表 menu 元素。<menu> 标签定义菜单列表，主要用于设计单列的菜单列表。菜单列表在浏览器中的显示效果和无序列表是相同的。在 HTML4.01 中，不建议使用 menu 元素。在 HTML5 中，重新定义了 menu 元素，且用于排列表单控件。menu 元素除了支持 HTML5 的全局属性外，还支持其他属性，具体见表 1–32。

表 1–32　menu 元素属性

属性	值	描述
label	text	定义菜单的可见标签
type	list	定义列表菜单，默认值
	popup	定义工具栏菜单，活动式命令，允许用户立即与命令进行交互
	toolbar	定义上下文菜单，该菜单必须在用户能够与命令进行交互之前被激活

菜单列表 menu 元素示例部分代码见例 1–17，示例效果如图 1–24 所示。

【例 1–17】

```
<body>
  <menu type="toolbar" label="File">
    <li><button type="button" onclick="file_new()">New...</button></li>
    <li><button type="button" onclick="file_open()">Open...</button></li>
    <li><button type="button" onclick="file_save()">Save</button></li>
  </menu>
  <p><b> 注意：</b> 目前主流浏览器并不支持 menu 标签。</p>
</body>
```

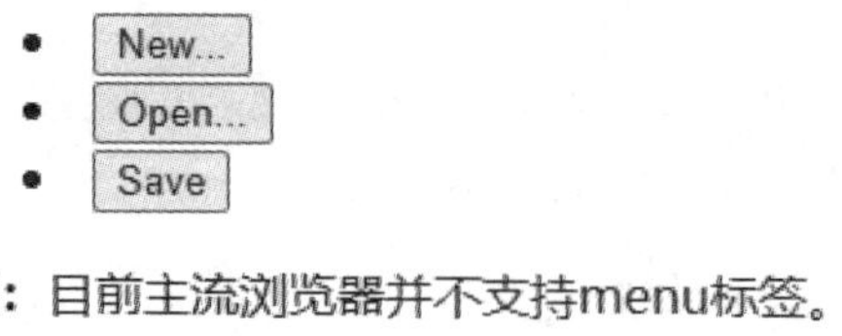

- New...
- Open...
- Save

注意：目前主流浏览器并不支持menu标签。

图 1–24　菜单列表 menu 元素示例效果

（5）嵌套列表。嵌套列表是指多于一级层次的列表，即一级目录下可以存在二级目录、三级目录等。嵌套列表能将制作的网页页面分割出多个层次，类似于图书的目录，让访问者觉得有很强的层次感。有序列表和无序列表不仅能自身嵌套，而且能互相嵌套。采用无序列表还是有序列表取决于目录的性质与数量。嵌套列表示例部分代码见例 1–18，示例效果如图 1–25 所示。

【例 1–18】

```
<body>
  <ol>
    <li> 宠物 </li>
    <ul>
      <li> 猫 </li>
      <li> 狗 </li>
    </ul>
    <li> 人种 </li>
    <ul>
      <li> 白种人 </li>
      <li> 黄种人 </li>
    </ul>
    <li> 植物 </li>
  </ol>
  <ol>
    <li> 计算机 </li>
    <ol>
      <li> 主板 </li>
      <li> 电源 </li>
    </ol>
    <li> 网络 </li>
```

```
        <ol>
            <li> 网线 </li>
            <li> 光纤 </li>
        </ol>
        <li> 运营商 </li>
    </ol>
</body>
```

1. 宠物
    - 猫
    - 狗
2. 人种
    - 白种人
    - 黄种人
3. 植物

1. 计算机
    1. 主板
    2. 电源
2. 网络
    1. 网线
    2. 光纤
3. 运营商

图 1-25　嵌套列表示例效果

6. 图像

（1）图像文件格式。图像文件格式是指计算机存储图像文件的格式，用于网页的常见图像文件格式有 BMP、GIF、JPEG、PNG、SVG、EPS 等。

1）BMP 格式。BMP（bitmap，位图）是每个像素被分配一个特定位置和颜色值的栅格图像或点阵图像。BMP 格式与其他 Microsoft Windows 程序兼容，在 Windows 环境中运行的图形图像处理软件都支持 BMP 格式。但是，它不支持文件压缩，所以文件非常大，不适用于 Web 网页应用。

2）GIF 格式。GIF（graphic interchange format，图像交互格式）是一种基于 LZW（Lempel-Ziv-Welch，伦佩尔－齐夫－韦尔奇）压缩算法的色调连续的无损压缩格式。GIF 格式支持透明背景图像，储存空间很小，适用于多种操作系统。公共领域有许多软件在使用 GIF 图像文件。GIF 格式的图像深度从 1 bit（称为“位”）到 8 bit 都有，最多支持 256 种颜色。GIF 文件可以存储多幅彩色图像，如果把文件中的多幅图像逐

幅读出并显示到屏幕上，就可以构成一种简单的动画。

3）JPEG 格式。JPEG（joint photographic experts group，一种图像格式，由联合图像专家组开发并命名）是最常用的图像文件格式，文件扩展名为 jpg 或 jpeg。照片以及一些细腻、讲究颜色浓淡的图像常采用 JPEG 格式。JPEG 是一种有损压缩格式，虽然会造成图像数据的损失，但压缩技术十分先进，可以去除冗余的图像数据，在获得极高压缩率的同时能展现十分生动的图像，且能将图像压缩在很小的储存空间。JPEG 格式压缩的主要是高频信息，对颜色信息保留得较好，广泛应用于互联网。采用 JPEG 格式可以减少图像的传输时间。

4）PNG 格式。PNG（portable network graphic，可移植的网络图像）是一种较新的图像文件格式。PNG 能够提供比 GIF 小 30% 的无损压缩图像文件，但并不是所有程序都可以用它来存储图像文件。PNG 支持高级别无损压缩，与 JPEG 的有损压缩相比，PNG 的压缩率较低。PNG 支持阿尔法通道透明度处理、伽马校正。较新的 Web 浏览器大多支持 PNG 格式，较旧的浏览器和程序可能不支持 PNG 格式。

5）SVG 格式。SVG 是基于 XML、由 W3C 制定的一种开放标准的矢量图形语言，可以任意放大，且图形边缘保持清晰。文字能在 SVG 图像中保留可编辑和可搜寻的状态，且没有字体的限制。SVG 文件很小，下载速度很快，适合用于高分辨率需求的图像页面。

6）EPS 格式。EPS（encapsulated PostScript，内嵌页面描述语言）是跨平台的标准格式，扩展名在 PC（personal computer，个人计算机）平台上是 eps，在 Macintosh 平台上是 epsf，主要用于矢量图像和光栅图像的存储。EPS 格式采用 PostScript 语言进行描述，同时可以保存其他信息，如多色调曲线、阿尔法通道、分色、剪辑路径、挂网信息等，因此 EPS 格式广泛应用于印刷或打印输出。

（2）图像 img 元素。<img> 标签定义网页中的图像，可以用 <img> 标签添加图像。严格来说，图像并不能插入网页，这里是指在 <img> 标签上设置资源地址，使浏览器在渲染网页时能根据资源地址下载图片。<img> 标签的作用是为需要引用的图像在 HTML 页面里创建占位符。img 元素有两个必需属性——alt 和 src。img 元素除了支持 HTML5 的全局属性外，还支持其他属性（部分属性 HTML5 不支持），具体见表 1–33。

表 1–33　　img 元素属性

属性	值	描述
alt	text	必需，定义图像的替代文本
src	URL	必需，定义图像的 URL
height	pixels %	定义图像的高度

续表

属性	值	描述
ismap	ismap	把图像定义为服务端图像映射
usemap	#mapname	把图像定义为客户端图像映射
width	pixels %	定义图像的宽度
align	top bottom middle left right	HTML5 不支持，定义如何根据周围的文本来排列图像，应使用 CSS 定义控制
border	pixels	HTML5 不支持，定义图像周围的边框，应使用 CSS 定义控制
hspace	pixels	HTML5 不支持，定义图像左侧和右侧的空白，应使用 CSS 定义控制
vspace	pixels	HTML5 不支持，定义图像顶部和底部的空白，应使用 CSS 定义控制

1）alt 属性。alt 属性为图像提供替代文本，方便搜索引擎抓取。如果图像的资源地址位于 <a> 标签中，则 alt 文本应该解释链接指向哪里。如果图像是纯装饰性的，建议使用 alt=""。当浏览器不支持图像时，使用文字替换图像。当鼠标移到图像上并停留一段时间后，这些注释文字将显示出来。当浏览器关闭图像显示功能时，这些注释文字也将显示出来。

2）height 和 width 属性。height 和 width 属性为图像定义高度和宽度。在为图像设置 height 和 width 这两个属性值后，就可以在页面加载时为图像留出空间。如果没有设置这两个属性值，那么浏览器就无法了解图像的尺寸，也就无法为图像预留适当的空间，在页面加载时页面布局就会发生变化，如文字等都会重新排列。

3）usemap 属性。usemap 属性将图像定义为客户端图像映射。usemap 属性与 map 元素的 name 或 id 属性（取决于浏览器）相关联，它建立了图像与映射的关系。

（3）图像超链接。用 <a> 标签设置超链接，类似于把图像当作文字等元素，使整个图像成为焦点。图像超链接只能添加一个超链接，对于带有超链接的图像，当鼠标移动到上面时就会默认显示手形图标。

（4）图像映射。图像映射是指图像带有可点击区域。一个图像可以有多个可点击区域，每个可点击区域都是一个超链接。图像映射可以为图像添加多个超链接。

1）map 元素。<map> 标签用于定义客户端图像映射。map 元素包含若干个 area 元素，用来定义图像映射中的可点击区域。map 元素除了支持 HTML5 的全局属性外，还支持 name 属性，具体见表 1-34。name 属性是必需的，该属性与 img 元素的 usemap 属性相关联。为了确保浏览器的兼容性，应同时为 <map> 标签添加 id 和 name 属性。

表 1-34　　map 元素属性

属性	值	描述
name	mapname	定义图像映射的名称

2）area 元素。<area> 标签定义图像映射中的区域，<area> 标签始终嵌套在 <map> 标签中。area 元素除了支持 HTML5 的全局属性外，还支持其他属性（部分属性 HTML5 不支持），具体见表 1-35。其中，shape 属性定义区域的形状，可以是规则的圆形、长方形或正方形，也可以是不规则的多边形。

表 1-35　　area 元素属性

属性	值	描述
alt	text	定义区域的替代文本，如果使用 href 属性，则该属性是必需的
coords	coordinates	定义区域的坐标
href	URL	定义区域的目标 URL
hreflang	language_code	定义目标 URL 的语言
media	media query	定义目标 URL 是由何种媒介或设备优化的，默认 all
nohref	nohref	HTML5 不支持，定义没有相关链接的区域
rel	alternate author bookmark external help license next nofollow noreferrer prefetch prev search sidebar tag	定义当前文档与目标 URL 之间的关系

续表

属性	值	描述
shape	rect rectangle circ circle poly polygon	定义区域的形状
target	_blank _parent _self _top framename	定义在何处打开目标 URL
type 5	mime_type	定义目标 URL 的 MIME 类型

其中，corrds 属性用于定义区域的坐标范围，具体见表 1–36。

表 1–36 area 元素的 corrds 属性

值	描述
x1、y1、x2、y2	如果将 shape 属性设置为 "rect"，则该值定义矩形左上角和右下角的坐标
x、y、radius	如果将 shape 属性设置为 "circ"，则该值定义圆心的坐标和半径
x1、y1、x2、y2、…、xn、yn	如果将 shape 属性设置为 "poly"，则该值定义多边形各边的坐标。如果第一个坐标和最后一个坐标不一致，那么为了关闭多边形，浏览器必须添加最后一对坐标

图像映射示例部分代码见例 1–19。

【例 1–19】

```
<body>
<img src="source/mt12.jpg" alt="海边一景" width="600" height="400" usemap="#mt12" />
<map name="mt12" id="mt12">
  <area shape="poly" coords="240,395,242,395,230,294,306,218,340,293,582,396"
href="beach.html" title="海滩">
  <area shape="circle" coords="215,246,14" href="stone-4.html" title="石磡 4">
  <area shape="circle" coords="193,192,23" href="stone-3.html" title="石磡 3">
```

```
    <area shape="rect" coords="139,169,169,228" href="stone-2.html" title="石磡 2">
    <area shape="rect" coords="98,179,117,216" href="stone-1.html" title="石磡 1">
</map>
</body>
```

7. 框架

（1）框架元素。通过使用框架，用户可以在同一个浏览器窗口中显示多个页面。每个 HTML 文档都可以称为一个框架，并且每个框架都独立于其他框架。使用框架的缺点有两个，一是开发人员必须同时跟踪更多的 HTML 文档，二是很难打印整个页面。框架元素见表 1-37。由于框架对网页可用性有负面影响，因此 HTML5 不再支持 <frame>、<frameset> 和 <noframes> 标签。

表 1-37　框架元素

元素	描述
frame	HTML5 不支持，定义子框架
frameset	HTML5 不支持，将窗口分割为框架
noframes	HTML5 不支持，定义不支持 frame 时显示的内容
iframe	定义行内的子窗口（即框架）

（2）iframe 元素。iframe 元素会创建包含另外一个文档的内联框架（即行内框架），可以有效地将另一个 HTML 页面嵌入到当前页面中。iframe 元素除了支持 HTML5 的全局属性外，还支持其他属性（部分属性 HTML5 不支持），具体见表 1-38。iframe 元素示例部分代码见例 1-20。

表 1-38　iframe 元素属性

属性	值	描述
align	left right top middle bottom	HTML5 不支持，定义如何根据周围元素来对齐 <iframe>
frameborder	1 0	HTML5 不支持，定义是否显示 <iframe> 周围的边框
height	pixels	定义 <iframe> 的高度

续表

属性	值	描述
longdesc	URL	HTML5 不支持，定义一个页面，该页面包含了有关 <iframe> 的较长描述
marginheight	pixels	HTML5 不支持，定义 <iframe> 顶部和底部的边距
marginwidth	pixels	HTML5 不支持，定义 <iframe> 左侧和右侧的边距
name	name	定义 <iframe> 的名称
sandbox 5	"" allow-forms allow-same-origin allow-scripts allow-top-navigation	对 <iframe> 中的内容进行额外限制
scrolling	yes no auto	HTML5 不支持，定义是否在 <iframe> 中显示滚动条
seamless 5	seamless	使 <iframe> 看起来像父文档中的一部分
src	URL	在 <iframe> 中显示文档的 URL
srcdoc 5	HTML_code	将页面中的 HTML 内容显示在 <iframe> 中
width	pixels	定义 <iframe> 的宽度

【例 1–20】

```
<body>
<p> 内联一个外部网站 </p>
<iframe src="http://www.softline.org.cn/" width="1000" height="200"></iframe>

<p> 内嵌一张图片 </p>
<iframe src="source/mt12.jpg" width="300" height="200"></iframe>

<p> 一些老版浏览器不支持 iframe。</p>
</body>
```

学习单元 3

网页表格与表单知识

学习目标

- 能够在网页上设置表格和表单。

知识准备

一、网页表格

1. 表格构成

表格的基本构成元素是 table、tr 和 td。其中，table 元素定义表格，tr 元素定义表格的行，td 元素定义表格的单元格。复杂的表格可能还包含 caption、th、thead、tbody、tfoot、col、colgroup 等元素。表格元素见表 1–39。

表 1–39　　表格元素

元素	描述
table	定义表格
caption	定义表格的标题
th	定义表格的表头单元格

续表

元素	描述
tr	定义表格的行
td	定义表格的单元格
thead	定义表格的页眉
tbody	定义表格的主体
tfoot	定义表格的页脚
col	定义表格列的属性
colgroup	定义表格列的组

2. 表格元素

（1）table 元素。<table> 标签定义表格。W3C 规范中建议用 table 元素排列数据，但并没有指出不可以用 table 元素来布局。在实际应用中，通常采用不同的 HTML 标准版本，其中在 HTML5 标准版本里，表格已完全被弱化，因此它更多地被用来排列数据，而不是布局。

早期的网页采用表格布局，绝大多数网页都可以使用表格进行排版，在简单的网页里，表格布局可以方便、快捷地实现。但是，较复杂的网页采用表格布局就会产生一些问题，如表格嵌套过多造成代码冗余，上万行代码将使网页文件极速膨胀，由此产生维护不便、加载速度慢、不利于搜索引擎抓取信息等问题，于是表格布局逐渐被 DIV（division，分割）+CSS 布局所代替，但是表格在数据排列上的良好特性得到了保持。

在 HTML5 中，table 元素仅支持 border 属性，并且只允许空值或 1，具体见表 1–40。其他的属性建议通过 CSS 来实现，以使表格结构更加清晰。

表 1–40　　table 元素属性

属性	值	描述
border	"" 1	定义表格单元是否拥有边框
cellpadding	pixels	HTML5 不支持，定义单元格边框与内容的间距
cellspacing	pixels	HTML5 不支持，定义单元格间距
frame	void above below hsides lhs rhs	HTML5 不支持，定义外侧边框的可见部分

续表

属性	值	描述
frame	vsides box border	HTML5 不支持，定义外侧边框的可见部分
rules	none groups rows cols all	HTML5 不支持，定义内侧边框的可见部分
summary	text	HTML5 不支持，定义表格的摘要
width	pixels %	HTML5 不支持，定义表格的宽度

（2）thead、tfoot 和 tbody 元素。<thead>、<tfoot> 和 <tbody> 标签内部必须拥有 <tr> 标签，也必须在 <table> 标签内使用。它们的出现顺序是 <thead>、<tfoot>、<tbody>，这样浏览器就可以在收到所有数据前呈现页脚。在 HTML5 中，不支持 thead、tfoot、tbody 元素的任何属性。

thead、tfoot 和 tbody 元素可以对表格中的行进行分组，分成一个标题行、位于底部的总计行和一些带有数据的行。这种划分使浏览器有能力支持独立于表格标题和页脚的表格正文滚动。当长表格被打印时，表格的表头和页脚可以被打印在包含表格数据的每张页面上。

（3）tr 元素。<tr> 标签用于定义表格的行。一个 tr 元素包含一个或多个 td 或 th 元素。在 HTML5 中，不支持 tr 元素的任何属性。

（4）td、th 元素。<td> 标签定义表格的单元格，<th> 标签定义表格的表头单元格。td 元素和 th 元素分别代表表格的两种单元格类型，td 元素包含数据，th 元素包含头部信息。通常在浏览器中，td 元素中的文本呈现为左对齐，th 元素中的文本呈现为粗体、居中。td、th 元素除了支持 HTML5 的全局属性外，还支持其他属性（部分属性 HTML5 不支持），具体见表 1–41。

表 1–41　td、th 元素属性

属性	值	描述
abbr	text	HTML5 不支持，定义单元格中内容的缩写版本
align	left right center	HTML5 不支持，定义单元格内容的水平对齐方式

续表

属性	值	描述
align	justify char	HTML5 不支持，定义单元格内容的水平对齐方式
axis	category_name	HTML5 不支持，对单元格进行分类
bgcolor	rgb(x,x,x) #xxxxxx colorname	HTML5 不支持，定义单元格的背景色
char	character	HTML5 不支持，定义根据哪个字符来进行内容的对齐
charoff	number	HTML5 不支持，定义对齐字符的偏移量
colspan	number	定义单元格可以横跨的列数
headers	header_id	定义与单元格相关联的一个或多个表头单元格
height	pixels	HTML5 不支持，定义单元格的高度
nowrap	nowrap	HTML5 不支持，定义单元格中的内容是否换行
rowspan	number	定义单元格可以横跨的行数
scope	col colgroup row rowgroup	定义单元格是行、列、行组或列组的头部。注意，此属性为 th 元素属性，非 td 元素属性
valign	top middle bottom baseline	HTML5 不支持，定义单元格内容的垂直排列方式
width	pixels %	HTML5 不支持，定义单元格的宽度

如果要实现空单元格，简单的就是 <td></td>，但是鉴于各浏览器对空单元格的解析效果不同，最好的处理方式是添加空格，即 <td> </td>。初学者应养成这个好习惯，避免表格错位。

（5）caption 元素。<caption> 标签定义表格的标题，应置于 <table> 标签之后。注意，每个表格只能规定一个标题。标题通常会居中显示在表格上方。在 HTML4.01 中不建议使用 align 属性，在 HTML5 中不支持 <caption> 的任何属性。

（6）col 元素。<col> 标签为表格中的一个或多个列定义属性值。使用 <col> 标签将不需要为每个单元格或每一行重复设置样式。<col> 标签只能在 <table> 或 <colgroup> 标签内使用。col 元素除了支持 HTML5 的全局属性外，还支持其他属性（部分属性 HTML5 不支持），具体见表 1–42。

表 1-42　　col 元素属性

属性	值	描述
align	right left center justify char	HTML5 不支持，定义 col 元素相关内容的水平对齐方式
char	character	HTML5 不支持，定义根据哪个字符来对齐 col 元素相关内容
charoff	pixels %	HTML5 不支持，定义第一个对齐字符的偏移量
span	number	定义 col 元素应横跨的列数
valign	top middle bottom baseline	HTML5 不支持，定义 col 元素相关内容的垂直对齐方式
width	% pixels relative_length	HTML5 不支持，定义 col 元素的宽度

（7）colgroup 元素。<colgroup> 标签用于对表格中的列进行组合，以便对其进行格式化。使用 <colgroup> 标签可以对整个列应用样式，而不需要为每个单元格或每一行重复设置样式。<colgroup> 标签只能在 <table> 标签内使用。colgroup 元素除了支持 HTML5 的全局属性外，还支持其他属性（部分属性 HTML5 不支持），具体见表 1-43。

表 1-43　　colgroup 元素属性

属性	值	描述
align	right left center justify char	HTML5 不支持，定义列组合内容的水平对齐方式
char	character	HTML5 不支持，定义根据哪个字符来对齐列组合内容
charoff	pixels %	HTML5 不支持，定义第一个对齐字符的偏移量
span	number	定义横跨的列数

续表

属性	值	描述
valign	top middle bottom baseline	HTML5 不支持，定义列组合内容的垂直对齐方式
width	% pixels relative_length	HTML5 不支持，定义列组合的宽度

3. 表格应用

（1）清单列表。清单列表是比较常见的表格应用类型，如日常生活中常见的超市购物清单、学生成绩单等，以及后台管理的博客列表、新闻列表等，这些清单列表既直观又可以打印输出。产品列表示例部分代码见例 1–21，示例效果如图 1–26 所示。

【例 1–21】

```
<body>
<table border="1">
<caption> 产品列表 </caption>
<colgroup span="3" />
<col style="background:yellow" />
<col span="2" style="background:red" />
<thead>
  <tr>
    <th>No.</th>
    <th>Brand</th>
    <th>Model</th>
    <th>Price</th>
    <th>Number</th>
    <th>Subtotal</th>
  </tr>
</thead>
<tfoot>
  <tr>
```

```
        <th colspan="4">Total</th>
        <th>3</th>
        <th>RMB 85629</th>
    </tr>
</tfoot>
<tbody>
    <tr>
        <td>1</td>
        <td>HP</td>
        <td>DL388 G8</td>
        <td>32459</td>
        <td>1</td>
        <td>32459</td>
    </tr>
    <tr>
        <td>2</td>
        <td>DELL</td>
        <td>R730</td>
        <td>26585</td>
        <td>2</td>
        <td>53170</td>
    </tr>
</tbody>
</table>
</body>
```

产品列表

No.	Brand	Model	Price	Number	Subtotal
1	HP	DL388 G8	32459	1	32459
2	DELL	R730	26585	2	53170
Total				3	RMB 85629

图 1-26　产品列表示例效果

（2）自适应布局。在 HTML4.0.1 标准版本中，可以利用表格的属性及其特有的自适应特性分配单元格。表格属性示意图如图 1–27 所示。注意，在没有设置单元格的宽度时，会均分单元格的宽度。例如，一个表格有 2 行 3 列，表格的总宽度（width）为 350，单元格间距（cellspacing）为 5，单元格边框与内容的间距（cellpadding）为 4，边框（border）为 3，在自适应情况下，每列宽度都是（350–5 × 4–4 × 6–3 × 2）/3=100。

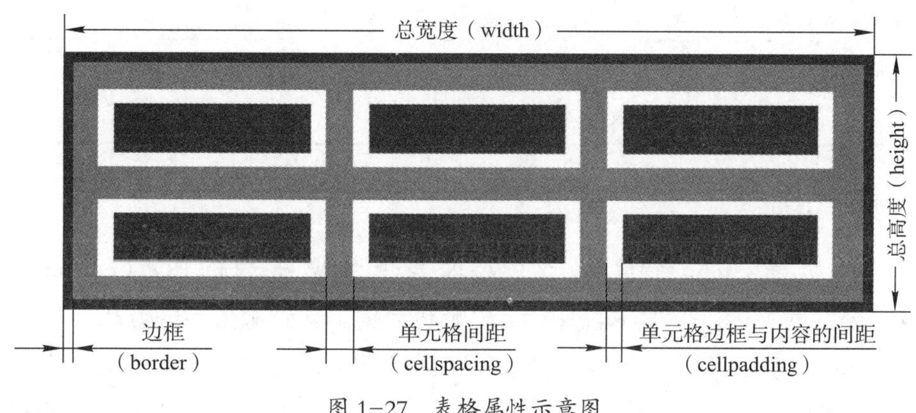

图 1–27　表格属性示意图

二、网页表单

1. 表单基础

表单主要负责采集数据，一个完整的 HTML 表单主要由 form 元素、表单元素、表单按钮等组成。form 元素和表单元素见表 1–44。表单允许客户端的用户以标准格式向服务器提交数据，用户只需要填入数据并单击提交按钮即可，然后服务器的脚本会处理这些数据。

表 1–44　form 元素和表单元素

元素	描述
form	定义供用户输入的表单
input	定义输入域
textarea	定义文本域（一个多行的输入控件）
label	定义一个控制标签
fieldset	定义域
legend	定义域的标题
select	定义一个下拉列表

续表

元素	描述
optgroup	定义选项组
option	定义下拉列表中的选项
button	定义一个按钮
datalist 5	定义输入域的选项列表
keygen 5	定义表单的密钥对生成器字段
output 5	定义一个计算结果

2. 表单组成

（1）form 元素。form 元素包含了处理表单数据所用的 CGI（common gateway interface，公共网关接口）程序的 URL，以及将数据提交到服务器的方法。

（2）表单元素。表单元素是表单中最灵活的部分。通过表单元素能制作输入框、密码框、隐藏域、多行文本框、复选框、单选框、下拉选择框、文件上传框等，通常根据实际需要来设计。表单元素可以使用 name 或 id 属性，或通过 elements 集合引用。

（3）表单按钮。表单按钮主要包括提交按钮、复位按钮和一般按钮，主要用于将数据传送到服务器的 CGI 脚本或者取消输入。

3. form 元素和表单元素

（1）form 元素。<form> 标签定义供用户输入的表单，用于创建包含表单元素的区域，这个区域包含交互控制元件，用来向 Web 服务器提交信息。HTML4.01 规定表单内的从属元素必须写在表单内部，而 HTML5 已经没有这个限制了。在 HTML5 表单中，不管 <form> 标签是否出现，form 对象都会被创建。form 元素除了支持 HTML5 的全局属性外，还支持其他属性（部分属性 HTML5 不支持），具体见表 1–45。

表 1–45　　form 元素属性

属性	值	描述
accept	mime_type	HTML5 不支持，定义服务器接收到的文件类型
accept–charset	charset_list	定义服务器可处理的表单字符集，常用 UTF–8 字符编码
action	URL	定义提交表单时向何处发送表单数据
autocomplete 5	on off	定义是否启用表单的自动完成功能

续表

属性	值	描述
enctype	application/x-www-form-urlencoded multipart/form-data text/plain	定义在发送表单数据之前如何对其进行编码
method	get post	定义发送 form-data 的 HTTP 方法
name	form_name	定义表单名称
novalidate	novalidate	使用该属性时，提交表单不用进行验证
target	_blank _self _parent _top framename	定义在何处打开 actionURL

（2）input 元素。<input> 标签定义用户可输入数据的输入字段。根据 type 属性的不同，输入字段有多种形态。输入字段可以是文本字段、复选框、密码字段、单选按钮等。HTML5 的 input 元素拥有许多新属性，其中 type 属性拥有许多新值，这些新属性和新值使输入控制和验证效果更好。input 元素属性见表 1-46。

表 1-46　　input 元素属性

属性	值	描述
accept	list_of_mime_types	定义可以通过上传控件提交的文件类型，仅适用于 type="file"
alt	text	定义图像输入控件的替代文本，仅适用于 type="image"
autocomplete	on off	定义是否使用输入字段的自动完成功能
autofocus	autofocus	定义输入字段在页面加载时是否获得焦点，不适用于 type="hidden"
checked	checked	定义当页面加载时是否预先选择该 input 元素，适用于 type="checkbox" 或 type="radio"
disabled	disabled	定义当页面加载时是否禁用该 input 元素，不适用于 type="hidden"
form	formname	定义输入字段所属的一个或多个表单
formaction	URL	定义覆盖表单的 action 属性，适用于 type="submit" 和 type="image"

续表

属性	值	描述
formenctype	空值	定义覆盖表单的 enctype 属性，适用于 type="submit" 和 type="image"
formmethod	get post	定义覆盖表单的 method 属性，适用于 type="submit" 和 type="image"
formnovalidate	formnovalidate	定义覆盖表单的 novalidate 属性，如果使用该属性，则提交表单时不用进行验证
formtarget	_blank _self _parent _top framename	定义覆盖表单的 target 属性，适用于 type="submit" 和 type="image"
height	pixels %	定义 input 字段的高度，适用于 type="image"
list	datalist-id	引用包含输入字段的预定义选项的 datalist
max	number date	定义输入字段的最大值，与 min 属性配合使用可以创建合法值的范围
maxlength	number	定义文本字段中允许的最大字符数
min	number date	定义输入字段的最小值，与 max 属性配合使用可以创建合法值的范围
multiple	multiple	使用该属性则允许一个以上的值
name	field_name	定义 input 元素的名称，name 属性用于在提交表单时搜集字段的值
pattern	regexp_pattern	定义输入字段的值的模式或格式，如 pattern="[0-9]" 表示输入值必须是 0 与 9 之间的数字
placeholder	text	定义帮助用户填写输入字段的提示
readonly	readonly	定义字段的值无法修改
required	required	必需，定义输入字段的值
size	number_of_char	定义输入字段的可见字符数
src	URL	定义图像的 URL，适用于 type="image"
step	number	定义输入字段的合法数字间隔
type	详见后文“input 元素的 type 属性”	定义 input 元素的类型

续表

属性	值	描述
value	value	对于按钮，定义按钮上的文本；对于图像按钮，定义 input 元素被点击时的结果；对于复选框和单选按钮，定义 input 元素被点击时的结果；对于隐藏域、密码和文本字段，定义元素的默认值。注意：不能与 type="file" 一同使用；对于 type="checkbox" 和 type="radio" 情况，是必需的
width 🅴	pixels %	定义 input 字段的宽度，适用于 type="image"

（3）textarea 元素。<textarea> 标签定义多行的文本输入控件，文本区域中可以容纳无限数量的文本。textarea 元素可以通过 cols 和 rows 属性来设定区域大小，建议使用 CSS 的 height 和 width 属性。在文本内的文本行间，用“%OD%OA”进行分隔。可以通过 wrap 属性设置文本输入区域内的换行模式。textarea 元素除了支持 HTML5 的全局属性外，还支持其他属性，具体见表 1–47。textarea 元素示例部分代码见例 1–22。

表 1–47　　textarea 元素属性

属性	值	描述
autofocus 🅴	autofocus	在页面加载后，文本区域自动获得焦点
cols	number	定义文本区域内的可见宽度
disabled	disabled	禁用该文本区域
form 🅴	form_id	定义文本区域所属的一个或多个表单
maxlength 🅴	number	定义文本区域的最大字符数
name	name_of_textarea	定义文本区域的名称
placeholder 🅴	text	定义文本区域预期值的简短提示
readonly	readonly	定义文本区域为只读
required 🅴	required	定义文本区域是必填的
rows	number	定义文本区域内的可见行数
wrap 🅴	hard soft	定义在表单中提交时，文本区域中的文本如何换行

【例 1–22】

```
<body>
<textarea rows="3" cols="100" maxlength="1000">
```

```
这是一个文本框，可以输入很多字。如果没有设置最大值，可以无限输入。
</textarea>
</body>
```

（4）label 元素。<label> 标签为 input 元素定义标签。label 元素不会向用户呈现任何特殊的样式。不过，将 label 元素的 for 属性和对应元素的 id 属性关联起来，就改善了鼠标的可操作性。当用户用鼠标点击 label 元素内的文本时，就可以切换到对应元素的控件。label 元素除了支持 HTML5 的全局属性外，还支持其他属性，具体见表 1–48。

表 1–48　　label 元素属性

属性	值	描述
for	id	定义 label 绑定到哪个表单元素
form 5	formid	定义 label 所属的一个或多个表单

label 元素示例部分代码见例 1–23。

【例 1–23】

```
<body>
<form action="demo.php">
    <label for="male">Male</label>
    <input type="radio" name="gender" id="male" value="male"><br>
    <label for="female">Female</label>
    <input type="radio" name="gender" id="female" value="female"><br>
    <input type="submit" value="提交">
</form>
</body>
```

（5）fieldset 元素。<fieldset> 标签将表单内容的一部分打包，生成一组相关表单的字段，<fieldset> 标签能从逻辑上将表单中的元素组合起来。当将一组表单元素放在 <fieldset> 标签内时，浏览器会以特殊的方式来显示它们，它们可能有特殊边界、三维效果，甚至可以创建一个子表单来处理这些元素。fieldset 元素除了支持 HTML5 的全局属性外，还支持其他属性，具体见表 1–49。

表 1-49　　fieldset 元素属性

属性	值	描述
disabled	disabled	禁用 fieldset
form	form_id	定义 fieldset 所属的一个或多个表单
name	value	定义 fieldset 的名称

fieldset 元素示例部分代码见例 1-24，示例效果如图 1-28 所示。

【例 1-24】

```
<body>
<fieldset>
    <legend>Personalia</legend>
    Name:<input type="text" /><br />
    Email:<input type="text" /><br />
    Date of birth:<input type="text" />
</fieldset>
</body>
```

Personalia
Name:
Email:
Date of birth:

图 1-28　fieldset 元素示例效果

（6）legend 元素。<legend> 标签为 fieldset、figure、details 元素定义标题。HTML5 不支持 legend 元素的 align 属性，建议使用 CSS 样式实现效果。

（7）select 元素。<select> 标签可以创建单选或多选菜单。select 元素除了支持 HTML5 的全局属性外，还支持其他属性，具体见表 1-50。

表 1-50　　select 元素属性

属性	值	描述
autofocus	autofocus	定义在页面加载后，下拉列表自动获得焦点
disabled	disabled	禁用该下拉列表
form	form_id	定义下拉列表所属的一个或多个表单

续表

属性	值	描述
multiple	multiple	定义可选择的多个选项
name	name	定义下拉列表的名称
required 5	required	定义下拉列表是必填的
size	number	定义下拉列表中可见选项的数目

select 元素示例部分代码见例 1–25，示例效果如图 1–29 所示。

【例 1–25】

```
<body>
<p>SELECT CAR</p>
<select>
  <optgroup label="Swedish Cars">
  <option value ="volvo">Volvo</option>
  <option value ="saab">Saab</option>
  </optgroup>
  <optgroup label="German Cars">
  <option value ="mercedes">Mercedes</option>
  <option value ="audi">Audi</option>
  </optgroup>
</select>
</body>
```

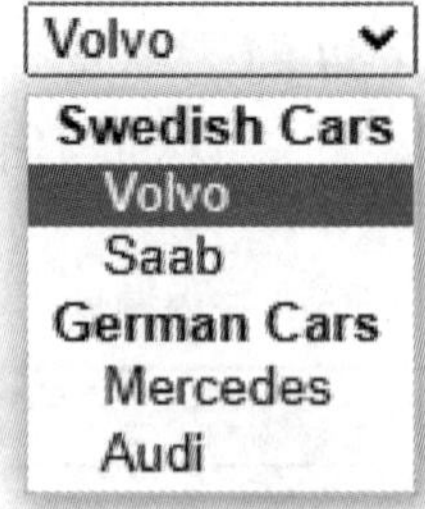

图 1–29　select 元素示例效果

（8）optgroup 元素。<optgroup> 标签用于组合选项。当使用一个长选项列表时，对相关选项进行组合会使处理工作更加简单。optgroup 元素除了支持 HTML5 的全局属性外，还支持其他属性，具体见表 1–51。

表 1–51　　optgroup 元素属性

属性	值	描述
label	text_label	定义选项组的标注
disabled	disabled	在首次加载时，禁用该选项组

（9）option 元素。<option> 标签定义列表中的可用选项，浏览器将 <option> 标签中的内容作为 <select>、<datalist> 标签的菜单或者滚动列表的一个元素进行显示。<option> 标签能够在不带任何属性的情况下使用，但是通常需要 valuc 属性，该属性定义了发送到服务器的数据。option 元素除了支持 HTML5 的全局属性外，还支持其他属性，具体见表 1–52。

表 1–52　　option 元素属性

属性	值	描述
disabled	disabled	定义此选项应在首次加载时被禁用
label	text	定义当使用 <optgroup> 时所使用的标注
selected	selected	使选项（在首次显示在列表中时）表现为选中状态
value	text	定义发送到服务器的选项值

（10）button 元素。可以在 button 元素内放置文本或图像等内容，这是该元素与通过 input 元素创建按钮的不同之处。一些老版浏览器并不能正确处理 button 元素，建议使用 input 元素创建按钮。需要为按钮定义 type 属性，因为不同的浏览器会根据 type 属性使用不同的默认值。button 元素除了支持 HTML5 的全局属性外，还支持其他属性，具体见表 1–53。

表 1–53　　button 元素属性

属性	值	描述
autofocus 5	autofocus	定义页面加载时，按钮应自动获得焦点
disabled	disabled	禁用该按钮
form 5	form_name	定义按钮属于一个或多个表单
formaction 5	url	定义覆盖 form 元素的 action 属性，该属性与 type="submit" 配合使用

续表

属性	值	描述
formenctype 5	application/x-www-form-urlencoded multipart/form-data text/plain	定义覆盖 form 元素的 enctype 属性，该属性与 type="submit" 配合使用
formmethod 5	get post	定义覆盖 form 元素的 method 属性，该属性与 type="submit" 配合使用
formnovalidate 5	formnovalidate	定义覆盖 form 元素的 novalidate 属性，该属性与 type="submit" 配合使用
formtarget 5	_blank _self _parent _top framename	定义覆盖 form 元素的 target 属性，该属性与 type="submit" 配合使用
name	button_name	定义按钮的名称
type	button reset submit	定义按钮的类型
value	text	定义按钮的初始值，可由脚本进行修改

（11）datalist 元素。<datalist> 标签定义了 input 元素可能的选项列表。input 元素的 list 属性绑定了 datalist 元素的 id 属性，于是用户能看到一个下拉列表，里边的选项是预先定义好的，将作为用户的输入数据。datalist 元素示例部分代码见例 1-26，示例效果如图 1-30 所示。

【例 1-26】

```
<body>
<p>Select Browser</p>
<input list="browsers">
<datalist id="browsers">
    <option value="Internet Explorer">
    <option value="Firefox">
    <option value="Chrome">
    <option value="Opera">
```

```
    <option value="Safari">
</datalist>
</body>
```

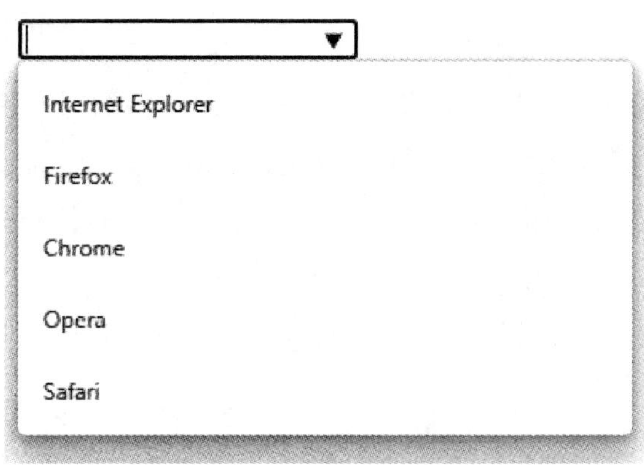

图 1-30　datalist 元素示例效果

（12）keygen 元素。keygen 元素的作用是提供一种验证用户的可靠方法。提交表单时会生成两个密钥，一个是私钥（private key），另一个是公钥（public key）。私钥存储于客户端，公钥则被发送到服务器。公钥可用于验证用户的客户端证书（client certificate）。keygen 元素除了支持 HTML5 的全局属性外，还支持其他属性，具体见表 1-54。

表 1-54　keygen 元素属性

属性	值	描述
autofocus 5	autofocus	使 keygen 在页面加载时获得焦点
challenge 5	challenge	如果使用，则将 keygen 的值设置为在提交时询问
disabled 5	disabled	禁用 keygen
form 5	formname	定义 keygen 所属的一个或多个表单
keytype 5	rsa	定义 keytype，规定使用哪种密钥生成算法
name 5	fieldname	定义 keygen 元素的唯一名称，用于在提交表单时搜集字段的值

（13）output 元素。<output> 标签定义不同类型的输出结果，如脚本的输出结果。output 元素除了支持 HTML5 的全局属性外，还支持其他属性，具体见表 1-55。

表 1-55　　output 元素属性

属性	值	描述
for	element_id	定义与输出域相关的一个或多个元素
form	form_id	定义输出域所属的一个或多个表单
name	name	定义对象的唯一名称（表单提交时使用）

4. 输入类型

type 属性定义了 input 元素的类型，基于不同的类型再进行其他属性的设置，因此 input 的很多属性值都是由 type 属性所决定的。HTML5 增加了新的输入类型，即 color、date、datetime、datetime-local、month、week、time、email、number、range、search、tel 和 url。input 元素的 type 属性见表 1-56。在 HTML 4.01 中，只能通过 JS 控件来实现各种功能；而在 HTML5 中，可以非常方便地实现这些功能，大大降低了开发成本。

表 1-56　　input 元素的 type 属性

值	描述
button	定义可点击的按钮，大多与 JS 语句共同使用以启动脚本
checkbox	定义复选框
color	定义拾色器
date	定义日期字段，带有 calendar 控件
datetime	定义日期字段，带有 calendar 和 time 控件
datetime-local	定义日期字段，带有 calendar 和 time 控件，不带时区
month	定义日期字段的月，带有 calendar 控件
week	定义日期字段的周，带有 calendar 控件
time	定义日期字段的时、分、秒，带有 time 控件
email	定义电子邮件地址的文本字段
file	定义输入字段和“浏览 ...”按钮，供文件上传
hidden	隐藏输入字段
image	定义图像为提交按钮
number	定义带有 spinner 控件的数字字段
password	定义密码字段，字段中的字符会被遮蔽
radio	定义单选按钮
range	定义带有 slider 控件的数字字段
reset	定义重置按钮，重置按钮会将所有表单字段重置为初始值

续表

值	描述
search	定义用于搜索的文本字段
submit	定义提交按钮，提交按钮向服务器发送数据
tel	定义电话号码的文本字段
text	定义单行输入字段，用户可以在其中输入文本，默认 20 个字符
url	定义 URL 的文本字段

input 元素示例部分代码见例 1–27，示例效果如图 1–31 所示。

【例 1–27】

```
<body>
  <form action="demo.php" oninput="xheight.value=parseInt(height.value)" method="get"
autocomplete="on">
      First name:
      <input type="text" name="fname" />
      <br />
      Last name:
      <input type="text" name="lname" />
      <br />
      <input type="hidden" value="china" name="country" disabled="disabled" />
      Select image:
      <input type="file" name="img" accept="image/gif, image/jpeg" />
      <br />
      Gender:
      <input type="radio" name="gender" value="male" />
      Male
      <input type="radio" name="gender" value="female" />
      Female<br />
      Birthday:
      <input type="date" name="birthday " />
      <br />
      Favorite:
```

```
    <input type="checkbox" name="fav" value="IT" checked="checked" />
    IT
    <input type="checkbox" name="fav" value="Sports" />
    Sports <br />
    Children:
    <input type="number" name="children" min="0" max="1000" step="1" />
    <br />
    IDcard:
    <input type="text" pattern="[0-9]" name="idcard" size="18" />
    <br />
    Email:
    <input type="email" name="email" autocomplete="off" />
    <br />
    Height:
    <input type="range" name="height" min="1" max="300" step="1" value="180" />
<output name="xheight"
      for="height">180</output>cm
    <br />
    Color:
    <input type="color" name="user_color" />
    <br />
    Mobile:
    <input type="tel" name="user_mobile" value=" " readonly />
    <br />
    Website:
    <input type="url" name="home_url" />
    <br />
    Password:
    <input type="password" name="pwd" />
    <br />
    <input type="button" value="Check" onclick="msg()" />
    <input type="image" src="source/submit.gif" alt="Submit" width=60" height="20" />
```

```
        <input type="reset" />
    </form>
</body>
```

First name:
Last name:
Select image: 选择文件 未选择任何文件
Gender: ○ Male ○ Female
Birthday: 年 /月/日
Favorite: ☑ IT ☐ Sports
Children:
IDcard:
Email:
Height: 180cm
Color:
Mobile:
Website:
Password:
Check Submit 重置

图 1-31 input 元素示例效果

学习单元 4

网页多媒体知识与 HTML5 高级应用

学习目标

- 了解 HTML5 的高级应用方法。
- 能够在网页上设置多媒体效果。

知识准备

一、网页多媒体

1. 多媒体文件格式简介

（1）音频文件格式。音频文件格式是指要在计算机内播放或处理（进行数模转换）的音频文件的格式。

1）WAV 格式。WAV（waveform audio file format）是微软公司开发的一种未经压缩的数字音频文件格式，用于保存 Windows 平台的音频信息资源，被 Windows 平台及其应用程序支持。WAV 格式支持多种压缩算法，同时支持多种音频位数、采样频率和声道。目前，WAV 格式在个人计算机上应用较广，几乎所有的音频编辑软件都“认识”WAV 格式。

2）MP3 格式。MP3 是 MPEG 1 audio layer 3 的缩写。MPEG（moving picture experts

group，动态图像专家组）颁布和维护的 MPEG-1 标准的音频压缩编码分为三层，MP3 对应第 3 层，压缩率通常为 1∶10，甚至可以达到 1∶12。相同的音频文件用 MP3 格式来储存，一般只有 WAV 文件的 1/10 或更小。目前，MP3 格式仍然是主流音频格式，但是无版权保护技术。

3）MIDI 格式。MIDI（music instrument digital interface，乐器数字接口）文件格式是音乐专业人士常使用的，这种文件格式允许数字合成器和其他设备交换数据。一个 MIDI 文件每存 1 min 音乐只用 5 ~ 10 KB 的存储空间。MIDI 文件可以通过作曲软件制得，也可以通过声卡的 MIDI 接口把外接音序器演奏的乐曲输入计算机里制得。

4）WMA 格式。WMA（windows media audio）是一种高压缩率的数字音频文件格式，其音质好于 MP3 格式。它是采用减少数据流量但保持音质的压缩方法来达到比 MP3 压缩率更高的目的的，WMA 的压缩率一般可以达到 1∶18。内容提供商可以通过 DRM（digital rights management，数字权利管理）方案在 WMA 文件中加入防拷贝保护，以限制播放时间、播放次数等。另外，WMA 格式还支持音频流技术，适合在网络上在线播放。

5）OGG 格式。OGG（Ogg Vorbis 的简称）是一种新的音频压缩格式，其文件的扩展名是 ogg。OGG 格式可以不断地进行音质的改良，且不影响在旧编码器或播放器中使用。虽然 OGG 文件采用有损压缩技术，但通过使用更先进的声学模型减少了损失。因此，采用相同比特率进行编码的 OGG 文件比 MP3 文件听起来音质更好一些。OGG 格式是完全开放和免费的，制作 OGG 文件不受任何专利限制。

（2）视频文件格式。视频文件格式是视频播放软件为了能够播放视频文件而赋予的一种识别符号。视频文件格式可以分为适合本地播放的本地影像视频和适合在网络中播放的网络流媒体影像视频两大类。尽管后者在播放稳定性和播放画面质量上没有前者优秀，但它仍能广泛应用于点播、演示、远程教育、网络广告等互联网信息服务领域。

1）AVI 格式。AVI（audio video interleaved format，音频视频交错格式）是由微软公司发布的视频文件格式，在视频领域可以说历史悠久。AVI 格式调用方便、图像质量好，压缩标准可任意选择，应用广泛。

2）MPEG/MPG/MP4 格式。MPEG 系列标准已成为国际上影响最大的多媒体技术标准，它包括 MPEG-1、MPEG-2、MPEG-4 等标准。MPEG-1 被广泛地应用在 VCD（video compact disc，数字激光视盘）的制作和一些下载视频片段的网络应用软件上。MPEG-2 则主要应用在 DVD（digital versatile disc，多用途数字光盘）的制作上，同时在 HDTV（high definition television，高清晰度电视）节目的制作和一些高要求视频的编辑、处理上也有相当多的应用。MPEG-4 则是基于第二代压缩编码技术制定的标准，它以视听媒体对象为基本单元，采用基于内容的压缩编码，以实现数字音视频、图形合成及交互式多媒体的集成。

3）WebM 格式。WebM 由谷歌公司提出，是一种开放、免费的媒体文件格式。WebM 格式其实是以 Matroska 多媒体容器格式（即 MKV）为基础开发的。WebM 格式的网络视频更偏向于开源，且基于 HTML5 标准。

4）MKV 格式。MKV 格式的视频经常出现在网络上，它可以在一个文件中集成多条不同类型的音轨和字幕轨，且视频编码的自由度非常大。

5）FLV 和 F4V 格式。F4V 是 Adobe 公司为了迎合高清时代人们的需求，继 FLV 格式之后推出的流媒体格式。作为一种更小、更清晰、更便于在网络传播的格式，F4V 格式正在逐渐取代传统的 FLV 格式，它已被大多数主流播放器兼容，且不需要进行转换。FLV 格式与 F4V 格式的主要区别在于，FLV 格式支持 H263 编码技术，而 F4V 格式支持 H264 编码技术。

2. 浏览器支持

并非所有格式的音频、视频文件都能用于所有浏览器，也就是说，没有通用的文件格式。这个问题不是浏览器制造商在技术上不妥协导致的，它涉及专利权和特许权的法律和财务方面的问题。

HTML5 提供了一个解决方案，在 <audio> 或 <video> 标签中列出多种文件类型，而用户所用的浏览器能够在其中找到一种兼容的格式，并调用第一个它所支持的多媒体文件。<source> 标签可以与 <audio> 或 <video> 标签结合使用，即将它嵌套在 <audio> 或 <video> 标签内，再将每个文件名放在单独的 <source> 标签里，就可以加载多种文件类型。

3. 多媒体元素

（1）source 元素。<source> 标签为 audio 或 video 元素定义媒体资源。<source> 标签允许定义多个视频或音频文件供浏览器进行选择，并根据浏览器对媒体资源类型或者编解码器的支持情况，按先后顺序调用。source 元素除了支持 HTML5 的全局属性外，还支持其他属性，具体见表 1–57。

表 1–57　　source 元素属性

属性	值	描述
media 5	media query	定义媒体资源的类型，供浏览器决定是否下载
src 5	URL	定义媒体资源的 URL
type 5	numeric value	定义播放器从音频的什么位置开始播放，默认从音频开头播放

（2）track 元素。<track> 标签为 audio 或 video 元素定义外部文本轨道，如字幕文件或其他包含文本的文件。当播放多媒体时，这些文件是可见的。track 元素除了支持 HTML5 的全局属性外，还支持其他属性，具体见表 1–58。

表 1–58 track 元素属性

属性	值	描述
default	default	定义该轨道是默认的，但前提是没有选择任何轨道
kind	captions chapters descriptions metadata subtitles	定义轨道的文本类型
label	label	定义轨道的标签或标题
src	URL	定义轨道的 URL
srclang	language_code	定义轨道的语言，若 kind 属性值是 "subtitles"，则该属性是必需的

（3）audio 元素。<audio> 标签定义声音，如音乐等。在 <audio> 和 </audio> 标签之间放入文本内容，老版浏览器就可以显示出不支持该标签的信息。

audio 元素支持 WAV、MP3、OGG、WebM 等格式，但是有个很重要的音频文件格式 MIDI（扩展名 mid）在各主流浏览器中都不支持。audio 元素除了支持 HTML5 的全局属性外，还支持其他属性，具体见表 1–59。audio 元素示例部分代码见例 1–28。

表 1–59 audio 元素属性

属性	值	描述
autoplay	autoplay	定义音频在准备就绪后马上播放
controls	controls	定义浏览器显示控件，如播放按钮
loop	loop	定义音频在完成播放后重新开始播放
muted	muted	定义音频输出时静音
preload	preload	定义在页面加载时进行音频的加载，并预备播放。如果使用 autoplay 属性，则忽略该属性
src	URL	定义音频的 URL

【例 1–28】

```
<body>
  <audio controls autoplay="autoplay">
    <source src="source/water.ogg" type="audio/ogg" />
    <source src="source/water.mp3" type="audio/mpeg" />
    <source src="source/water.wav" type="audio/wav" />
    Your browser does not support the audio element.
  </audio>
</body>
```

（4）video 元素。<video> 标签定义视频，如电影片段等。目前，video 元素支持三种视频文件格式——MP4、WebM 和 OGG。MP4 文件使用 H264 视频编解码器和 AAC（advanced audio coding，高级音频编码）音频编解码器，WebM 文件使用 VP8 视频编解码器和 Vorbis 音频编解码器，OGG 文件使用 Theora 视频编解码器和 Vorbis 音频编解码器。在 <video> 和 </video> 标签之间放入文本内容，老版浏览器就可以显示不支持该标签的相关信息。video 元素除了支持 HTML5 的全局属性外，还支持其他属性，具体见表 1–60。video 元素示例部分代码见例 1–29。

表 1–60　　video 元素属性

属性	值	描述
autoplay 5	autoplay	定义视频在准备就绪后马上播放
controls 5	controls	定义浏览器显示控件，如播放按钮
height 5	pixels	定义视频播放器的高度
loop 5	loop	定义视频在完成播放后重新开始播放
muted 5	muted	定义视频输出时静音
poster 5	URL	定义视频下载时显示的图像，或者点击播放按钮前显示的图像
preload 5	preload	定义在页面加载时进行视频的加载，并预备播放。如果使用 autoplay 属性，则忽略该属性
src 5	url	定义视频的 URL
width 5	pixels	定义视频播放器的宽度

【例 1-29】

```
<body>
<video width="320" height="240" controls autoplay poster="source/shanghai.jpg">
  <source src="source/shanghai.mp4" type="video/mp4" />
  <source src="source/shanghai.webm" type="video/webm" />
  <source src="source/shanghai.ogv" type="video/ogg" />
  <track kind="subtitles" src="source/shanghai-cn.srt" srclang="zh" label="Chinese">
  <track kind="subtitles" src="source/shanghai-en.srt" srclang="en" label="English">
</video>
</body>
```

二、HTML5 高级应用

1. 画布工具

<canvas> 标签是 HTML5 的新标签。<canvas> 标签只是图形容器，本身并没有绘制能力，这一点同 <img> 标签一样。但不同的是，<canvas> 标签可以使用脚本来绘制图形。<canvas> 标签通过脚本（通常是 JS 脚本）绘制图形、制作图片集合，甚至实现动画效果。在该标签内写入可供替代的代码，这些代码将会在不支持 canvas 元素的老版浏览器或禁用了 JS 脚本的浏览器内渲染并展现效果。canvas 元素除了支持 HTML5 的全局属性外，还支持其他属性，具体见表 1-61。

表 1-61　　canvas 元素属性

属性	值	描述
height 5	pixels	定义 canvas 画布的高度
width 5	pixels	定义 canvas 画布的宽度

canvas 元素示例部分代码见例 1-30，示例效果如图 1-32 所示。

【例 1-30】

```
<body>
<h1> 这是一个红色的长方形。</h1>
<canvas  id="myCanvas" width="200" height="100"></canvas>
```

```
<script>
    var c=document.getElementById("myCanvas");
    var ctx=c.getContext("2d");
    ctx.fillStyle="#FF0000";
    ctx.fillRect(0,0,150,75);
</script>
</body>
```

图 1-32　canvas 元素示例效果

2. 拖放

在 HTML5 问世之前，只能用 JS 来实现拖放效果，而有了 HTML5 之后，通过监听元素的拖放事件就能实现各种拖放效果。当需要拖放某个元素时，必须将该元素的 draggable 属性值设置为 true，而当该属性值为 false 时将不允许拖放。img 元素和 a 元素都默认 draggable 属性值为 true，可以直接拖放，但如果不想拖放这两种元素，把 draggable 属性值设为 false 即可。

元素拖放过程的要点具体如下：在一个列表中，若需要每个元素都能被拖放，则应先将每个元素的 draggable 属性值设置为 true；监听每个元素的 dragstart 事件，对源对象做样式处理以便于区分；监听每个元素的 dragenter 事件，当源对象进入当前元素中时，就把源对象添加到该元素之前，这样后面的元素就会被源对象挤下去，实现了排序的效果；监听每个元素的 dragleave 事件，当过程对象在最后时，源对象将离开过程对象并被添加在最后。

3. 地理定位

Geolocation API 是新增的地理位置应用程序接口，它提供了一个可以准确感知浏览器用户当前地理位置的方法。如果浏览器支持且设备具有定位功能，就能够直接使用这个 API 来获取当前的位置信息。

window.navigator.geolocation 对象存在三个函数：getCurrentPosition() 获取当前地理位置，watchPosition() 监视位置信息，clearWatch() 停止获取位置信息。

4. 站点存储

使用 HTML5 可以在本地存储用户浏览的数据。早些时候，本地存储使用的是 cookies，但是站点存储更安全、更快速，因为这些数据不会被保存在服务器上，而只用于用户请求。站点存储还可以在存储大量数据的同时不影响网站的性能。

HTML5 的站点存储方式有两种——localStorage 和 sessionStorage。这两种方式都是通过键值对保存数据的，存取方便，不影响网站性能。它们的用法相同，但存储时间不同。localStorage 对象存储的数据没有时间上的限制。sessionStorage 方式针对一个 session 进行数据存储，当用户关闭浏览器窗口后，存储的数据将会被删除。

不管是 localStorage 还是 sessionStorage，所使用的 API 方法都相同。在使用站点存储前，应检查浏览器是支持 localStorage 还是 sessionStorage。localStorage 和 sessionStorage 方法见表 1–62。

表 1–62　　localStorage 和 sessionStorage 方法

方法	说明
setItem(kcy,valuc)	保存数据
getItem(key)	读取数据
removeItem(key)	删除单个数据
clear()	删除所有数据
key(index)	得到某个索引的 key

5. 应用程序缓存

HTML5 引入了应用程序缓存，这意味着可以在没有因特网连接时访问应用程序。

应用程序缓存有三个优势：一是允许离线浏览，即用户可以在应用程序离线时使用它们；二是已缓存资源加载得更快；三是能减小服务器负载，因为浏览器只从服务器下载更新过或更改过的资源。

实战练习

根据所学知识，完成以下练习。

步骤 1　创建文件 login.html，添加相应元素。

（1）标题“网页设计与制作实战练习”的标签为 <h1>。

（2）添加“用户名”input 输入框，添加属性 placeholder，赋值为“用户名”。

（3）添加图片“LoginImage.png”，将 id 属性值设置为“btn”，将 title 属性值设置为“登录”。

步骤 2　创建一个内容页 index.html，添加各元素内容。

（1）在标题的右侧有“管理员”字样和“注销”链接，点击“注销”链接将跳转到 login.html 页面。

（2）左侧导航链接文字包含“内容简介”“标准规范”“新闻中心”“知识培训”“服务中心”“案例下载”“联系我们”。其中，“内容简介”链接跳转到 index.html 页面，“标准规范”链接跳转到 index1.html 页面。

（3）内容区域部分包括小标题“内容简介”，大小为 h2。段落文字为以下内容。

基于网站开发各个阶段的需求不同，网站开发工具可以分为 Web 原型工具、Web 开发工具、Web 调试工具、Web 代码托管工具。

（1）Web 原型工具是交互设计师与网站开发人员进行沟通的工具。Web 原型是交互设计师的作品，以用户为中心的交互设计理念应贯穿整个网站制作过程。网站的布局、设计和开发必须在 Web 原型建立后进行。Web 原型开发的主要目的是在设计与开发界面之前测试系统的功能性与可用性。常用的 Web 原型工具有 Axure RP、Mockplus、Balsamip Mockups、Office 组件等。

（2）Web 开发工具种类繁多，主要功能是支持编程语言的语法高亮、简化或者自动编辑格式化代码。主流 Web 开发工具都具有良好的扩展能力、拼写检查能力和完全开放的用户自定义配置，可以进行批量编辑等操作，大大提高了前端的开发效率，减少了重复劳动，降低了拼写错误等低级错误产生的可能性。Web 开发工具较多，常用的有 WebStorm、Adobe Dreamweaver、HBuilder、Sublime Text 等。

（3）对于 Web 开发人员来说，掌握 Web 调试工具的使用方法是必备技能。针对 Web 端 B/S 结构的调试工作主要在 Firefox、Chrome、IE 这三个典型的浏览器上进行。Web 调试的基本步骤是定位错误、修改设计和代码、排除错误、防止新错误产生。

（4）网页底部内容为“Copyright（C）2004–2022 网站设计与网页制作实战练习　版权所有”。

（5）添加文件 index1.html，布局要求与 index.html 完全一致，只是标题文字为“标准规范”，段落文字为以下内容。

HTML5 元素。因特网上的信息是以网页文件的形式展示给用户的，而这种文件是用 HTML 标记语言书写的。HTML 不是一种编程语言，而是一种告知浏览器如何组织页面的标记语言，它有一套用来描述网页的标记标签。HTML 由一系列元素组成，这些元素可以用来包围不同部分的内容，使其以某种方式呈现或者工作。

1）语义与呈现分离。HTML5 的主要特点是将元素的语义与元素对其内容呈现结果的影响分开。HTML 元素负责文档内容的结构和含义，文档内容的呈现则由应用于元素上的 CSS 样式控制。HTML 文档的语义与呈现分离有助于简化浏览器对 HTML 的处理，并从中自动提炼含义。

2）元素分类。按照 W3C 在最新 HTML5 规范中对元素的分类，元素不再按照块级元素、内联元素来分，而是分为以下几种：Flow（流式）元素、Heading（标题）元素、Sectioning（章节）元素、Phrasing（短语）元素、Embedded（嵌入）元素、Interactive（交互）元素、Metadata（元数据）元素。

3）标签和属性。HTML 标签（HTML tag）是由尖括号包围的关键词，如 <html>。标签通常是成对出现的（每个版本的标准不同），书写规范为"< 元素名 > 内容 </ 元素名 >"。标签对的第一个标签是开始标签，第二个标签是结束标签。

培训任务 2

网页重构

任务导入

本培训任务主要面向能利用 HTML5 进行网站设计的人员，读者将通过三个单元的学习，掌握网站设计的 CSS3 使用技能，使网站能够“美”起来。

本培训任务所有演示代码均在配套素材中提供，读者可自行运行。

CSS3 基础知识

学习目标

- 了解 CSS3 基础知识。
- 能够在网站设计中应用 CSS3。

知识准备

一、CSS3 特点和使用方法

1. CSS3 特点

CSS3 是 CSS 的升级版本，主要包括盒子模型、列表、超链接、语言、背景和边框、文字特效、多栏布局等模块。CSS3 和 CSS 一样，可以使用任意一种文本编辑工具如 Windows 环境下的写字板、记事本等来编写，或使用专门编辑网页文本的工具如 Adobe Dreamweaver、Xcode、Sublime Text、WebStorm、IntelliJ IDEA、Eclipse、MyEclipse 等来编写，还可以使用 Emmet 前端开发插件来编写。

CSS3 语法是在 CSS 基础上建立的，使用者只需要在标签中指定特定的 HTML 元素，而无须使用 class、id 或 JavaScript 脚本。大部分 CSS 选择器并不是在 CSS3 中新加的，只是在之前的版本中没有广泛应用。使用高级选择器可以实现干净、轻量级的标签以及结构与表现形式更好的分离，也可以最大限度地减少标签中 class 和 id 的数量，并让设计人员更方便地对样式表进行维护。

2. CSS3 使用方法

（1）行内式。行内式是指把 CSS 代码直接添加到 HTML 的标记中，作为 HTML 的属性标记。这种方法便于单独对某个元素定义样式。

（2）内嵌式。在只需要定义当前网页的样式时，可以使用内嵌样式表。内嵌样式表是一种级联样式表，一般嵌入在 <head> 标签中，用 <style> 标签标识。注意，内嵌样式表的样式只能在同一网页上使用。

（3）外部式。当要统一网站上所有或部分网页上相同样式的标签时，可以使用外部样式表。这时，样式被定义在一个或多个外部样式表中，并将它们链接到指定的网页，以确保这些网页外观样式统一。如果需要更改样式，只需要在外部样式表中修改一次，并将新样式应用到所有与该样式表相关联的网页上。外部样式表的扩展名是 css。

（4）导入式。这种方法是指使用 CSS 规则引入外部 CSS 文件。

相关链接

导入式与外部式的比较

导入式是在整个网页被加载完后再加载 CSS 文件，这会导致一个问题：如果网页内容比较多，则会先显示无样式的页面，在该页面闪烁后再显示网页的样式效果。这是导入式的缺陷。而外部式是在网页文件主体被加载前加载 CSS 文件，因此显示的网页从一开始就是带样式效果的。

二、CSS3 选择器

1. 标签选择器

在 HTML 中，标签选择器选择页面上所有的同类标签，并为这些标签附加更多的共性化信息。所有的标签都是选择器，如 ul、li、label、dt、dl、input、div 等。无论标签嵌套多深都能被选择，且页面中的同类标签能全部被选择，而不是某一个被选择。标签选择器示例代码见例 2-1，示例效果如图 2-1 所示。

【例 2-1】

```
<!DOCTYPE html>
<html lang="en">
<head>
<meta charset="UTF-8">
<title>Document</title>
<style type="text/css">
span{color:red;}
p{font-size:20px;}
</style>
</head>
<body>
<p> 在 HTML 中，<span> 标签选择器 </span> 选择页面上所有同类标签，并为这些标签附加更多的共性化信息。所有的标签都是选择器，如 ul、li、label、dt、dl、input、div 等。无论标签嵌套多深，都能被选择，且页面中的同类标签能全部被选择而不是某一个被选择。</p>
</body>
</html>
```

在HTML中，标签选择器选择页面上所有同类标签，并为这些标签附加更多的共性化信息。所有的标签都是选择器，如ul、li、label、dt、dl、input、div等。无论标签嵌套多深，都能被选择，且页面中的同类标签能全部被选择而不是某一个被选择。

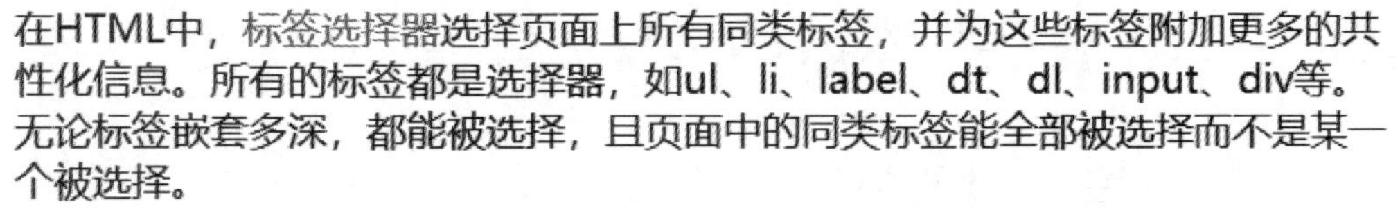

图 2-1　标签选择器示例效果

2. 类选择器

类选择器是一种模式，用于选择需要添加样式的元素。在 css 中用“.”来表示类。类选择器可被多种标签使用，同一种标签可以使用多个类选择器，用空格隔开即可。建议不要用一个类名把某个标签的所有样式写完，即每个类应尽可能小，要有“公用”的概念，这样能够使用更多的标签。类选择器示例代码见例 2-2，示例效果如图 2-2 所示。

【例 2–2】

```
<!DOCTYPE html>
<html lang="en">
<head>
<meta charset="UTF-8">
<title>Document</title>
<style type="text/css">
.green{color:green;}
.size30{font-size:30px;}
.underline{text-decoration:underline;}
</style>
</head>
<body>
<p class="green size30"> 绿色字体放大的段落 </p>
<p class="green underline"> 绿色下划线段落 </p>
<p class="size30 underline"> 黑色字体放大的下划线段落 </p>
</body>
</html>
```

绿色字体放大的段落

绿色下划线段落

黑色字体放大的下划线段落

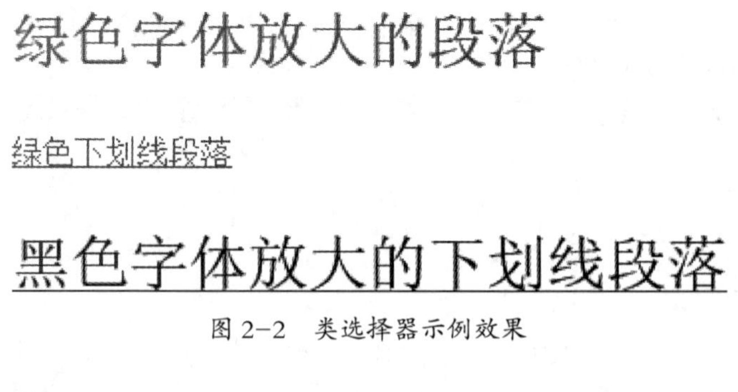

图 2–2　类选择器示例效果

3. ID 选择器

ID 选择器针对某个特定的标签来使用，且每个 ID 选择器只能使用一次（即不能重复使用）。在 CSS 文件中，ID 选择器用 "#" 来定义。任何 HTML 标签都可以设置 id 属性作为这个标签的唯一标识名称。标签的标识名称可以设置为任意字符串，但必须满足以下条件：只能由字母、数字和下划线构成；必须是字母开头；不能使用 HTML 标签名称，如不能设置为 h、hr、a、div 等；严格区分大小写，也就是说 firm 和 Firm

是两个不同的标识名称。

注意，在 HTML 页面中不能出现相同的 id，哪怕它们不是同一个类型。

ID 选择器示例代码见例 2-3，示例效果如图 2-3 所示。

【例 2-3】

```
<!DOCTYPE html>
<html lang="en">
<head>
<title>ID 选择器 </title>
<style type="text/css">
#myid{border:3px dashed blue;}
</style>
</head>
<body>
<h2 id="myid">ID 选择器 </h2>
</body>
</html>
```

ID选择器

图 2-3　ID 选择器示例效果

4. 组合选择器

CSS 组合选择器包括六种组合方式：后代选择器（用空格分隔）、子元素选择器（用大于号分隔）、相邻兄弟选择器（用加号分隔）、普通兄弟选择器（用波浪线分隔）、群组选择器（用逗号分隔）、交集选择器。

5. 继承选择器

继承是 CSS 的一个重要特征，它依赖于祖先与后代的关系。继承选择器正式利用了这一特征，它允许样式不仅可以适用于特定元素，还可以适用于它的后代。

在 CSS 中，如果后代元素没有自己的样式定义，那么就会继承祖先的样式定义。CSS 继承特性主要指文本样式继承，而盒子模型相关的属性没有继承特性。

以下为不可继承的属性：display、margin、border、padding、background、height、min-height、max-height、width、min-width、max-width、overflow、position、top、 bottom、left、right、z-index、float、clear、table-layout、vertical-align、page-break-after、page-break-before 和 unicode-bidi。

所有元素都可以继承 visibility 和 cursor 属性。

终极块级元素还可以继承 text-indent 和 text-align 属性。

内联元素还可以继承以下属性：letter-spacing、word-spacing、white-space、line-height、color、font、font-family、font-size、font-style、font-variant、font-weight、text-decoration、text-transform 和 direction。

列表元素还可以继承以下属性：list-style、list-style-type、list-style-position 和 list-style-image。

6. 其他选择器

（1）伪类选择器。即同一个标签根据其状态不同而有不同的样式，通常用半角冒号来表示。伪类选择器分为两种，即静态伪类和动态伪类。静态伪类用于超链接样式，如 :link 表示超链接被点击之前，:visited 表示超链接被访问之后。静态伪类也可以为不同语言定义特殊规则，如 :lang。动态伪类对所有标签都适用，如 :hover 表示鼠标放到网页中对应标签的内容上悬停，:active 表示用鼠标左键点击网页中对应标签的内容后不松手，:focus 表示网页中对应标签的内容获得焦点时的状态。

相关链接

下面介绍一个初学者容易混淆的概念——伪元素。伪元素可以向一些选择器设置特殊效果。:first-line 伪元素用于对块级元素的文本首行设置特殊样式，样式属性包括 font、color、background、word-spacing、letter-spacing、text-decoration、vertical-align、text-transform、line-height 和 clear。:first-letter 伪元素用于对块级元素的文本首字母设置特殊样式，样式属性包括 font、color、background、margin、padding、border、text-decoration、vertical-align（仅当 float 为 none 时）、text-transform、line-height、float 和 clear。:before 伪元素用于在元素的内容前面插入新内容。:after 伪元素用于在元素的内容之后插入新内容。

（2）属性选择器。属性选择器根据属性或属性值选择元素，通常有以下几种设置方法。

1）[attr] 选取带有指定属性的元素。

2）[attr=val] 选取带有指定属性和属性值的元素。

3）[attr~=val] 选取属性值中包含指定文字的元素。

4）[attr|=val] 选取以指定值为属性值开头的元素，该值必须是整个单词。

5）[attr^=val] 选取以指定值开头的每个元素。

6）[attr$=val] 选取以指定值结尾的每个元素。

7）[attr*=val] 选取属性值中包含指定值的每个元素。

三、CSS3 基础样式

1. 颜色样式

（1）颜色值。较常用的颜色值有 RGB（红绿蓝）颜色值和十六进制颜色值。最低 RGB 颜色值是 0（十六进制颜色值是 00），最高 RGB 颜色值是 255（十六进制颜色值是 FF）。十六进制颜色值以符号 # 开头，由三个双位数组成。颜色与常用颜色值对照示例见表 2–1。

表 2–1　颜色与常用颜色值对照示例

颜色名称	RGB 颜色值	十六进制颜色值
黑色	rgb(0,0,0)	#000000
红色	rgb(255,0,0)	#FF0000
蓝色	rgb(0,0,255)	#0000FF
黄色	rgb(255,255,0)	#FFFF00
青色	rgb(0,255,255)	#00FFFF
紫红色	rgb(255,0,255)	#FF00FF
银色	rgb(192,192,192)	#C0C0C0
白色	rgb(255,255,255)	#FFFFFF

注：RGB 颜色值可以组合出超过 1600 万种的不同颜色（256 × 256 × 256=16777216）。

1）RGB 颜色值。所有浏览器均支持 RGB 颜色值。RGB 颜色值规定的表达方式为 rgb(red,green,blue)。每个参数定义颜色强度，范围在 0 到 255 之间，或者用百分比（从 0% 到 100%）表示。

例如，rgb(0,255,0) 显示为绿色，其中 green 参数被设置为最高值 255，而其他颜色参数被设置为最低值 0，也可以用百分比表示为 rgb(0%,100%,0%)。以下代码是将背景色设为 RGB 的绿色：

```
p{background-color:rgb(0,255,0);}
```

2）十六进制颜色值。所有浏览器均支持十六进制颜色值。十六进制颜色值规定的表达方式为 #RRGGBB，其中 RR 表示红色参数，GG 表示绿色参数，BB 表示蓝色参数，所有值必须在 00 到 FF 之间。配套素材中提供了“部分十六进制颜色值对照表 .docx”文件，请读者自行阅读。

例如，#00FF00 显示为绿色，其中绿色参数被设置为最高值 FF，而其他颜色参数被设置为最低值 00。以下代码是将背景色设为十六进制的绿色：

```
p{background-color:#00FF00;}
```

3）RGBA 颜色值。RGBA 颜色值在 IE、Firefox、Chrome、Safari、Opera 等浏览器中得到支持。RGBA 颜色值扩展了 RGB 颜色值，多了一个 alpha 通道用来规定不透明度。RGBA 颜色值规定的表达方式为 rgba(red,green,blue,alpha)。alpha 参数取 0.0（完全透明）到 1.0（完全不透明）之间的数值。以下代码是将背景色设为不透明度为 0.7 的绿色：

```
p{background-color:rgba(0,255,0,0.7);}
```

4）HSL 颜色值。HSL 颜色值在 IE、Firefox、Chrome、Safari、Opera 等浏览器中也得到支持。HSL 颜色值根据 hue（色调）、saturation（饱和度）、lightness（亮度）表示颜色。HSL 颜色值规定的表达方式如下：hue 是色盘度数，区间值为 0 到 360，0 或 360 代表红色，120 代表绿色，240 代表蓝色；saturation 用百分比表示，0% 为灰色，100% 为全彩色；lightness 也用百分比表示，0% 为黑色，100% 为白色。以下代码是将背景色设为饱和度为 80%、亮度为 70% 的绿色：

```
p{background-color:hsl(120,80%,70%);}
```

5）HSLA 颜色值。HSLA 颜色值在 IE、Firefox、Chrome、Safari、Opera 等浏览器中也得到支持。HSLA 颜色值扩展了 HSL 颜色值，带有一个 alpha 通道，它规定了对象的不透明度。HSLA 颜色值规定的表达方式为 hsla(hue, saturation, lightness,alpha)，其中 alpha 参数取 0.0（完全透明）到 1.0（完全不透明）之间的数值。以下代码是将背景色设为饱和度为 80%、亮度为 70%、不透明度为 0.7 的绿色：

```
p{background-color:hsla(120,80%,70%,0.7);}
```

（2）CSS 颜色名称。HTML 和 CSS 规范中定义了 147 种颜色，包括 17 种标准颜色和 130 种其他颜色。17 种标准颜色如下：aqua、black、blue、fuchsia、gray、green、lime、maroon、navy、olive、orange、purple、red、silver、teal、white 和 yellow。

（3）灰阶。灰阶是指地物电磁波辐射强度表现在黑白影像上的色调深浅等级，是划分地物波谱特征的尺度。具体颜色值请读者自行阅读配套素材中的“灰阶列表 .docx”文件。

（4）网络安全色。最早当计算机只支持 256 种颜色时，其中 216 种 Web 标准颜色被定义为网络安全色，其余 40 种固定的系统颜色被保留。

目前，大多数计算机都能显示百万种颜色，216 种网络安全色能确保计算机运行 256 色调色板时正确地显示颜色。具体颜色值请读者自行阅读配套素材中的“网络安全色列表 .docx”文件。

2. 字体样式

（1）CSS 字体。CSS 字体有两种类型：一种是通用字体系列，如 serif、Monospace、sans-serif、Cursive 和 Fantasy；另一种是特定字体系列，如 Times 或 Courier。

（2）指定字体属性。font-family 属性可以定义文本的字体系列。如果希望整个页面使用 sans-serif 字体系列而无须确定具体是哪一种字体，则可以声明：

```
body {font-family:sans-serif;}
```

这样，用户端就会从 sans-serif 字体系列中选择一个字体如 Helvetica，并将其应用到 body 元素中。通过继承，这种字体还将应用到 body 元素的所有子元素中，除非有特定的选择器将它覆盖。

除了通用字体系列，还可以通过 font-family 属性设置更详细的字体。例如，为所有 h2 元素设置 Georgia 字体：

```
h2 {font-family:Georgia;}
```

但是，如果用户端没有安装 Georgia 字体，就只能使用用户端默认的字体显示 h2 元素。当然，可以结合特定字体名称和通用字体系列有效地解决这个问题，可以将上述代码改写为：

```
h2 {font-family:Georgia, serif;}
```

如果用户没有安装 Georgia 字体，但安装了 Times 字体，则用户端就可能对 h2 元素使用 Times 字体，因为虽然 Times 和 Georgia 并不完全匹配，但足够接近。因此，建议在所有 font-family 规则中都提供一个通用字体系列，这样，当用户端没有安装匹配的特定字体时，就可以选择一个备用字体。也可以为给定的元素指定一系列字体，并把这些字体按照优先顺序排列后用逗号连接：

```
p {font-family:Times, Georgia, serif;}
```

根据这个优先顺序，用户端会一一查找这些字体。如果列出的其他字体都不可用，那么 CSS 就会选择一种可用的 serif 字体。

（3）使用引号。当字体名中有一个或多个空格如 New York，或者字体名包含 # 或者 $ 之类的符号时，就需要在 font-family 声明中使用引号，且单引号或双引号都可以。但如果把 font-family 属性放在 HTML 的 style 属性中，则需要嵌套使用单引号和双引号，具体代码如下：

```
<p style="font-family:Times, 'New York', serif;"> 段落内容 </p>
```

（4）字体风格。font-style 属性有三个值：normal，字体正常显示；italic，字体斜体显示；oblique，字体倾斜显示。font-style 属性值应用如下：

```
p.nor{font-style:normal;}
p.ita {font-style:italic;}
p.obl {font-style:oblique;}
```

注意，italic 和 oblique 是有差别的。italic 是一种简单的斜体字体风格，它将每个文字的结构进行微调，使文字外观发生变化。与此不同的是，oblique 使正常的竖直文本呈现为另一个倾斜版本。一般情况下，italic 和 oblique 设置的文字在浏览器中看是完全一样的。

（5）字体加粗。font-weight 属性用来设置字体的粗细，bold 关键字可以将字体设置成粗体，从 100 到 900 为字体指定了 9 个级别的粗度。如果字体内置了加粗级别，那么这些数字就直接映射到预定义级别，100 是最细的字体变形，900 是最粗的字体变形，400 等同于 normal，700 等同于 bold。

（6）字体大小。font-size 属性可以设置字体大小。一般不建议通过调整文本大小使段落看上去像标题，而使标题看上去像段落。建议使用 <h1>、<h2>、<h3>、<h4>、<h5>、<h6> 标记标题，使用 <p> 标记段落。

font-size 值可以是绝对值或相对值。绝对值将文字设置为指定大小，不允许用户在浏览器中改变文字大小，使用绝对值在确定输出内容的物理尺寸时非常有用。相对值是相对于周围元素设置的大小，允许用户在浏览器中改变文字大小。如果网页没有规定字体大小，那么普通文本的默认文字大小是 16 像素（单位符号是 px）。使用像素作为字体大小单位可以对字体大小进行完全控制。

也可以使用 em 来设置字体大小，1 em 等于当前字体的大小。如果一个元素的

font-size 为 16 px，那么 1 em 就等于 16 px。em 值会随着父元素字体大小改变而改变。一般可以使用公式将 px 转换为 em，即 px/16=1 em。注意：16 等于父元素的默认字体大小，如果父元素的 font-size 为 12 px，那么上述转换公式则变为 px/12=1 em。

3. 文本样式

CSS 文本样式属性可以定义文本外观，如改变文本颜色、使文本对齐、装饰文本、改变字符间距、使文本缩进等。

（1）处理空白符。空格符、制表符、换行符等统称为空白符。HTML 默认将多个连续的空格合并成一个空格，而 white-space 处理空白符属性则对文本中的空格进行处理，也会对制表符和换行符进行处理，其属性有五个值。normal 是默认值，将多个连续空格合并成一个空格；nowrap，将多行段落的文本合并成一行，并将多个连续空格合并成一个空格，该属性不会自动换行，直到遇到
 才会换行；pre-wrap，不合并多行段落文本，且每行段落的空格全部保留，该属性会自动换行；pre，不合并多行段落文本，且每行段落的空格全部保留，该属性不会自动换行，直到遇到
 才会换行；pre-line，不合并多行段落文本，并将多个连续空格合并成一个空格，该属性会自动换行。

（2）文本方向。英文和现代汉语都是从左向右阅读的，而古汉语、希伯来语、阿拉伯语等则是从右向左阅读的。

direction 文本方向属性可以控制以下方向或位置的表现行为：控制块级元素中文本的书写方向，控制表中列布局方向，控制表中内容水平填充及其元素框方向，控制表中两端对齐元素中最后一行的位置。

注意：embed 作用于 inline 行内元素，direction 属性值指定嵌入层，在对象内部隐式重排序，bidi-override 按照 direction 属性值重新排序。direction 属性有两个值：ltr，从左向右书写；rtl，从右向左书写。

4. 段落样式

（1）文本装饰。text-decoration 文本装饰属性规定添加到文本的修饰样式，如加下划线等。文本装饰属性有四个值：none，不添加任何装饰线；underline，对元素添加下划线；overline，对元素添加上划线，line-through，对元素添加中划线。

none 值一般是文本的默认外观，但也不都是这样，如 <a> 标签的超链接就默认有下划线。如果希望去掉超链接的下划线，可以按以下代码设置 text-decoration 属性值：

```
a {text-decoration:none;}
```

（2）字符转换。字符转换属性 text-transform 用来定义文本大小写。该属性有四个值：none 是默认值，对文本不做任何改动，使用原有大小写；uppercase，将文本转换成全大写；lowercase，将文本转换成全小写；capitalize，将每个单词的首字母转换成大写。

（3）字体变形。font-variant 属性用来设置小型大写字母。小型大写字母不是小写字母，也不是一般的大写字母，而是大小不同的大写字母。

（4）缩进文本。网页上段落的第一行缩进是最常用的文本格式化效果。CSS 提供的 text-indent 属性可以方便地实现文本缩进，使用 text-indent 属性可以根据给定的长度缩进第一行，长度是负数也是可以的。

如果父元素的 font-size 等于 16 px，那么以下代码则表示首行缩进两个汉字：

```
p {text-indent:24px;}
```

一般来说，可以对所有块级元素使用 text-indent 属性，但无法将 text-indent 属性用于行内元素，而且图片之类的元素也无法使用 text-indent 属性。如果一个块级元素如段落的首行中有图片，那么该图片就会随着该行的缩进而相对移动。

text-indent 可以做出“悬挂缩进”的效果：

```
p {text-indent:-24px;}
```

如果对段落设置“悬挂缩进”，那么首行的某些文字可能会超出浏览器窗口的左边界。为了避免出现显示问题，通常针对负缩进设置一个外边距或内边距：

```
p {text-indent:-24px; padding-left:24px;}
```

text-indent 属性值也可以使用百分比。如果将缩进值设置为 10%，那么块级元素的第一行会缩进父元素宽度的 10%。

（5）水平对齐。水平对齐的 text-align 是一个基本属性，它会影响元素中文本行的对齐方式。该属性有四个值，left 使元素中的文本左对齐，right 使元素中的文本右对齐，center 使元素中的文本居中对齐，justify 使文本两端对齐（即文本行的左右两端都在父元素内边界上，之后调整文字间的间隔，使各行长度相等）。

在不同的语言中，text-align 默认值是不同的。西方语言等是从左向右读，所以 text-align 默认值是 left。希伯来语、阿拉伯语等语言是从右向左读，所以 text-align 默认值是 right。

相关链接

很多人认为 center 元素和 text-align:center 的作用是一样的，但实际上二者大不相同。center 元素不仅能使文本对齐，还能使整个元素居中对齐；而 text-align:center 只会影响内部内容，不会控制元素的对齐方式。

（6）行高。行高属性 line-height 可以设定行高，而不是行间距。以下代码是将行高设置为 50 px：

```
line-height:50px
```

（7）字母间隔和字间隔。字母间隔属性 letter spacing 和字间隔属性 word-spacing 的区别在于，letter-spacing 能修改字符或字母之间的间隔，而 word-spacing 只能修改单词之间的间隔。

word-spacing 可以改变文字或单词的标准间隔，默认值 normal 与设置值为 0 的意义相同。word-spacing 接收正或负的长度值，正长度值会增大文字或单词的间隔，负长度值会减小文字或单词的间隔。

5. 背景样式

（1）纯色背景。纯色背景属性 background-color 可以为元素设置纯色背景，该属性接收任何合法的颜色值。

（2）背景图像。可以通过背景图像属性 background-image 将图像放入背景，该属性的默认值是 none，表示背景没有任何图像。如果要设置一个背景图像，必须设置一个 URL 值，以下代码供参考：

```
body {background-image:url(flower1.png);}
```

也可以对 <p> 和 <a> 设置背景。注意，background-image 属性不能继承。

如果要在页面上将背景图像平铺，可以使用 background-repeat 属性。该属性的值具体如下：repeat 使图像在水平和垂直方向上都平铺，repeat-x 和 repeat-y 分别使图像只在水平或垂直方向上平铺，no-repeat 则不允许图像平铺。默认背景图像从一个元素的左上角开始平铺。

进一步使用 background-position 属性可以改变图像在背景中的位置。该属性可以使用 top、bottom、left、right 和 center 设置图片相对位置，还可以使用具体的长度值如 50 px 或 10 cm 以及百分比。例如，background-position:60px 120px 为长度值定位，改写成 background-position:50% 50% 则为百分比定位。

如果文档较长，当文档滚动时背景图像也会滚动，而当文档滚动到超过图像位置时，图像就消失了。为了避免这种情况出现，可以通过 background-attachment 属性的 fixed 值来固定背景图像，以防止其滚动。背景固定示例代码见例 2-4，示例效果如图 2-4 所示。

CSS3 中可以使用 background-image 设置多个背景叠加。

【例 2-4】

```
<!doctype html>
<html>
<head>
<title> 背景固定 </title>
<style type="text/css">
body {
background-image:url(flower1.png);
background-repeat:no-repeat;
background-attachment:fixed;
}
</style>
</head>
<body>
<p> 图像不会随页面滚动。</p>
<p> 图像不会随页面滚动。</p>
<p> 图像不会随页面滚动。</p>
<p> 图像不会随页面滚动。</p>
<p> 图像不会随页面滚动。</p>
<p> 图像不会随页面滚动。</p>
<p> 图像不会随页面滚动。</p>
<p> 图像不会随页面滚动。</p>
<p> 图像不会随页面滚动。</p>
<p> 图像不会随页面滚动。</p>
<p> 图像不会随页面滚动。</p>
<p> 图像不会随页面滚动。</p>
```

```
<p> 图像不会随页面滚动。</p>
<p> 图像不会随页面滚动。</p>
<p> 图像不会随页面滚动。</p>
<p> 图像不会随页面滚动。</p>
<p> 图像不会随页面滚动。</p>
<p> 图像不会随页面滚动。</p>
<p> 图像不会随页面滚动。</p>
<p> 图像不会随页面滚动。</p>
<p> 图像不会随页面滚动。</p>
<p> 图像不会随页面滚动。</p>
<p> 图像不会随页面滚动。</p>
<p> 图像不会随页面滚动。</p>
</body>
</html>
```

图像不会随页面滚动。

图像不会随页面滚动。

图像不会随页面滚动。

图像不会随页面滚动。

图像不会随页面滚动。

图像不会随页面滚动。

图像不会随页面滚动。

图像不会随页面滚动。

图像不会随页面滚动。

图像不会随页面滚动。

图像不会随页面滚动。

图 2-4　背景固定示例效果

6. 边框样式

如图 2–5 所示，元素框最里面的部分是内容区域，直接包裹内容区域的是内边距，内边距边缘是边框，边框以外的部分是外边距，外边距默认是透明的，所以不会遮挡其后的任何元素。内边距、边框和外边距都是可选的，默认值都是 0。width 和 height 分别是内容区域的宽度和高度，增大内边距、边框和外边距的尺寸不会影响内容区域的大小，但会增大元素框的整体尺寸。

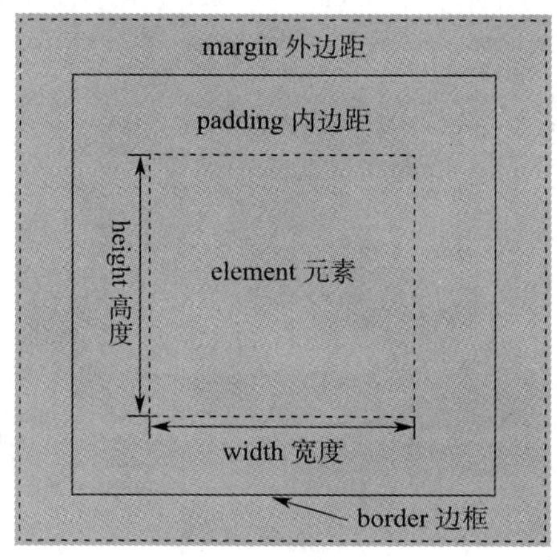

图 2–5　元素框示意图

（1）内边距。内边距在边框和内容区域之间，控制该区域可以使用 padding 属性，该属性定义元素边框与元素内容区域之间的空白区域。padding 属性可以设置为长度值或百分比，但是不允许设置为负值。

例如，若希望所有 div 元素的各边都有 15 px 的内边距，则只需要设置为：

```
div {padding:15px;}
```

如果希望分别设置四个内边距，还可以这样设置：

```
div {padding:15px 0.75em 2ex 30%;}
```

也可以用以下代码（注意顺序）详细注明每个内边距的长度值：

```
div {
  padding-top:15px;
  padding-right:0.75em;
  padding-bottom:2ex;
```

```
    padding-left:30%;
}
```

以上两种写法表达的效果是一样的。

padding 的长度值单位可以是 px、em、ex（1 em=2 ex）。

（2）边框。元素边框是包裹元素内容区域和内边距的一条或多条线。border 属性允许设置元素边框的宽度、颜色和样式。通常使用表格 table 来创建文本周围的边框，而使用 border 边框属性可以创建出效果更好的边框，并且可用于任何元素。

1）边框与背景。元素背景由内容区域、内边距和边框组成。CSS 规范要求边框绘制在“元素背景之上”，这一点非常重要，因为点线边框或虚线边框是间断的，而元素的背景应该出现在边框的可见部分中。

2）边框样式。border-style 边框样式属性定义了 10 个（包括 none）不同的非 inherit 样式。其中，outset 定义的边框可以使元素呈现凸起效果；也可以根据 top、right、bottom、left 的顺序为边框定义多个样式；也可以使用 border-top-style、border-right-style、border-bottom-style 和 border-left-style 分别设置单边边框样式。

3）边框宽度。border-width 属性用来指定边框宽度。设置边框宽度有两种方法：一是指定长度值如 10 px 或 0.5 em；二是使用 thin、medium（默认值）和 thick 关键字。CSS 并没有定义这三个关键字的具体宽度，开发人员可以对 thin、medium 和 thick 的宽度进行设置，如分别设置为 8 px、5 px 和 3 px，或分别设置为 5 px、3 px 和 1 px。

也可以按照 top、right、bottom、left 的顺序设置元素各边框的宽度，也可以通过 border-top-width、border-right-width、border-bottom-width 和 border-left-width 分别设置各边框的宽度。如果把 border-style 设置为 none 或不声明 border-style，即使边框的宽度大于 0，但由于边框根本不存在，边框宽度也自动变为 0。

4）边框颜色。通过属性 border-color 设置边框颜色非常简单，一次最多可以设置四个颜色值，通常设置为十六进制颜色值或 RGB 颜色值，以下是设置规则。

①设置一个颜色值，则元素的四个边框全部显示这种颜色。

②设置两个颜色值，则元素的上下边框显示第一种颜色，左右边框显示第二种颜色。

③设置三个颜色值，则元素的上边框显示第一种颜色，左右边框显示第二种颜色，下边框显示第三种颜色。

④设置四个颜色值，则元素的上边框显示第一种颜色，右边框显示第二种颜色，下边框显示第三种颜色，左边框显示第四种颜色。

默认边框颜色是元素本身的前景色。如果没有为边框声明颜色，那么边框颜色将与元素的文本颜色相同。另外，如果元素没有任何文本，如一个表格只包含图像，那么表格元素的边框颜色就是父元素的文本颜色，因为 color 是可以被继承的。

也可以使用 border-top-color、border-right-color、border-bottom-color 和 border-left-color 定义边框的单边颜色。CSS 允许定义透明边框，即通过颜色值 transparent 设置。从某种意义上来说，利用 transparent 定义透明边框相当于设置额外的内边距。定义透明边框的另一个好处是能在用户需要的时候使其可见。

（3）外边距

1）外边距定义。包裹元素边框的空白区域就是外边距，设置外边距会在元素外创建额外的“留白”。通过 margin 属性可以设置外边距，默认值是 0（如果没有为 margin 声明值，元素就不会有外边距），该属性可以设置为长度值（单位为 px、in、mm 或 em），也可以设置为百分比（相对于父元素的 width 进行计算），甚至是负值，还可以设置为 auto。与内边距和边框设置顺序相同，外边距的设置是从上外边距 top 开始的，之后按顺时针旋转，即 top、right、bottom、left。

在实际使用中，浏览器为很多元素提供了预设的外边距样式，如在支持 CSS 的浏览器中，外边距会在每个段落元素的上下生成“空白行”。所以，如果没有为 p 元素声明外边距，浏览器会应用一个预设的外边距，除非另外声明覆盖浏览器的预设默认样式。

外边距的设置规则如下：如果缺少左外边距值，则左外边距使用右外边距值；如果缺少下外边距值，则下外边距使用上外边距值；如果缺少右外边距值，则右外边距使用上外边距值。也就是说，如果为外边距设定三个值，那么左外边距会复制第二个值（右外边距值）；如果设定两个值，那么左外边距会复制第二个值，下外边距会复制第一个值；如果只设定一个值，那么其他三个外边距都复制这个值。

如果只希望控制元素单边外边距，则可以使用 margin-top、margin-right、margin-bottom 和 margin-left 来分别设置单边外边距属性。

2）外边距合并。外边距合并是指当两个外边距相遇时，它们将合并成一个外边距。合并后的外边距高度等于发生合并前较大的那个外边距高度。

当两个元素在上、下位置出现时，第一个元素的下外边距与第二个元素的上外边距就会合并，如图 2-6 所示。

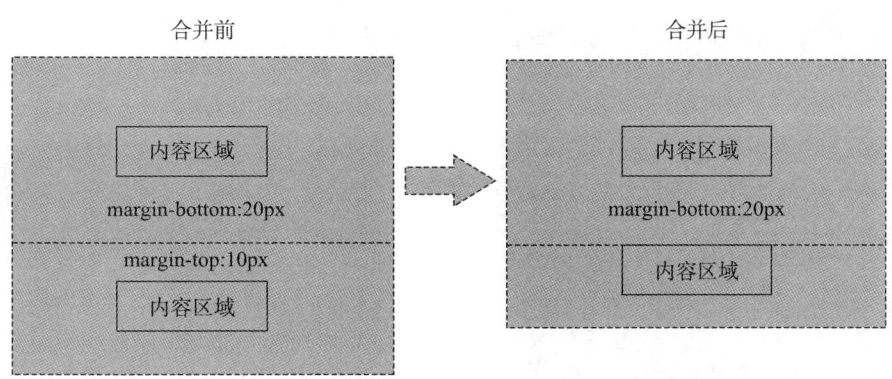

图 2-6　外边距合并示意图 1

当一个元素嵌套在另一个元素中时，它们的外边距也会发生合并，如图 2-7 所示。

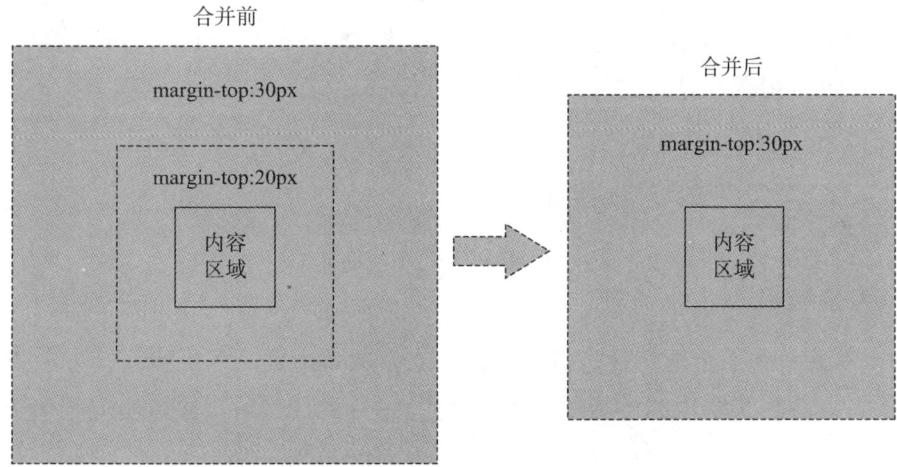

图 2-7　外边距合并示意图 2

如果一个空元素有外边距但没有边框或填充内容，其上外边距与下外边距就会发生合并，如图 2-8 所示。

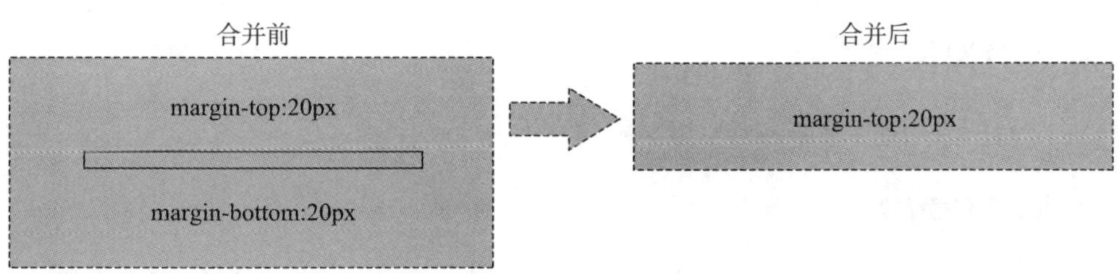

图 2-8　外边距合并示意图 3

如果两个空元素相遇，也会发生合并，如图 2-9 所示。

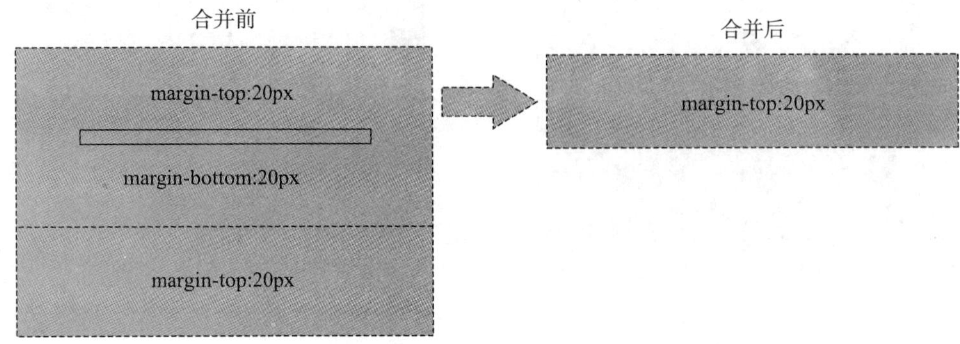

图 2-9　外边距合并示意图 4

外边距合并在实际应用中是有重要意义的。文档的行间距其实就是上下段落外边距合并的结果。如果没有外边距的合并，那么所有段落之间的外边距都将是相邻上一段落下外边距和下一段落上外边距的和，这意味着除页面顶部和底部的段落是单倍行间距外，中间的段落都是两倍行间距。

四、CSS3 新增特性

1. 边框特性

CSS3 对网页中的边框特性进行了改良，支持圆角边框、多层边框、彩色边框、图片边框等。其中，最常用的是圆角边框，通过 CSS3 的属性可以快速实现圆角定义。

2. 图片边框

border-image 属性定义图片边框，-moz-border-image 兼容低版本的 Firefox 浏览器，-webkit-border-image 兼容 Safari 和 Chrome 浏览器，-o-border-image 兼容 Opera 浏览器。

3. 图片路径

图片路径是指图片所存放的 URL 路径。

4. 裁剪位置

按照上、右、下、左的顺时针顺序进行裁剪，即分别确定离上边的距离、离右边的距离、离下边的距离和离左边的距离。border-image 裁剪位置参数说明效果图如图 2-10 所示。

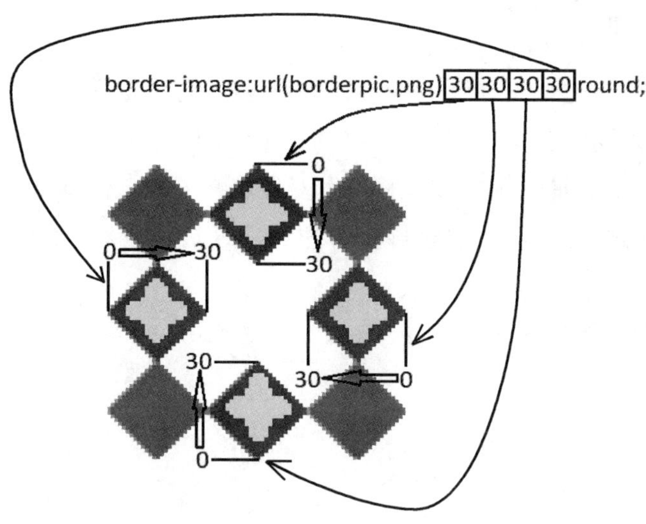

图 2-10　border-image 裁剪位置参数说明效果图

5. 重复方式

重复方式有两种——round（环绕）和 stretch（拉伸）。

6. 多背景图

多背景图是指 CSS3 允许使用多个属性样式，如 background-image、background-position、background-size、background-repeat、background-origin、background-clip 等。在一个元素上添加多背景图片，将大大降低以往多层次布局必须借助 Photoshop 重构叠加页面背景的设计复杂程度，减少了背景图片的制作工序。

7. 颜色与透明度

CSS3 颜色模式不再局限于 RGB 和十六进制这两种，新增加的 HSL、HSLA 和 RGBA 颜色模式使设计人员在开发前端页面时，不仅可以设置元素的颜色，还能根据需要设定元素的透明度。

8. 多列布局与弹性盒子模型布局

多列布局与弹性盒子模型布局大大简化了以往使用多个 div 标签实现多列布局的繁琐操作。CSS3 中的多列布局可以像 Word 分栏排版一样轻松地把一个段落拆分成多列，并且通过属性设置来实现列数、列宽和各列间距。弹性盒子模型布局大大方便了设计人员根据分辨率对复杂的前端进行弹性布局，轻松地实现了页面中局部区块在水平与垂直方向的对齐，从而成为响应式网站开发的利器。

9. 盒子的变形

在 CSS2 中，如果想让某个元素变形，必须用 JS 写大量的代码来实现。而在 CSS3 中加入了盒子的变形属性，该属性在二维、三维空间里控制盒子的位置与形状，从而实现了盒子的旋转、扭曲、缩放或者移位。变形属性的出现使 Web 前端的设计元素不仅局限在二维空间中，还可以通过旋转、扭曲、缩放或者移位等操作在三维空间中展示。

盒子的变形效果图如图 2-11 所示。

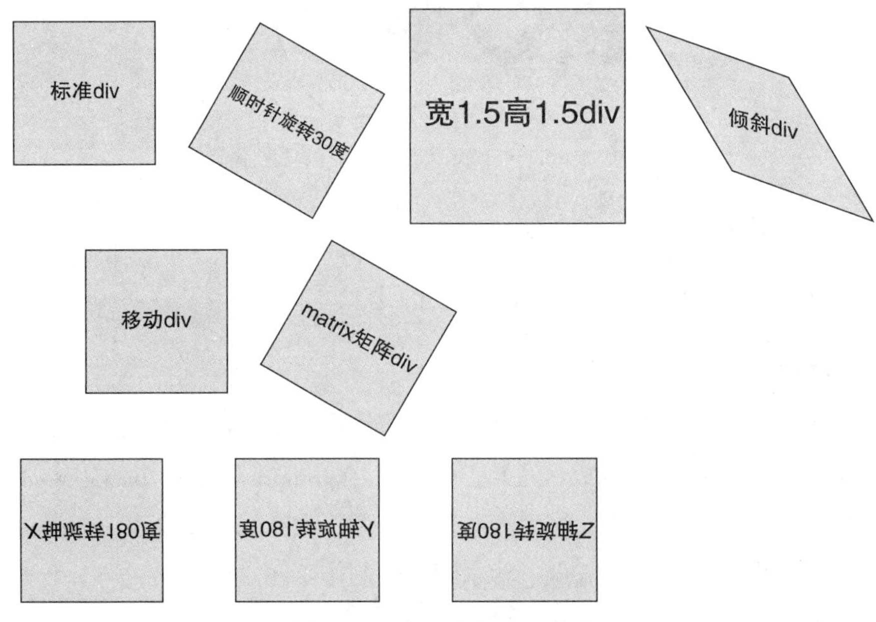

图 2-11　盒子的变形效果图

10. 过渡与动画

CSS3 的过渡属性 transition 通过设定某个元素在设定时间内的变化来实现简单的动画效果，其动画效果更具有平滑性与流线性。CSS3 的动画属性 animation 能够实现更加复杂的样式变化和交互效果，而无须使用任何 JS 脚本代码或 Flash 动画。过渡与动画使 CSS 在 Web 前端中不再拘泥于简单的静态内容展示，而是通过简便方法使页面元素动起来，实现元素的动画效果。

11. Web 字体

CSS3 中引入了 @font-face Web 属性，该属性将 Web 字体嵌入网页中。这些嵌入的字体“所见即所得”，是浏览器的安全字体，用户无须再安装这些字体。

12. 媒体查询

CSS3 中的媒体查询属性 mediaqueries 可为分辨率不同的设备设定不同的样式。以前必须先利用 JS 判断浏览器的分辨率，再通过 JS 修改 CSS 样式。而在 CSS3 中，只需要通过媒体查询属性即可实现 JS 修改 CSS 样式的操作。

13. 阴影

CSS3 中定义了两种阴影属性，即文本阴影属性 text-shadow 和盒子阴影属性 box-shadow。阴影属性提供了新的跨浏览器解决方案，使文本更加醒目。

学习单元 2

网页美化

学习目标

- 了解网页美化的基础知识。
- 熟悉 CSS3 网页美化技巧。
- 能够进行网页美化设计。

知识准备

一、网页美化的基础知识

1. 图片边框样式

（1）边框高度固定，内容滚动。在边框高度固定、内容滚动的情况下，可以直接将整个边框切下来作为背景图，对里面内容设置固定高度，对溢出部分设置 overflow: scroll/auto 即可。如果要隐藏横向滚动条可以设置 overflow-x:hidden，如果要隐藏竖向滚动条可以设置 overflow-y:hidden。

（2）边框高度不固定，由内容决定。在边框高度不固定、由内容决定的情况下，可以先固定元素宽度，然后设置透明宽度的边框，最后用 border-image 属性填充边框。

（3）伪元素控制图像边框。对于上下不一样、中间有重复部分的图像边框，用伪

元素 before、after 控制比较合适。

伪元素控制图像边框示例代码见例 2-5，示例效果如图 2-12 所示。其中，SOAP（simple object access protocol）是指简单对象访问，UDP（user datagram protocol）是指用户数据报协议。

【例 2-5】

```
<!doctype html>
<html>

<head>
  <meta charset="utf-8">
  <title> 伪元素控制图像边框 </title>
  <style type="text/css">
    .fake {
      margin-top:50px;
      position:relative;
      background:url('picmiddleborder.jpg') repeat-y center;
      /* 中间重复的部分平铺 */
      background-size:308px 50px;
      text-align:center;
      font-size:40px;
    }

    .fake:before {
      position:absolute;
      content:'';
      left:50%;
      margin-left:-154px;
      width:308px;
      height:50px;
      background:url('pictopborder.jpg') no-repeat center top;
      background-size:308px 50px;
    }
```

```
        .fake:after {
            position:absolute;
            content:'';
            left:50%;
            margin-left:-154px;
            width:308px;
            height:50px;
            background:url('picbottomborder.jpg') no-repeat center top;
            background-size:308px 50px;
        }

        div {
            white-space:pre-wrap;
        }
    </style>
</head>

<body>
    <div class="fake">
1.Java
2.Python
3.C++
4.JavaScript
5.SOAP
6.UDP
7.HTTP
8.FTP
    </div>
</body>

</html>
```

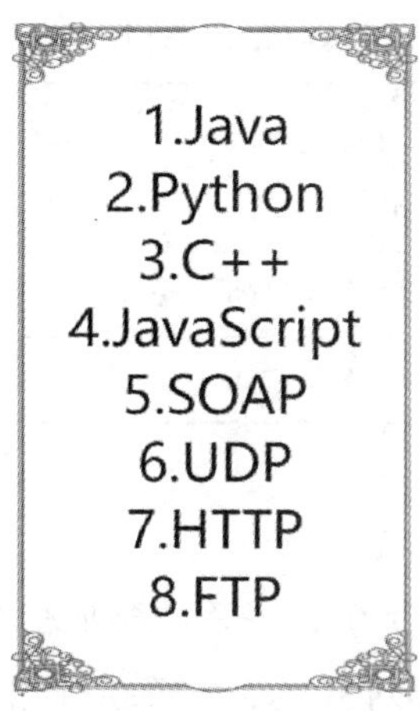

图 2-12　伪元素控制图像边框示例效果

（4）图片背景作为边框。通常先使用 border 属性设置透明边框，然后利用 background 的 url 属性设置背景图片，同时利用 background 的 linear-gradient 属性设置图片中间的填充底色，最后利用 background-clip 的 padding-box、border-box 属性设置背景边框盒子模型，这样就完成了将背景图片作为边框的操作。

2. 重复线性渐变边框

重复线性渐变属性 repeating-linear-gradient 可以设置边框，相关说明见表 2-2。

表 2-2　　重复线性渐变属性 repeating-linear-gradient 说明

属性	描述
angle	定义渐变的角度方向，默认 180°
side-or-corner	设置线性渐变起始位置，第一个关键字设置水平位置（left 或 right），第二个关键字设置垂直位置（top 或 bottom），每个关键字都是可选项且没有顺序要求
color-stop1 color-stop2 ……	设置渐变边框的起止颜色，由颜色值和停止位置（使用百分比设置）组成

3. 动态边框

在重复线性渐变边框的基础上，可以进一步利用 animation 属性和 @keyframes 创建动态边框。动态边框的设置是从一个 CSS 样式变化到另一个 CSS 样式的过程，在这个过程中可以多次更改 CSS 样式，样式变化时间使用％或 from、to 关键字（与从 0％到 100％含义相同）设置。@keyframes 语法见表 2-3。

表 2-3　　@keyframes 语法

属性	描述
animationname	定义动画名称
keyframes-selector	定义动画持续时间的百分比
css-styles	定义一个或多个 CSS 样式属性

4. 图片对齐

在进行图文混排时，经常需要在文字旁边添加一个图标，以达到与图片对齐的效果。在默认情况下，图片是顶部对齐的，文字是底部对齐的，因此图片和文字高低不平，不能水平居中对齐。通常可以通过以下三种方法来解决这个问题：一是添加“vertical-align:middle;”，二是设置背景图片，三是把文字和图片放入不同的 div 容器中。其中，vertical-align 属性说明见表 2-4。

表 2-4　　vertical-align 属性说明

属性	描述
baseline	将支持 valign 特性的对象内容与基线对齐
sub	垂直对齐文本下标
super	垂直对齐文本上标
top	将支持 valign 特性的对象内容与对象顶端对齐
text-top	将支持 valign 特性的对象文本与对象顶端对齐
middle	将支持 valign 特性的对象内容与对象中部对齐
text-bottom	将支持 valign 特性的对象文本与对象底端对齐

5. 图文混排

（1）背景图片法。如果内容不是动态的，图片只用于装饰，那么采用背景图片法最合适。通常先设置父元素 padding 的宽度等于背景图片的宽度加上图片与文字的间距，再把背景图片定位到 padding 里面即可。

（2）浮动法。使用 float 的浮动法比较灵活，可以对图片元素设置浮动值。

（3）相对绝对定位法。即将图片采用绝对定位法设置为 position:absolute，将 div 容器采用相对定位法设置为 position:relative，div 内部的 p 段落也继承了相对定位，所以此时无论图片写在 p 段落的前面还是后面，都不影响布局。

二、CSS3 网页美化技巧

1. 超链接

（1）链接状态。链接状态有四种：a:link 是未被访问的链接，a:visited 是已被访问的链接，a:hover 是鼠标指针位于链接上方的时刻，a:active 是链接被点击的时刻。在设置链接状态时，a:hover 必须位于 a:link 和 a:visited 的后面，而 a:active 必须位于 a:hover 的后面。

（2）常用样式属性

1）text-decoration 属性。该属性大多用于去除链接的下划线。

2）background-color 属性。该属性用于设置链接背景色。

（3）链接不同样式的设置。在网站设计中经常需要将链接设置为不同样式，如菜单链接、文章链接、导航栏链接等，可以为这些不同样式的链接分别设置 class 样式，这样就可以进行区分了。

（4）链接框修饰。通过 border、display:block、font-weight、font-size、font-family、color、background-color、width、text-align、padding、text-decoration 组合可以使链接有边框和底色，完成链接框的修饰效果。

2. 鼠标特效

鼠标特效是指改变鼠标的指针样式，便于更形象地说明当下的操作。例如：将鼠标放在按钮上时，鼠标指针会变成一个手形图标，该图标形象地告诉用户这个按钮是可以被点击的；当鼠标超出操作区域时，鼠标指针则变成一个表示禁止的图标，该图标则形象地告诉用户已经越界了，请在设定的范围内操作。

通过 cursor 来控制鼠标的指针样式，除了使用系统默认的指针样式外，还可以通过 CSS 设置图片指针。图片指针对照表见表 2-5。

表 2-5　　图片指针对照表

属性	描述	图例
cursor:default	正常选择	
cursor:help	帮助选择	
cursor:wait	忙碌	

续表

属性	描述	图例
cursor:crosshair	精准选择	
cursor:text	文本选择	
cursor:s-resize	垂直调整	
cursor:w-resize	水平调整	
cursor:se-resize	对角线 1 调整	
cursor:ne-resize	对角线 2 调整	
cursor:move	移动调整	
cursor:pointer	链接	
cursor:url	鼠标指针图片，必须添加 auto 参数，只支持扩展名为 ico 的图片文件	任意图片

3. CSS3 表格

CSS3 表格属性可以帮助设计人员改善表格的外观。

（1）表格边框。border 属性用来设置表格边框。

（2）折叠单边框。table、th 和 td 元素都有独立的边框，如果要将整个表格设置为折叠单边框，必须设置 border-collapse 属性。

（3）表格宽度和高度。使用 width 和 height 属性可以分别设置表格的宽度和高度（使用长度值或百分比）。

（4）表格文本对齐。text-align 属性用来设置表格中文本的左对齐、居中对齐和右对齐；vertical-align 属性用来设置表格中文本的顶部对齐、垂直居中对齐和底部对齐。

（5）表格内边距。通过表格内边距属性 padding 控制表格中内容与边框的距离。

（6）表格颜色。color 属性用来设置表格的文本颜色，background-color 属性用来设置 table、th 和 tr 的背景色。

（7）表格隐藏空白行。通过 empty-cells 属性的设置可以隐藏空白行数据。

（8）表格边框间距。border-spacing 属性用来设置表格边框间距，按照 top、right、bottom、left 的顺序设置各边框间距。

（9）设置表格标题的位置。通过 caption-side 属性可以设置表格标题的位置，还可以将 top 标题设置在表格的顶部，或将 bottom 标题设置在表格的底部。

4. CSS3 列表

CSS 列表属性可以设置、改变列表项标识符，或者将图像作为列表项标识符。菜谱、电话簿、点名册等都属于列表。列表分为无序列表、有序列表和图像列表三种。

通过属性 list-style-type 可以设置列表的标识符，具体可以设置为 armenian、circle、decimal、decimal-leading-zero、disc、georgian、lower-alpha、lower-greek、lower-latin、lower-roman、none、square、upper-alpha、upper-greek、upper-latin、upper-roman 等值。

图像列表可以通过 list-style-image 属性设置图片路径，还可以通过 list-style-position 属性设置列表标记的位置（可以设置为 inside 或 outside）。

list-style 属性可以将 list-style-type 和 list-style-image 属性合并。

（1）无序列表。无序列表示例代码见例 2-6，示例效果如图 2-13 所示。

【例 2-6】

```
<!doctype html>
<html>

<head>
  <title> 无序列表 </title>
  <style type="text/css">
    ul.disc {
      list-style-type:disc
    }

    ul.circle {
      list-style-type:circle
    }

    ul.square {
      list-style-type:square
    }
```

```
        ul.none {
            list-style-type:none
        }
    </style>
</head>

<body>
    <ul class="disc">
        <li>Java</li>
        <li>Python</li>
        <li>C++</li>
    </ul>
    <ul class="circle">
        <li>IaaS</li>
        <li>PaaS</li>
        <li>SaaS</li>
    </ul>
    <ul class="square">
        <li>html</li>
        <li>xml</li>
        <li>jsp</li>
    </ul>
    <ul class="none">
        <li>HTTP</li>
        <li>FTP</li>
        <li>UDP</li>
    </ul>
</body>

</html>
```

- Java
- Python
- C++

- IaaS
- PaaS
- SaaS

- html
- xml
- jsp

HTTP
FTP
UDP

图 2-13　无序列表示例效果

（2）有序列表。有序列表示例部分代码见例 2-7，示例效果如图 2-14 所示。

【例 2-7】

```
<body>
  <ul class="decimal">
    <li>Decimal 类型 </li>
    <li>Java</li>
    <li>Python</li>
    <li>C++</li>
  </ul>
  <ul class="decimal-leading-zero">
    <li>Decimal-leading-zero 类型 </li>
    <li>Java</li>
    <li>Python</li>
    <li>C++</li>
  </ul>
  <ul class="lower-roman">
    <li>Lower-roman 类型 </li>
    <li>Java</li>
    <li>Python</li>
    <li>C++</li>
  </ul>
  <ul class="upper-roman">
```

```
        <li>Upper-roman 类型 </li>
        <li>Java</li>
        <li>Python</li>
        <li>C++</li>
    </ul>
    <ul class="lower-alpha">
        <li>Lower-alpha 类型 </li>
        <li>Java</li>
        <li>Python</li>
        <li>C++</li>
    </ul>
    <ul class="upper-alpha">
        <li>Upper-alpha 类型 </li>
        <li>Java</li>
        <li>Python</li>
        <li>C++</li>
    </ul>

……

</body>
```

1. Decimal 类型
2. Java
3. Python
4. C++

01. Decimal-leading-zero 类型
02. Java
03. Python
04. C++

i. Lower-roman 类型
ii. Java
iii. Python
iv. C++

I. Upper-roman 类型
II. Java
III. Python
IV. C++

a. Lower-alpha 类型
b. Java
c. Python
d. C++

A. Upper-alpha 类型
B. Java
C. Python
D. C++

α. Lower-greek 类型
β. Java
γ. Python
δ. C++

a. Lower-latin 类型
b. Java
c. Python
d. C++

A. Upper-latin 类型
B. Java
C. Python
D. C++

א. Hebrew 类型
ב. Java
ג. Python
ד. C++

Ա. Armenian 类型
Բ. Java
Գ. Python
Դ. C++

ა. Georgian 类型
ბ. Java
გ. Python
დ. C++

一. Cjk-ideographic 类型
二. Java
三. Python
四. C++

あ. Hiragana 类型
い. Java
う. Python
え. C++

ア. Katakana 类型
イ. Java
ウ. Python
エ. C++

い. Hiragana-iroha 类型
ろ. Java
は. Python
に. C++

イ. Katakana-iroha 类型
ロ. Java
ハ. Python
ニ. C++

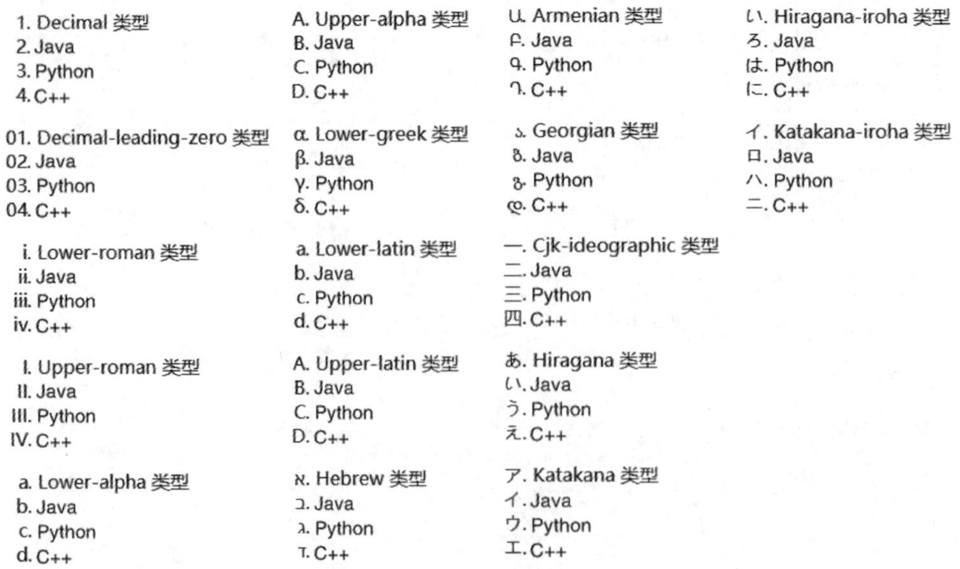

图 2-14　有序列表示例效果

（3）图像列表。图像列表示例代码见例 2–8，示例效果如图 2–15 所示。

【例 2–8】

```
<!doctype html>
<html>

<head>
  <title> 图像列表 </title>
  <style type="text/css">
    ul {
      list-style-image:url('icon_accept.gif')
    }
  </style>
</head>

<body>
  <ul>
    <li>Java</li>
    <li>Python</li>
    <li>C++</li>
  </ul>
</body>

</html>
```

- Java
- Python
- C++

图 2–15　图像列表效果

（4）放置列表标记。放置列表标记示例代码见例 2–9，示例效果如图 2–16 所示。

【例 2-9】

```
<!doctype html>
<html>

<head>
  <title> 放置列表标记 </title>
  <style type="text/css">
    ul.inside {
      list-style-position:inside;
    }

    ul.outside {
      list-style-position:outside;
    }
  </style>
</head>

<body>
  <ul class="inside">
    <li>Java</li>
    <li>Python</li>
    <li>C++</li>
  </ul>
  <ul class="outside">
    <li>Java</li>
    <li>Python</li>
    <li>C++</li>
  </ul>
</body>

</html>
```

- Java
- Python
- C++

- Java
- Python
- C++

图 2-16　放置列表标记示例效果

（5）声明所有属性。声明所有属性示例代码见例 2-10，示例效果如图 2-17 所示。

【例 2-10】

```
<!doctype html>
<html>
<head>
  <title> 声明所有属性 </title>
  <style type="text/css">
    ul.insideliststyle {
      list-style:square inside url('icon_accept.gif')
    }
    ul.outsideliststyle {
      list-style:square outside url('icon_accept.gif')
    }
  </style>
</head>
<body>
  <ul class="insideliststyle">
    <li>Java</li>
    <li>Python</li>
    <li>C++</li>
  </ul>
  <ul class="outsideliststyle">
    <li>Java</li>
    <li>Python</li>
    <li>C++</li>
```

```
  </ul>
</body>
</html>
```

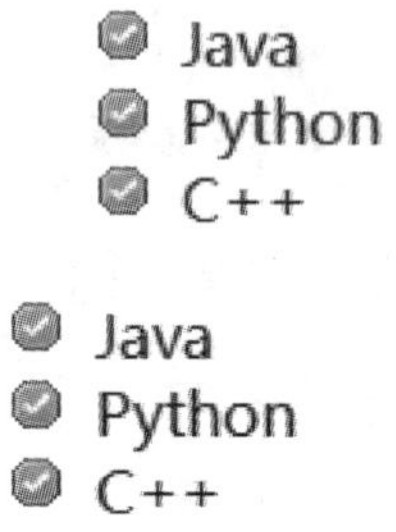

- Java
- Python
- C++

- Java
- Python
- C++

图 2–17　声明所有属性示例效果

5. CSS3 美化表单

（1）button、rest、submit 按钮样式。网页中的数据经过用户录入、选择、上传等操作，最终通过按钮提交。可以通过 button 元素定义按钮，也可以通过 input 元素的 type 属性分别设置 button、rest 和 submit。

1）基本按钮样式。默认的按钮中规中矩，在有些要求外观靓丽的网页中就显得有些呆板，因此可以通过基本按钮样式对按钮进行美化，同时也可以用 CSS 样式将 a 元素的外观设置成按钮的样子。

基本按钮样式示例代码见例 2–11，示例效果如图 2–18 所示。

【例 2–11】

```
<!doctype html>
<html>
<head>
<title> 基本按钮样式 </title>
<style type="text/css">
.buttoncss {
  background-color:#203DC8;
  border:none;
  color:white;
  padding:15px 30px;
  text-align:center;
```

```
    text-decoration:none;
    display:inline-block;
    font-size:16px;
    margin:5px 5px;
    cursor:pointer;
}
</style>
</head>
<body>
<button>&lt;button&gt; 默认按钮 </button>
<a href="#"class="buttoncss">&lt;a&gt; 链接按钮 </a>
<button class="buttoncss"> 设置 bn 样式 &lt;button&gt; 按钮 </button>
<input type="button"class="buttoncss"value="&lt;input&gt; 输入框按钮">
</body>
</html>
```

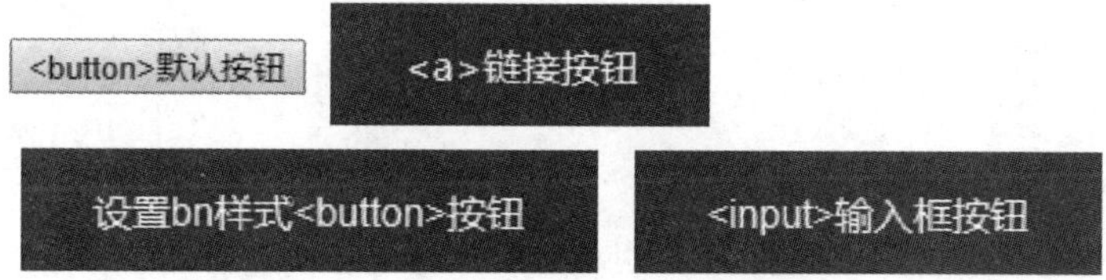

图 2-18　基本按钮样式示例效果

2）按钮颜色。background-color 属性用来设置按钮颜色，元素背景范围包括填充区域和边框，但不包括外边距。background-color 属性见表 2-6。

表 2-6　background-color 属性

属性	描述
color	定义背景色
transparent	默认设置背景色为透明的
inherit	设置背景色从父元素继承

按钮颜色示例代码见例 2-12，示例效果如图 2-19 所示。

【例 2–12】

```
<!doctype html>
<html>
<head>
<title> 按钮颜色 </title>
<style type="text/css">
.buttonbase {
   background-color:green;
   color:white;
   padding:15px 32px;
   text-align:center;
   text-decoration:none;
   display:inline-block;
   font-size:16px;
   margin:4px 2px;
   cursor:pointer;
}
.bn1 {background-color:blue;}
.bn2 {background-color:red;}
.bn3 {background-color:gray; color:black;}
.bn4 {background-color:black;}
</style>
</head>
<body>
<button class="buttonbase"> 绿色基础样式按钮 </button>
<button class="buttonbase bn1"> 蓝色背景覆盖样式按钮 </button>
<button class="buttonbase bn2"> 红色背景覆盖样式按钮 </button>
<button class="buttonbase bn3"> 灰色背景覆盖样式按钮 </button>
<button class="buttonbase bn4"> 黑色背景覆盖样式按钮 </button>
</body>
</html>
```

绿色基础样式按钮 蓝色背景覆盖样式按钮
红色背景覆盖样式按钮 灰色背景覆盖样式按钮
黑色背景覆盖样式按钮

图 2-19 按钮颜色示例效果

3）按钮文字大小。font-size 属性用来设置按钮文字大小。font-size 属性见表 2-7。

表 2-7 font-size 属性

属性	描述
xx-small x-small small medium large x-large xx-large	将字体大小设置为不同的尺寸，从 xx-small 到 xx-large 均可，默认值是 medium
smaller	将 font-size 设置为比父元素尺寸更小的尺寸
larger	将 font-size 设置为比父元素尺寸更大的尺寸
length	将 font-size 设置为固定值
%	将 font-size 设置为基于父元素的百分比
inherit	从父元素继承字体尺寸

按钮文字大小示例代码见例 2-13，示例效果如图 2-20 所示。

【例 2-13】

```
<!doctype html>
<html>
<head>
<title> 按钮文字大小 </title>
<style type="text/css">
.buttonbase {
    background-color:green;
    color:white;
```

```
    padding:15px 32px;
    text-align:center;
    text-decoration:none;
    display:inline-block;
    font-size:16px;
    margin:4px 2px;
    cursor:pointer;
}
.bn1 {font-size:18px;}
.bn2 {font-size:20px;}
.bn3 {font-size:22px;}
.bn4 {font-size:24px;}
</style>
</head>
<body>
<button class="buttonbase"> 默认字体大小按钮 </button>
<button class="buttonbase bn1">18px 大小按钮 </button>
<button class="buttonbase bn2">20px 大小按钮 </button>
<button class="buttonbase bn3">22px 大小按钮 </button>
<button class="buttonbase bn4">24px 大小按钮 </button>
</body>
</html>
```

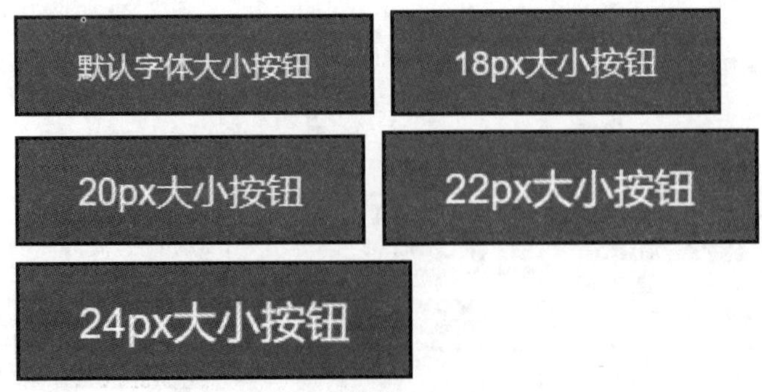

图 2-20　按钮文字大小示例效果

4）圆角按钮。border-radius 属性用来设置圆角按钮，设置顺序依次是左上角、右

上角、右下角和左下角。border-radius 属性见表 2-8。

表 2-8 border-radius 属性

值	描述
length	设置弧度形状
%	用百分比设置弧度形状

圆角按钮示例代码见例 2-14，示例效果如图 2-21 所示。

【例 2-14】

```
<!doctype html>
<html>
<head>
<title> 圆角按钮 </title>
<style type="text/css">
.buttonbase {
   background-color:green;
   color:white;
   padding:15px 32px;
   text-align:center;
   text-decoration:none;
   display:inline-block;
   font-size:16px;
   margin:4px 2px;
   cursor:pointer;
}
.bn1 {border-radius:10px;}
.bn2 {border-radius:15px;}
.bn3 {border-radius:20px;}
.bn4 {border-radius:30%;}
</style>
</head>
<body>
<button class="buttonbase"> 默认基础按钮 </button>
```

```
<button class="buttonbase bn1">10px 圆角按钮 </button>
<button class="buttonbase bn2">20px 圆角按钮 </button>
<button class="buttonbase bn3">22px 圆角按钮 </button>
<button class="buttonbase bn4">30% 圆角按钮 </button>
</body>
</html>
```

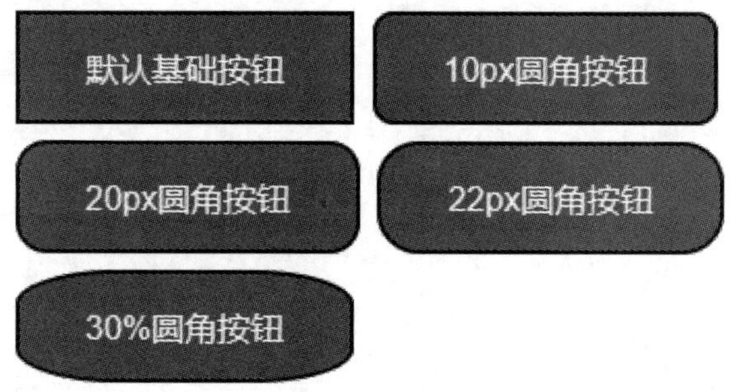

图 2–21　圆角按钮示例效果

5）按钮边框颜色。border 属性用来设置按钮边框颜色，包括 border–width、border–style 和 border–color，可以将所有的 border 属性设置在一个声明中，设置顺序依次是 border–width、border–style 和 border–color。如果上述属性缺少一个也没有关系。border 属性见表 2–9。

表 2–9　border 属性

属性	描述
border–width	设置边框的宽度
border–style	设置边框的样式
border–color	设置边框的颜色
inherit	继承父元素 border 的属性值

按钮边框颜色示例代码见例 2–15，示例效果如图 2–22 所示。

【例 2–15】

```
<!doctype html>
<html>

<head>
```

```
    <title> 按钮边框颜色 </title>
    <style type="text/css">
        .buttonbase {
            background-color:white;
            color:black;
            padding:15px 32px;
            text-align:center;
            text-decoration:none;
            display:inline-block;
            font-size:16px;
            margin:4px 2px;
            cursor:pointer;
        }

        .bn1 {border:2px solid green;}
        .bn2 {border:2px solid blue;}
        .bn3 {border:2px solid red;}
        .bn4 {order:2px solid grey;}
        .bn5 {border:2px solid black;}
    </style>
</head>

<body>
    <button class="buttonbase bn1"> 绿色边框按钮 </button>
    <button class="buttonbase bn2"> 蓝色边框按钮 </button>
    <button class="buttonbase bn3"> 红色边框按钮 </button>
    <button class="buttonbase bn4"> 灰色边框按钮 </button>
    <button class="buttonbase bn5"> 黑色边框按钮 </button>
</body>

</html>
```

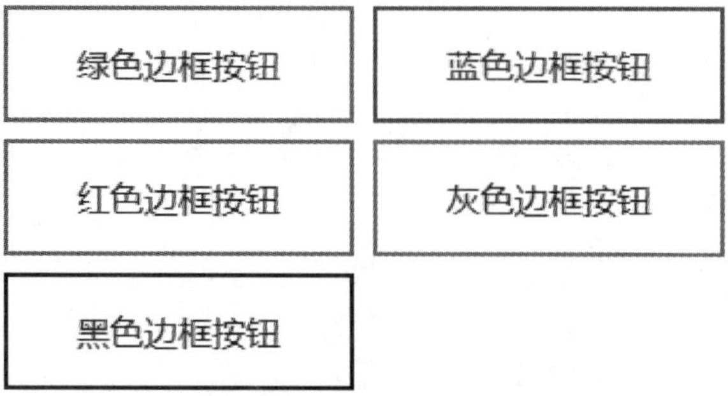

图 2-22　按钮边框颜色示例效果

6）鼠标悬停按钮。:hover 选择器用来修改鼠标悬停在按钮上的样式，配合使用 transition-duration 属性可以设置悬停效果的速度。鼠标悬停按钮示例代码见例 2-16，示例效果如图 2-23 所示。

【例 2-16】

```
<!doctype html>
<html>
<head>
    <title> 鼠标悬停按钮 </title>
    <style type="text/css">
        .buttonbase {
            background-color:white;
            color:black;
            padding:15px 32px;
            text-align:center;
            text-decoration:none;
            display:inline-block;
            font-size:16px;
            margin:4px 2px;
            cursor:pointer;
            transition-duration:1s;
            -moz-transition-duration:1s;
            /* Firefox4 */
            -webkit-transition-duration:1s;
            /* Safari 和 Chrome */
```

```
        -o-transition-duration:1s;
        /* Opera */
    }
    .bn1 {border:2px solid green;}
    .bn2 {border:2px solid blue;}
    .bn3 {border:2px solid red;}
    .bn4 {border:2px solid grey;}
    .bn5 {border:2px solid black;}
    .bn1:hover {
        background-color:#3FDC48;
        color:white;
    }
    .bn2:hover {
        background-color:#3376DC;
        color:white;
    }
    .bn3:hover {
        background-color:#D53C3F;
        color:white;
    }
    .bn4:hover {
        background-color:#E3D0D1;
        color:white;
    }
    .bn5:hover {
        background-color:#463F3F;
        color:white;
    }
  </style>
</head>

<body>
```

```
    <button class="buttonbase bn1"> 绿色悬停按钮 </button>
    <button class="buttonbase bn2"> 蓝色悬停按钮 </button>
    <button class="buttonbase bn3"> 红色悬停按钮 </button>
    <button class="buttonbase bn4"> 灰色悬停按钮 </button>
    <button class="buttonbase bn5"> 黑色悬停按钮 </button>
</body>
</html>
```

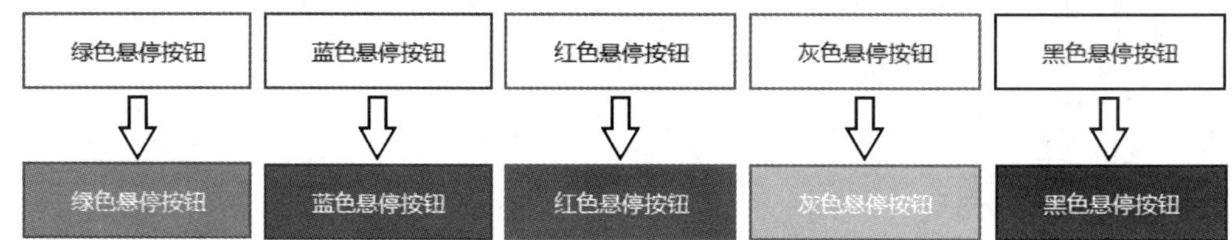

图 2–23　鼠标悬停按钮示例效果

7）按钮阴影。box–shadow 属性可以为按钮添加阴影，并设置一个或多个下拉阴影的框。box–shadow 属性用逗号分隔阴影列表，每个阴影由 2 ~ 4 个长度值、一个可选颜色值和一个可选 inset 关键字来规定，默认长度值是 0。box–shadow 属性见表 2–10。

表 2–10　　box–shadow 属性

属性	描述
h–shadow	必填，水平阴影位置，可以是负值
v–shadow	必填，垂直阴影位置，可以是负值
blur	可选，模糊距离
spread	可选，阴影大小
color	可选，阴影颜色
inset	可选，从外侧阴影改为内侧阴影

按钮阴影示例代码见例 2–17，示例效果如图 2–24 所示。

【例 2–17】

```
<!doctype html>
<html>
<head>
    <title> 按钮阴影 </title>
```

```
    <style type="text/css">
        .buttonbase {
            background-color:white;
            color:black;
            padding:15px 30px;
            text-align:center;
            text-decoration:none;
            display:inline-block;
            font-size:16px;
            margin:5px 5px;
            cursor:pointer;
            transition-duration:1s;
            -moz-transition-duration:1s;
            /* Firefox4 */
            -webkit-transition-duration:1s;
            /* Safari 和 Chrome */
            -o-transition-duration:1s;
            /* Opera */
        }
        .bn1 {
            box-shadow:0 8px 16px 0 rgba(0, 0, 0, 0.4), 0 8px 22px 0 rgba(0, 0, 0, 0.1);
        }
        .bn2:hover {
            box-shadow:0 12px 16px 0 rgba(0, 0, 0, 0.7), 0 20px 45px 0 rgba(0, 0, 0, 0.3);
        }
    </style>
</head>
<body>
    <button class="buttonbase bn1"> 阴影按钮 1</button>
    <button class="buttonbase bn2"> 阴影按钮 2</button>
</body>
</html>
```

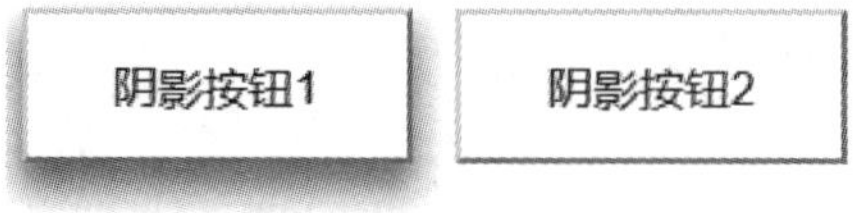

阴影按钮1　阴影按钮2

图 2-24　按钮阴影示例效果

8）禁用按钮。opacity 属性可以为按钮添加透明度，同时添加 cursor 属性并通过 not-allowed 指针设置一张禁用图片，以此来表示禁用按钮。禁用按钮示例代码见例 2-18，示例效果如图 2-25 所示。

【例 2-18】

```
<!doctype html>
<html>
<head>
  <title> 禁用按钮 </title>
  <style type="text/css">
    .buttonbase {
      background-color:white;
      color:black;
      padding:15px 30px;
      text-align:center;
      text-decoration:none;
      display:inline-block;
      font-size:16px;
      margin:5px 5px;
      cursor:pointer;
    }
    .disabled {
      opacity:0.5;
      cursor:not-allowed;
    }
  </style>
</head>
<body>
  <button class="buttonbase"> 正常按钮 </button>
```

```
  <button class="buttonbase disabled"> 禁用按钮 </button>
</body>
</html>
```

正常按钮	禁用按钮

图 2–25　禁用按钮示例效果

9）按钮宽度。在默认情况下，按钮大小是由按钮上文本内容的长度决定的。可以使用 width 属性设置按钮宽度，宽度值可以使用像素值也可以使用百分比。width 属性见表 2–11。

表 2–11　width 属性

属性	描述
auto	默认值，浏览器可以自动计算出实际宽度
length	使用 px、cm 等单位设置宽度
%	基于包含块父元素的网页宽度的百分比
inherit	从父元素继承 width 属性的值

按钮宽度示例代码见例 2–19，示例效果如图 2–26 所示。

【例 2–19】

```
<!doctype html>
<html>
<head>
  <title> 按钮宽度 </title>
  <style type="text/css">
    .buttonbase {
      background-color:white;
      color:black;
      padding:15px 30px;
      text-align:center;
      text-decoration:none;
```

```
        display:inline-block;
        font-size:16px;
        margin:5px 5px;
        cursor:pointer;
    }
    .bn1 {
        width:200px;
    }
    .bn2 {
        width:25%;
    }
    .bn3 {
        padding-left:0;
        padding-right:0;
        width:100%;
    }
  </style>
</head>
<body>
  <button class="buttonbase bn1">200px 宽度按钮 </button><br>
  <button class="buttonbase bn2">25% 宽度按钮 </button><br>
  <button class="buttonbase bn3">100% 宽度按钮 </button>
</body>
</html>
```

200px宽度按钮

25%宽度按钮

100%宽度按钮

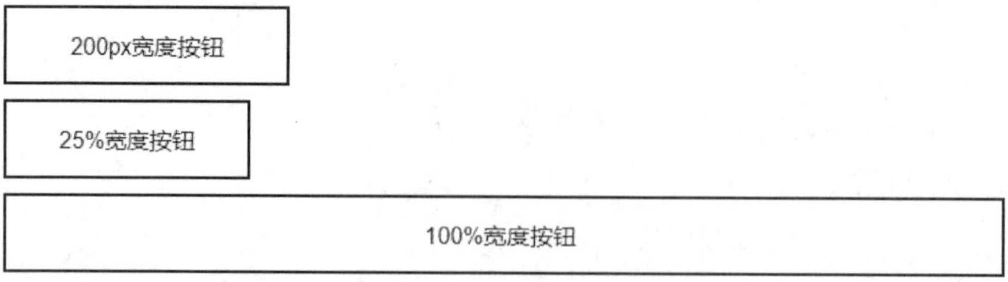

图 2-26　按钮宽度示例效果

10）按钮组。可以通过去除 margin 外边距并添加 float:left 的方法来设置按钮组。如果要设置另起一行的其他按钮组，则必须通过 clear:both 清除浮动，否则后面的按钮也会连在一起。按钮组示例代码见例 2–20，示例效果如图 2–27 所示。

【例 2–20】

```
<!doctype html>
<html>
<head>
  <title> 按钮组 </title>
  <style type="text/css">
    .bn {
      background-color:white;
      color:black;
      padding:15px 30px;
      text-align:center;
      text-decoration:none;
      display:inline-block;
      font-size:16px;
      cursor:pointer;
      float:left;
    }
    .bn:hover {
      background-color:blue;
    }
  </style>
</head>
<body>
  <button class="bn"> 首页 </button>
  <button class="bn"> 产品专区 </button>
  <button class="bn"> 关于我们 </button>
  <p style="clear:both"> 必须清除浮动，否则下面的二级菜单按钮会显示在同一行。
</p>
  <button class="bn"> 我的收藏 </button>
```

```
    <button class="bn"> 下载专区 </button>
    <button class="bn"> 投诉与建议 </button>
</body>
</html>
```

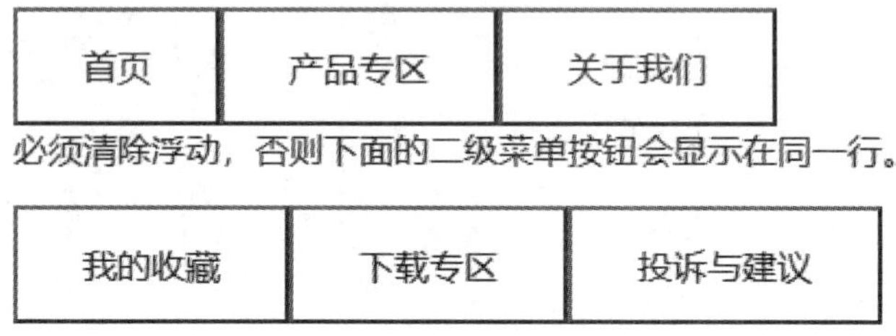

图 2-27　按钮组示例效果

11）带边框的按钮组。为按钮添加 border 即可设置按钮组边框。带边框的按钮组示例代码见例 2-21，示例效果如图 2-28 所示。

【例 2-21】

```
<!doctype html>
<html>
<head>
    <title> 带边框的按钮组 </title>
    <style type="text/css">
        .bn {
            background-color:white;
            border:1px solid red;
            color:black;
            padding:15px 30px;
            text-align:center;
            text-decoration:none;
            display:inline-block;
            font-size:16px;
            cursor:pointer;
            float:left;
        }
```

```
        .bn:hover {
            background-color:blue;
        }
    </style>
</head>
<body>
    <button class="bn"> 首页 </button>
    <button class="bn"> 产品专区 </button>
    <button class="bn"> 关于我们 </button>
    <p style="clear:both"> 必须清除浮动，否则下面的二级菜单按钮会显示在同一行。
</p>
    <button class="bn"> 我的收藏 </button>
    <button class="bn"> 下载专区 </button>
    <button class="bn"> 投诉与建议 </button>
</body>
</html>
```

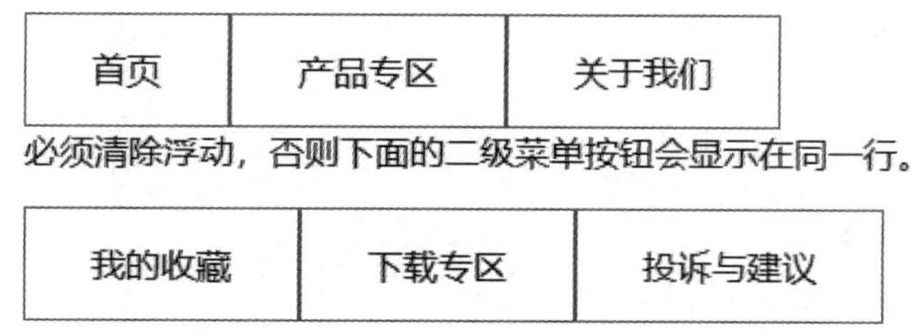

图 2-28 带边框的按钮组示例效果

12）箭头按钮动画。箭头按钮动画的制作步骤具体如下。

①为按钮设定足够大的宽度 width。注意，在动画播放的过程中，按钮宽度将不会随着文字长度变化而变化。

②在按钮中用 span 定义行容器并写入按钮文字。

③利用 after 伪元素为 span 设置 content（内容），添加“»”，并将透明度 opacity 设置为 0（即不可见），transition 逐步改变的时长可以自定义（本示例设置为 0.5 s）。

④通过 :hover 选择器对 span 设置 padding-right（右内间距），确保动画出现时不会与按钮上的文字重叠。

⑤通过 :hover 选择器同时对 span 的 after 伪元素设置透明度 opacity 为 1，让“»”

显现出来。

箭头按钮动画示例代码见例 2-22，示例效果如图 2-29 所示。

【例 2-22】

```
<!doctype html>
<html>
<head>
  <title> 箭头按钮动画 </title>
  <style type="text/css">
    .bn {
      background-color:blue;
      color:white;
      padding:15px 30px;
      text-align:center;
      text-decoration:none;
      display:inline-block;
      font-size:16px;
      cursor:pointer;
      width:200px;
    }
    .bn span {
      cursor:pointer;
      display:inline-block;
      position:relative;
      transition:0.5s;
    }
    .bn span:after {
      content:'»';
      position:absolute;
      opacity:0;
      top:0;
      right:-20px;
      transition:0.5s;
```

```
        }
        .bn:hover span {
            padding-right:25px;
        }
        .bn:hover span:after {
            opacity:1;
            right:0;
        }
    </style>
</head>
<body>
    <button class="bn"style="vertical-align:middle"><span> 箭头按钮动画 </span></button>
</body>
</html>
```

图 2-29　箭头按钮动画示例效果

13）按下按钮动画。按下按钮动画的制作步骤具体如下。

①将按钮的 border 去除（即设置为 none），并将 outline 一并去除（同样设置为 none），否则以上两个属性会在按钮的外围产生“毛刺”。

②对按钮设置 box-shadow，增加按钮的立体感。

③对按钮的 :active 选择器进行设置，将 box-shadow 阴影的第二个参数 v-shadow 调小（相对于原来的数值，本示例从 9 px 调为 5 px），这样看上去按钮就有“按下”的感觉，否则阴影只会下移。

④在 :active 选择器中同时设置 transform，并通过 translateY 参数设置下移的距离（本示例为 4 px）。

按下按钮动画示例代码见例 2-23，示例效果如图 2-30 所示。

【例 2-23】

```
<!doctype html>
<html>
```

```
<head>
   <title> 按下按钮动画 </title>
   <style type="text/css">
      .bn {
         background-color:blue;
         color:white;
         padding:15px 30px;
         text-align:center;
         text-decoration:none;
         display:inline-block;
         font-size:16px;
         cursor:pointer;
         border-radius:15px;
         border:none;
         outline:none;
         box-shadow:0 9px #999;
      }
      .bn:active {
         background-color:#409BDD;
         box-shadow:0 5px #666;
         transform:translateY(4px);
      }
   </style>
</head>
<body>
   <button class="bn"> 按下按钮动画 </button>
</body>
</html>
```

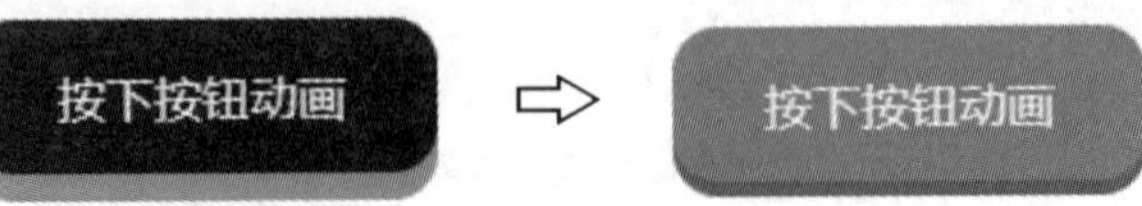

图 2-30　按下按钮动画示例效果

14）按钮背景设置。按钮背景的设置步骤具体如下。

①将按钮的 width 和 height 分别设置为背景图片的宽度和高度。

②设置按钮的 border 为 none，否则按钮的外围会有透明边框出现。

③设置按钮的 background，通过 url 参数指定背景图片的路径。

按钮背景设置示例代码见例 2–24，示例效果如图 2–31 所示。

【例 2–24】

```
<!DOCTYPE html>
<html>
<head>
  <title> 按钮背景设置 </title>
  <style>
    .bn {
      width:177px;
      /* 背景图片宽度 */
      height:40px;
      /* 背景图片高度 */
      color:#000;
      cursor:pointer;
      border:none;
      background:url("bn_background.png");
    }
  </style>
</head>
<body>
  <button class="bn"> 背景图片按钮 </button>
</body>
</html>
```

图 2–31　按钮背景设置示例效果

（2）checkbox 样式自定义。checkbox 的默认样式比较呆板，因此 checkbox 样式自定义在网页中非常常见。注意，直接修改 checkbox 样式是不可以的，通常会借助 label 标签对 checkbox 进行样式美化。checkbox 样式自定义步骤具体如下。

1）通过 display:none 隐藏原有复选框。

2）定义复选框样式，由于 label 需要和 checkbox 显示在一行，因此要定义 display: inline-block。

3）根据需要通过 padding 设置复选框的大小。

4）根据需要通过 background-color 设置复选框里面的背景色。

5）根据需要通过 border-radius 设置复选框边框的圆角。

6）根据需要通过 border 设置复选框边框的粗细和颜色。

7）根据需要通过 box-shadow 设置复选框的阴影效果。

8）根据需要为复选框和 label 添加 :active、:checked 选择器效果，一般会通过 box-shadow 的颜色参数 rgba 来修改阴影的透明度。

9）根据需要设置 label 选中后的样式，一般修改背景色 background-color 和阴影效果 box-shadow。

10）为复选框的 :checked 选择器和 label 的 after 伪元素通过 content 设置勾的编码，以及勾的大小、位置、颜色、粗细等。

11）最关键的一步就是为 label 设置 for 属性，关联 checkbox 的 id 值，否则无法完成“打勾选中”的动作。同时，为 label 设置 vertical-align:middle，否则在默认情况下，checkbox 与 label 是不对齐的。

checkbox 样式自定义示例代码见例 2–25，示例效果如图 2–32 所示。

【例 2–25】

```
<!DOCTYPE html>
<html>
<head>
  <title>checkbox 样式自定义 </title>
  <style>
    .diycheckbox {
      display:none;
      /* 隐藏原有复选框 */
    }
    /* 定义现在复选框样式 */
    /* 加号是 CSS2 的伪类，意思是：紧接在 checkbox 元素之后的所有 label 元素。*/
```

```
.diycheckbox+label {
    position:relative;
    display:inline-block;
    /*label 是内联元素，需要加 inline-block*/
    padding:7px;
    /* 设置复选框的大小 */
    background-color:#ffffff;
    /* 设置复选框里面的背景色 */
    border-radius:3px;
    border:1px solid #9C9292;
    /* 设置复选框边框的粗细和颜色 */
    box-shadow:0 1px 4px rgba(0, 0, 0, 0.7);
    /* 设置复选框的阴影效果 */
}
.diycheckbox+label:active,
.diycheckbox+label:checked+label:active {
    box-shadow:0 1px 4px rgba(0, 0, 0, 0.05);
    /* 修改阴影的透明度 */
}
/* 设置 label 选中后的样式 */
.diycheckbox:checked+label {
    background-color:aliceblue;
    box-shadow:0 1px 4px rgba(0, 0, 0, 0.05);
}
/* 选中后的效果 */
.diycheckbox:checked+label:after {
    content:'\2714';
    /* 设置勾的编码 */
    position:absolute;
    font-size:12px;
    /* 设置勾的大小 */
    top:0px;
```

```
            left:2px;
            /* 设置勾的位置 */
            color:#0000ff;
            /* 设置勾的颜色 */
            font-weight:bold;
            /* 设置勾的粗细 */
        }
    </style>
</head>
<body>
    <input type="checkbox" id="marriage" class="diycheckbox" /><label for="marriage"
        style="vertical-align:middle"></label> 同意本网站的免责声明
</body>
</html>
```

同意本网站的免责声明

⇩

同意本网站的免责声明

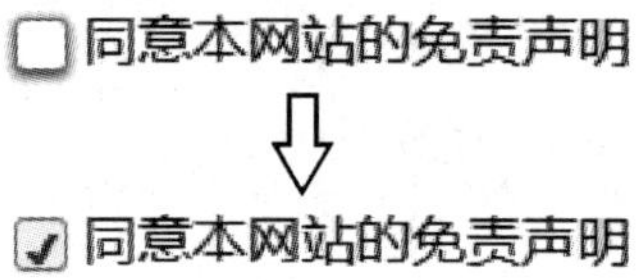

图 2-32　checkbox 样式自定义示例效果

（3）radio 样式自定义。radio 的默认样式比较呆板，因此 radio 样式自定义在网页中非常常见。直接修改 radio 样式是不可以的，通常会借助 <label> 标签对 radio 进行样式美化。radio 样式自定义步骤具体如下。

1）设置 radio 的基本样式，一般设置 display:inline-block、position:relative 和 cursor:pointer 这三个属性。

2）隐藏原有的 radio。

3）设置 radio 样式和 span 的背景样式，由于 radio 和 span 内联，因此必须设置 display:inline-block，然后设置 radio 的大小即为 height 和 width 赋值，再通过 border-radius:100% 将原来的方形边框改为圆形边框。注意，还必须设置 box-shadow，否则 radio 的外边框就看不见了。

4）为 radio 的 :checked 选择器和 span 设置 width 和 height，为了把选中部位设置成圆点，同样要设置 border-radius:100%，当然也要给选中的圆点设置 background 背景色。

radio 样式自定义示例代码见例 2-26，示例效果如图 2-33 所示。

【例 2-26】

```
<!DOCTYPE html>
<html>
<head>
   <title>radio 样式自定义 </title>
   <style>
      /* 设置 radio 的基本样式 */
      .radio {
         display:inline-block;
         position:relative;
         cursor:pointer;
      }
      .radio input {
         display:none;
         /* 隐藏原有的 radio*/
      }
      .radio .radiobackground {
         display:inline-block;
         height:18px;
         width:18px;
         margin-right:5px;
         padding:0;
         border-radius:100%;
         /* 将原来的方形边框改为圆形边框 */
         /* 设置 radio 的外部阴影，如果不设置就看不见 radio 的外边框了 */
         box-shadow:0 1px 15px rgba(0, 0, 0, 0.5) inset, 0 1px 4px rgba(0, 0, 0, 0.5) inset,
1px -1px 2px rgba(0, 0, 0, 0.5);
         cursor:pointer;
      }
      .radio input:checked+span.radiochecked {
         width:10px;
```

```
        height:10px;
        position:absolute;
        border-radius:100%;
        /* 设置选中的圆点 */
        background:#000000;
        /* 设置选中圆点的背景色 */
        top:4px;
        left:4px;
        display:inline-block;
    }
  </style>
</head>
<body>
  请选择学历：
  <label for="university" class="radio">
    <span class="radiobackground"></span>
    <input type="radio" name="education" id="university" value="本科" checked=
"checked" /> 本科
    <span class="radiochecked"></span>
  </label>
  <label for="college" class="radio">
    <span class="radiobackground"></span>
    <input type="radio" name="education" id="college" value="专科" /> 专科
    <span class="radiochecked"></span>
  </label>
  <label for="highschool" class="radio">
    <span class="radiobackground"></span>
    <input type="radio" name="education" id="highschool" value="高中" /> 高中
    <span class="radiochecked"></span>
  </label>
  <label for="juniorhighschool" class="radio">
    <span class="radiobackground"></span>
```

```
    <input type="radio" name="education" id="juniorhighschool" value="初中" /> 初中
    <span class="radiochecked"></span>
  </label>
</body>
</html>
```

请选择学历: ◉ 本科 ○ 专科 ○ 高中 ○ 初中

图 2-33　radio 样式自定义示例效果

（4）input 输入框

1）下划线文本框。在日常工作中，很多文档的输入项只有下划线，通常先将文本框的 border 设置为 0 即隐藏边框，然后通过 border-bottom 的设置只显示底部边框，这样就可以显示下划线文本框。下划线文本框示例代码见例 2-27，示例效果如图 2-34 所示（“在下划线上输入内容”是手动输入的）。

【例 2-27】

```
<!doctype html>
<html>
<head>
  <meta charset="utf-8">
  <title> 下划线文本框 </title>
</head>
<body>
  <input type="text" style="border:0px;border-bottom:1px solid black">
</body>
</html>
```

在下划线上输入内容

图 2-34　下划线文本框示例效果

2）透明背景输入框。通过 background:transparent 可以将输入框的背景设置成透明色，透明背景比默认的白色背景更有融合感。透明背景输入框示例代码见例 2-28，示例效果如图 2-35 所示（“背景透明”是手动输入的）。

【例 2-28】

```
<!doctype html>
<html>
<head>
  <meta charset="utf-8">
  <title> 透明背景输入框 </title>
  <style type="text/css">
    input {
      background:transparent;
      border:1px solid #ffffff;
      color:white;
    }
  </style>
</head>
<body background="background.jpg">
  <input type="text">
</body>
</html>
```

图 2-35　透明背景输入框示例效果

3）输入框背景变色。有时希望在鼠标滑过输入框时，输入框的背景色能发生变化，可以借助 JS 脚本来达到这一目的。可以在输入框中设置 onmouseover 和 onmouseout 来触发 JS 脚本修改背景色，并在 JS 中设置 this.style.backgroundColor 来修改背景色。输入框背景变色示例代码见例 2-29，示例效果如图 2-36 所示。

【例 2-29】

```
<!doctype html>
<html>
<head>
  <meta charset="utf-8">
```

```
  <title> 输入框背景变色 </title>
</head>
<body>
  <input type="text" onmouseover="this.style.backgroundColor='yellow'"
    onmouseout="this.style.backgroundColor='white'">
</body>
</html>
```

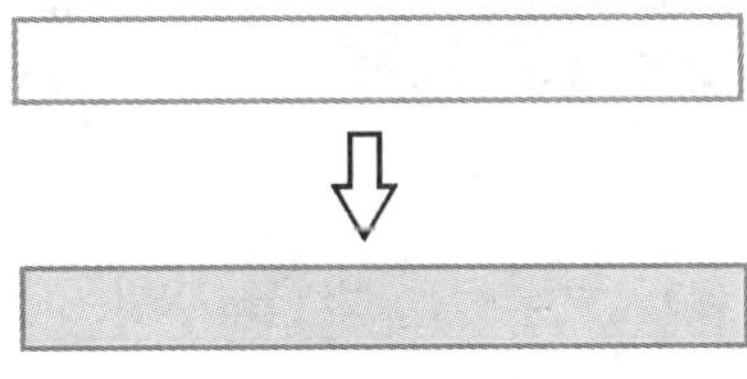

图 2-36　输入框背景变色示例效果

4）输入文字边框闪烁。有时希望在输入框输入文字时，输入框的边框会闪烁而更加醒目，可以借助 JS 脚本来达到这一目的。在输入框中设置 onfocus 来触发得到焦点时调用修改边框的语法，并不断闪烁；在输入框中设置 onblur 来触发在丢失输入框焦点后停止边框闪烁的语法。其中，self['id 值 '].style.borderColor 用来修改边框颜色，setTimeout() 函数用来循环执行修改函数 borderColor()，clearTimeout() 函数用来停止边框循环闪烁。输入文字边框闪烁示例代码见例 2-30，示例效果如图 2-37 所示。

【例 2-30】

```
<!doctype html>
<html>
<head>
  <meta charset="utf-8">
  <title> 输入文字边框闪烁 </title>
</head>
<body>
  <input type="text" id="t" style="border:2px solid; outline-style:none;" onfocus=
"borderColor(this);" onblur="clearTimeout(tt);">
</body>
</html>
```

```
<script language="javascript">
    function borderColor() {
        if (self['t'].style.borderColor == 'black') self['t'].style.borderColor = 'red';
        else self['t'].style.borderColor = 'black';
        tt = setTimeout('borderColor()', 500);
    }
</script>
```

图 2-37　输入文字边框闪烁示例效果

5）上传文件控件样式。上传文件控件的默认样式也很呆板，通常需要美化上传文件控件的样式。当然，直接设置上传文件控件样式是不可以的，具体美化步骤如下。

①将上传控件 file 嵌入 <a> 链接中。

② <a> 链接样式通常设置 border 边框、border-radius 边框圆角、padding 内边距和 text-decoration 装饰线。

③使用 font-size 来设置上传控件的宽度。注意，上传控件的宽度较长的话不够美观。

④必须设置 right:0，否则上传文件的选择弹出框将无法显示。同时，通过 opacity:0 将上传控件隐藏。

⑤为了防止 <a> 链接被点击时跳转，在 href 属性中设置 "javascript:;"。

⑥使用 jQuery 框架来调用 <a> 链接中的上传控件，如果上传文件发生变化，则应将上传文件名称同步到 p 段落中。

上传文件控件样式示例代码见例 2-31。上传文件控件样式示例效果如图 2-38 所示，其中“灰阶列表 .docx”是本示例的上传文件名称，读者可以随意选择文件上传。

【例 2-31】

```
<!doctype html>
<html>
```

```
<head>
  <meta charset="utf-8">
  <title> 上传文件控件样式 </title>
  <style type="text/css">
    a.file {
      border:1px solid #1A3CBF;
      border-radius:5px;
      padding:5px 15px;
      text-decoration:none;
    }

    a.file input {
      position:absolute;
      font-size:100px;
      /* 设置上传控件的宽度 */
      right:0;
      /* 必须设置，以显示上传文件的选择弹出框 */
      opacity:0;
      /* 隐藏上传控件 */
    }

    a.file:hover {
      background:#2CC0CC;
      text-decoration:none;
    }
  </style>
</head>

<body>
  <a href="javascript:;" class="file"> 选择文件
    <input type="file">
  </a>
```

```
    <p id="showFile"> 没有上传文件 </p>
</body>

</html>
<script src="jquery-1.11.1.js"></script>
<script type="text/javascript">
    $(function () {
        $(".file").on("change", "input[type='file']", function ()  {
            var filePath = $(this).val() ;
            if (filePath.length > 0) {
                var arr = filePath.split('\\');
                var fileName = arr[arr.length - 1];
                $("#showFile").text("上传文件名称 :" + fileName);
            } else {
                $("#showFile").text("没有上传文件");
                return false;
            }
        })
    });
</script>
```

选择文件 ⇨ 选择文件

没有上传文件　　上传文件名称:灰阶列表.docx

图 2-38　上传文件控件样式示例效果

（5）下拉控件样式。默认的 select 样式不好看，通常也需要美化下拉控件的样式。当然，不可以直接设置下拉控件的样式，具体美化步骤如下。

1）将 select 控件嵌入 div 容器。

2）设置 div 的宽度 width、边框弧度 border-radius 和边框阴影 box-shadow。

3）设置 select 样式，通过 border:none 清除 select 的边框样式，通过 outline:none 清除 select 聚焦时边框的颜色，通过 width:100% 设置 select 的宽度等于 div 的宽度。

4）由于使用自定义图标进行下拉，因此在 select 样式中还要通过 appearance:none

隐藏 select 的下拉图标，并设置 padding-left 让下拉文字居中。

5）最后对 div 设置 :after 伪元素，通过 background 设置要显示的下拉图标，并设置与下拉图标宽度和高度一样的 width 和 height，用 right 将下拉图标设置在靠右的位置，并用 top 设置下拉图标距离顶端的位置。

下拉控件样式示例代码见例 2-32，示例效果如图 2-39 所示。

【例 2-32】

```
<!doctype html>
<html>
<head>
  <meta charset="utf-8">
  <title> 下拉控件样式 </titlc>
  <style type="text/css">
    div {
      width:180px;
      border-radius:5px;
      box-shadow:0 0 5px grey;
      position:relative;
    }
    select {
      border:none;
      /* 清除 select 的边框样式 */
      outline:none;
      /* 清除 select 聚焦时边框的颜色 */
      width:100%;
      /* 设置 select 的宽度等于 div 的宽度 */
      /* 隐藏 select 的下拉图标 */
      appearance:none;
      -webkit-appearance:none;
      -moz-appearance:none;
      padding-left:40px;
      /* 通过设置 padding-left 的值让文字距离左端一定距离 */
    }
```

```
        /* 使用伪类给 select 添加下拉图标 */
        div:after {
            content:"";
            width:17px;
            /* 下拉图标宽度 */
            height:9px;
            /* 下拉图标高度 */
            background:url("select-bg.png");
            position:absolute;
            right:5px;
            /* 设置下拉图标距离右端的位置 */
            top:40%;
            /* 设置下拉图标距离顶端的位置 */
        }
    </style>
</head>
<body>
    <div>
        <select>
            <option value="请选择学历"> 请选择学历 </option>
            <option value="本科"> 本科 </option>
            <option value="专科"> 专科 </option>
            <option value="高中"> 高中 </option>
            <option value="初中"> 初中 </option>
            <option value="小学"> 小学 </option>
        </select>
    </div>
</body>
</html>
```

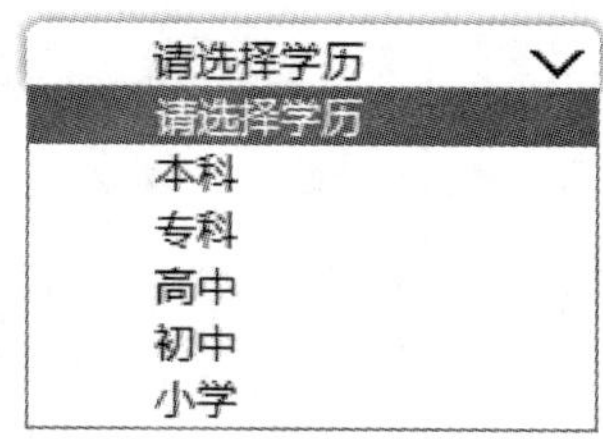

图 2-39　下拉控件样式示例效果

（6）表单整体布局样式。网页中的表单整体布局样式要有统一性，因此通常不会单独地定义网页上的每个控件，而是把这些控件放在一个 <form> 表单中，并在 <form> 表单中嵌入要布局的控件如 <h1>、<label>、<span>、<input>、<select> 等，然后以 <form> 为父元素，逐一设置父元素的每个子控件，之后，这个 <form> 表单中的控件就显示统一的风格。这样定义能用每个 <form> 为表单设置整体样式风格，如果需要修改样式或切换不同的样式，那么不需要修改整体布局，也不需要对每个控件进行逐一修改，只要把不同风格的 CSS 文件通过语法 <link rel="stylesheet" type="text/css" href=" 要导入的 CSS 文件路径 "> 导入就可以了，极大地提高了页面风格设计的效率。表单整体布局样式示例代码见例 2-33，示例效果如图 2-40 所示。

【例 2-33】

```
<!doctype html>
<html>
<head>
  <meta charset="utf-8">
  <title> 表单整体布局样式 </title>
  <link rel="stylesheet" type="text/css" href="form1.css">
</head>
<body>
  <form action="#" method="post" class="form">
    <h1> 申请表 </h1>
    <label>
      <span> 姓名 :</span>
      <input id="name" type="text" name="name" placeholder="请输入姓名" />
    </label>
    <label>
      <span> 手机 :</span>
```

```
        <input type="text" name="mobile" placeholder="请输入有效的手机号码" />
      </label>
      <label>
        <span> 学历 :</span><select name="education">
          <option value="请选择"> 请选择 </option>
          <option value="本科"> 本科 </option>
          <option value="专科"> 专科 </option>
          <option value="高中"> 高中 </option>
          <option value="初中"> 初中 </option>
          <option value="小学"> 小学 </option>
        </select>
      </label>
      <label>
        <span> 备注 :</span>
        <textarea name="memo" placeholder="如有备注信息请填写"></textarea>
      </label>
      <center><input type="submit" class="button" value="提交" /></center>
    </form>
</body>
</html>
```

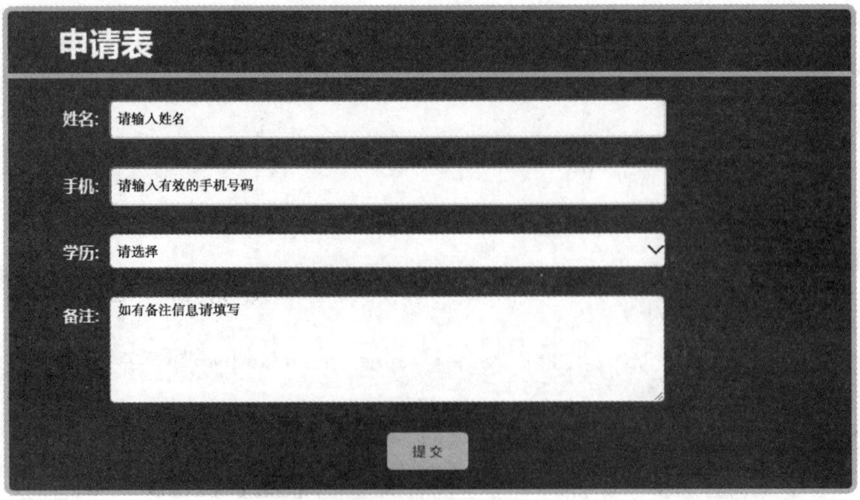

图 2-40　表单整体布局样式示例效果

只要对 CSS 样式进行修改（更改 CSS 文件）就可以得到焕然一新的页面，而 HTML 代码改动很小。表单整体布局样式修改示例代码见例 2–34，示例效果如图 2–41 所示。

【例 2–34】

```
<!doctype html>
<html>
<head>
  <meta charset="utf-8">
  <title> 表单整体布局样式 </title>
  <link rel="stylesheet" type="text/css" href="form2.css">
</head>
<body>
  <form action="#" method="post" class="form">
    <h1> 申请表 </h1>
    <label>
      <span> 姓名 :</span>
      <input id="name" type="text" name="name" placeholder="请输入姓名" />
    </label>
    <label>
      <span> 手机 :</span>
      <input type="text" name="mobile" placeholder="请输入有效的手机号码" />
    </label>
    <label>
      <span> 学历 :</span><select name="education">
        <option value="请选择"> 请选择 </option>
        <option value="本科"> 本科 </option>
        <option value="专科"> 专科 </option>
        <option value="高中"> 高中 </option>
        <option value="初中"> 初中 </option>
        <option value="小学"> 小学 </option>
      </select>
    </label>
```

```
        <label>
            <span> 备注 :</span>
            <textarea name="memo" placeholder="如有备注信息请填写"></textarea>
        </label>
        <center><input type="submit" class="button" value="提交" /></center>
    </form>
</body>
</html>
```

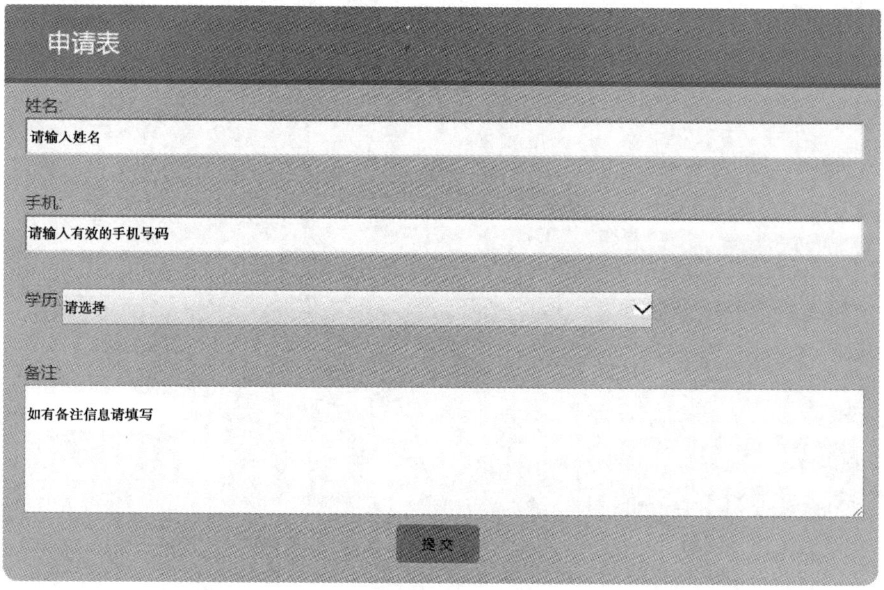

图 2-41　表单整体布局样式修改示例效果

CSS3 扩展应用

学习目标

- 了解 CSS3 的扩展应用知识。
- 能够进行网页布局设计。

知识准备

一、CSS3 盒子技术

1. 盒子模型的原理、特点和结构

前文已经介绍外边距（margin）、内边距（padding）、边框（border）、内容（content）这些属性的相关知识，本学习单元所介绍的盒子模型是具备这些属性的。盒子模型的功能是通过上述属性把其他网页元素包裹、封装起来，这个功能与日常生活中用到的“盒子”很像，因此称之为盒子模型。盒子模型在网页设计中经常用到，它已经成为前端页面设计的一种思维模式了。

（1）原理。盒子模型的原理是利用外边距、内边距、边框和内容形成一个“容器”来装载其他 HTML 元素。

（2）特点。可以想象盒子模型的俯视图，它有上下左右四条边。除了内容属性外，其他属性上下左右的值可以同时设置也可以分别设置。

在现实生活中，“盒子”中的东西一般小于“盒子”，否则装不下；而盒子模型是有弹性的，里面的东西如果比盒子大就会自动把盒子撑大而不会损坏盒子。网页中的任何 HTML 标记都可以看作盒子模型。

（3）结构。内容相当于“盒子”里装的东西，在网页设计中，是指文字、图片等元素，也可以是通过 div 嵌套的小盒子；边框相当于“盒子”本身，它有厚度和颜色；内边距相当于“盒子”里装的东西与“盒子”边框之间的距离；外边距就是边框外留出的一段距离，目的是让盒子模型彼此保持一定距离摆放而不是紧挨着摆放。

2. 盒子模型的类型

盒子模型的类型分为两种：一种采用 W3C 标准，另一种采用 IE 标准。大多数浏览器中的盒子模型都采用 W3C 标准，只有 IE 浏览器中的盒子模型采用微软公司自己的标准。因此，具有 IE 内核的浏览器就产生了一种怪异模式，即“IE 内核的浏览器在支持 W3C 标准的同时还支持 IE 标准”。如果不对 doctype 进行定义，就会触发这种怪异模式。

标准模式和怪异模式之间的区别具体如下：在标准模式下，div 的总宽度 = 宽度 width+ 左右外边距 + 左右内边距 + 左右边框，如图 2–42 所示；在怪异模式下，div 的总宽度 = 宽度 width+ 左右外边距，如图 2–43 所示，这时的宽度 width 已经包含了左右内边距和左右边框。

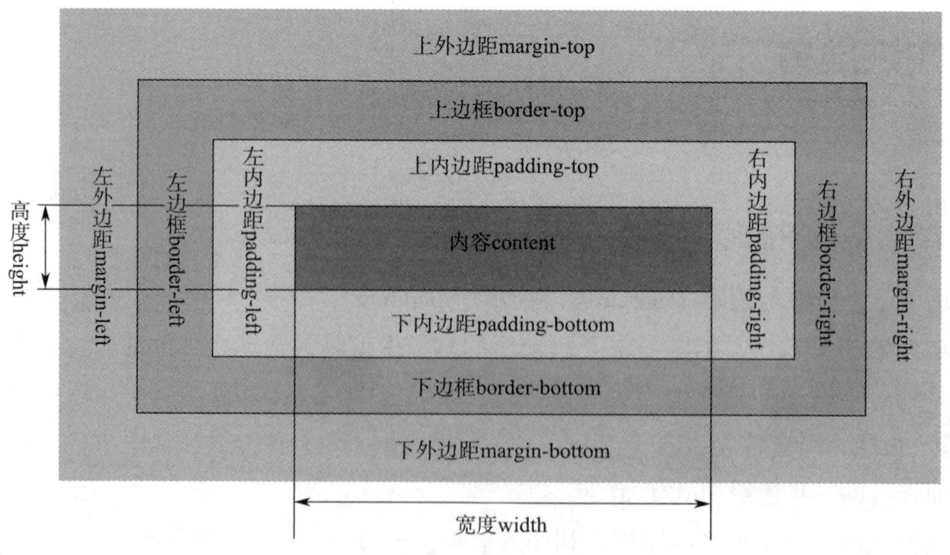

图 2–42　标准盒子模型

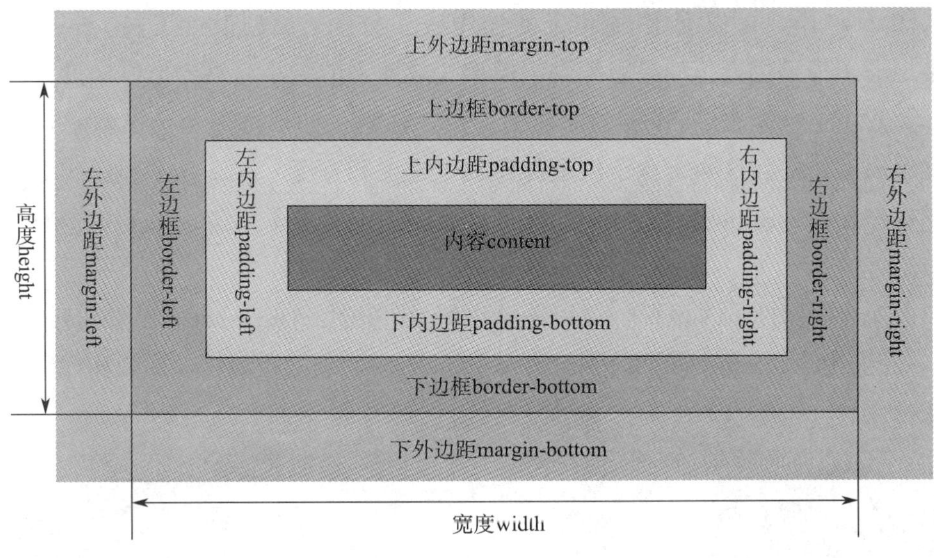

图 2-43　IE 盒子模型

标准盒子模型和 IE 盒子模型可以通过 box-sizing 属性进行切换，box-sizing 属性有三个值，即 content-box、border-box 和 inherit。当设置 box-sizing:content-box 时，采用标准盒子模型，这也是默认模式；当设置 box-sizing:border-box 时，采用 IE 盒子模型。

3. 盒子模型的属性

（1）内边距属性（padding）。可以单独设置上内边距 padding-top、下内边距 padding-bottom、左内边距 padding-left 和右内边距 padding-right。内边距属性效果图和代码示例如图 2-44 所示。

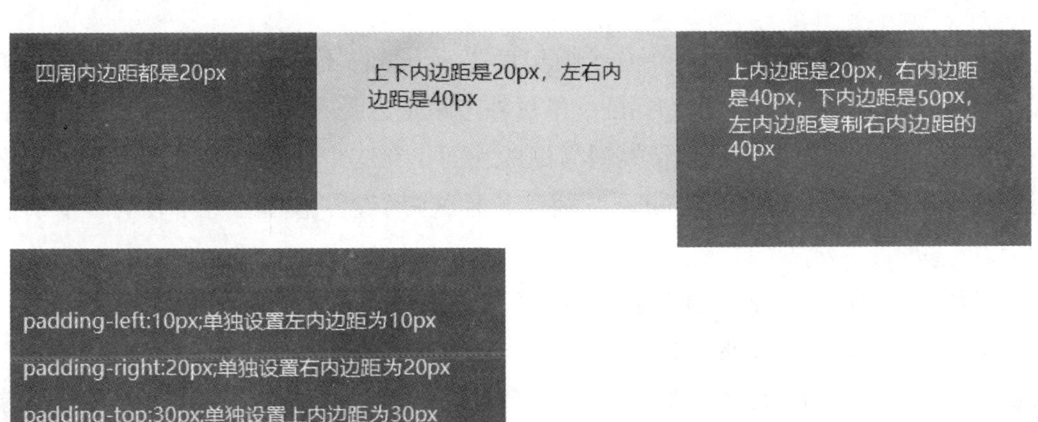

图 2-44　内边距属性效果图和代码示例

在图 2–44 中，可以看出 padding 的作用域。当盒子模型设置了 padding 属性后，它就会把盒子模型撑大。如果想把盒子模型变成原来的大小，只要把原来设置的宽度 width、高度 height 减去 padding 的对应值即可。注意，如果一个盒子模型的外部还有一个盒子模型，并且这两个盒子模型都设置了高度和宽度，那么在这种情况下对内部的盒子模型设置 padding 属性，padding 将只会影响内部盒子模型，而不会影响外部盒子模型。

（2）外边距属性（margin）。可以单独设置上外边距 margin–top、下外边距 margin–bottom、左外边距 margin–left 和右外边距 margin–right。外边距属性效果图和代码示例如图 2–45 所示。

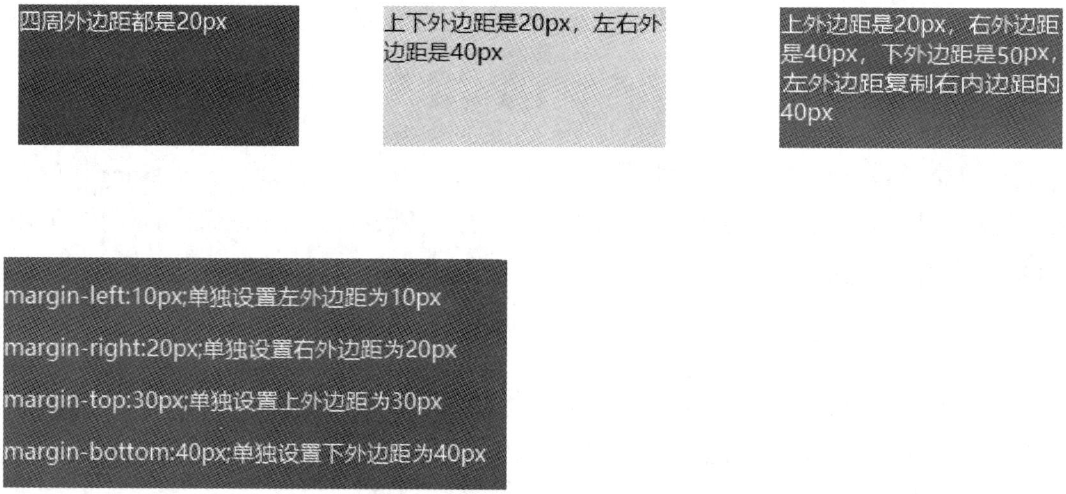

图 2–45　外边距属性效果图和代码示例

由图 2–45 可以看出，对一个盒子模型设置 margin 并不会影响其内边距，只是增加了外边距，也没有影响宽度和高度。虽然外边距是透明的，并不包括在填充背景色的范围内，但外边距占用了盒子模型周围的空间，在这个空间范围内是不能再叠放另一个盒子模型的。除非设置 index–z 属性，且这两个盒子模型已经不在同一个水平面上。

当需要在 border 外部留白而留白部分不需要被背景色填充时，可以使用 margin。当两个盒子模型相邻时，外边距会进行合并，前文已经介绍过外边距合并的相关知识。总而言之，margin 用来设置元素与元素之间的距离，而 padding 用来设置元素与内容之间的距离。

二、CSS3 网页定位与布局

1. 动画

动画是元素从一种样式逐渐变化为另一种样式的渐进效果。利用 CSS3 可以创建动画，类似于 HTML5 的 Canvas 动画、SVG 动画、GIF 动画、Flash 动画等。

（1）CSS3@keyframes（关键帧）规则。要创建 CSS3 动画，就必须了解 @keyframes 规则。@keyframes 可以设置 CSS 样式，使动画从当前样式变成另一种新样式。

（2）浏览器支持。浏览器内核的重要组成部分是渲染引擎（rendering engine），它负责对网页语法进行解释并渲染（即显示）网页。渲染引擎决定了浏览器如何显示网页的内容以及页面的格式信息。由于不同的浏览器内核对网页语法的解释有所不同，因此同一网页在内核不同的浏览器里的渲染效果也可能不同，这也是网页制作人员需要在内核不同的浏览器中测试网页显示效果的原因。为了保证 CSS3 动画可以兼容不同浏览器的内核，通常都会在 @keyframes 里面的 animation 参数前添加前缀 -webkit-、-ms-、-moz- 或 -o-，以表示对不同内核浏览器对应版本的支持。-webkit- 前缀代表 WebKit 内核，-ms- 前缀代表 Trident 内核，-moz- 前缀代表 Gecko 内核，-o- 前缀代表 Blink 内核。

这里主要介绍一下 WebKit 内核。WebKit 是 Safari 浏览器的内核，也是 Chrome 浏览器内核的原型。WebKit 内核包含 WebCore 排版引擎（又称渲染引擎）和 JavaScriptCore 解析引擎。它们均是从 KDE（kool desktop environment，K 桌面环境）的 KHTML 引擎及 KJS 引擎衍生而来的，而且都是自由软件，在 GPL（general public license，通用公共许可证）条约下授权，同时支持 BSD（Berkeley software distribution，伯克利软件套件）系统的开发。因此，WebKit 也是自由软件，同时开放源代码。Chrome 浏览器、360 极速浏览器及搜狗高速浏览器高速模式也使用 WebKit 作为内核。WebKit 内核在手机上的应用也十分广泛，如苹果手机 Safari 浏览器、Symbian 手机默认浏览器、Android 手机默认浏览器等都使用 WebKit 内核。

（3）from 和 to 设置。多个样式可以发生多次变化，可以使用百分比规定变化发生的时间（其中 0% 代表动画开始，100% 代表动画完成），或使用关键词 from 和 to 设置两个步长的动画（等同于设置 0% 和 100%）。

例 2-35 的代码使用了 from 和 to 设置，展示了在 6 s 内 div 背景色块从绿色渐变成黄色的过程，并能兼容多种内核的浏览器。from 和 to 设置示例效果如图 2-46 所示。

【例 2-35】

```
<!DOCTYPE html>
<html>
<head>
  <title>from 和 to 设置 </title>
  <style>
    div {
      width:200px;
      height:200px;
      background:green;
      animation:myanimation 6s;
      -moz-animation:myanimation 6s;
      /* 兼容 Firefox 浏览器 */
      -webkit-animation:myanimation 6s;
      /* 兼容 Safari 和 Chrome 浏览器 */
      -o-animation:myanimation 6s;
      /* 兼容 Opera 浏览器 */
    }
    @keyframes myanimation {
      from {
        background:green;
      }
      to {
        background:yellow;
      }
    }

    /* 兼容 Firefox 浏览器 */
    @-moz-keyframes myanimation {
      from {
        background:green;
      }
```

```
        to {
            background:yellow;
        }
    }
    /* 兼容 Safari 和 Chrome 浏览器 */
    @-webkit-keyframes myanimation {
        from {
            background:green;
        }
        to {
            background:yellow;
        }
    }
    /* 兼容 Opera 浏览器 */
    @-o-keyframes myanimation {
        from {
            background:green;
        }
        to {
            background:yellow;
        }
    }
  </style>
</head>
<body>
  <div></div>
  <p><b> 注释：</b> 动画在 Internet Explorer10 以前版本中无效果。</p>
</body>

</html>
```

注释：动画在Internet Explorer10以前版本中无效果。

图 2-46　from 和 to 设置示例效果

（4）百分比设置。例 2-36 的代码使用了百分比设置，展示了在 6 s 内 div 背景色块从黑色渐变成灰色、黄色、红色、绿色、蓝色、紫色，最后又回到黑色的过程，并能兼容多种内核的浏览器。百分比设置示例效果如图 2-47 所示。

【例 2-36】

```
<!DOCTYPE html>
<html>
<head>
  <title> 百分比设置 </title>
  <style>
    div {
      width:100px;
      height:100px;
      background:black;
      animation:myanimation 6s;
      -moz-animation:myanimation 6s;
      /* 兼容 Firefox 浏览器 */
      -webkit-animation:myanimation 6s;
      /* 兼容 Safari 和 Chrome 浏览器 */
      -o-animation:myanimation 6s;
      /* 兼容 Opera 浏览器 */
    }
    @keyframes myanimation {
      0% {background:black; }
```

```
    10% {background:grey; }
    20% {background:yellow; }
    40% {background:red; }
    60% {background:green; }
    80% {background:blue; }
    100% {background:purple; }
}
/* 兼容 Firefox 浏览器 */
@-moz-keyframes myanimation {
    0% {background:black; }
    10% {background:grey; }
    20% {background:yellow; }
    40% {background:red; }
    60% {background:green; }
    80% {background:blue; }
    100% {background:purple; }
}
/* 兼容 Safari 和 Chrome 浏览器 */
@-webkit-keyframes myanimation {
    0% {background:black; }
    10% {background:grey; }
    20% {background:yellow; }
    40% {background:red; }
    60% {background:green; }
    80% {background:blue; }
    100% {background:purple; }
}
/* 兼容 Opera 浏览器 */
@-o-keyframes myanimation {
    0% {background:black; }
    10% {background:grey; }
    20% {background:yellow; }
```

```
        40% {background:red; }
        60% {background:green; }
        80% {background:blue; }
        100% {background:purple; }
      }
    </style>
</head>
<body>
    <div></div>
    <p><b> 注释：</b> 动画在 Internet Explorer10 以前版本中无效果。</p>
</body>
</html>
```

图 2–47　百分比设置示例效果

（5）多个动画动作。在例 2–36 的基础上为 div 设置一个相对位置 position:relative，就可以在每个百分比的动作行为中通过 left 和 top 对相对位置做出修改，这样不仅能改变颜色，还可以改变背景色块的相对位置。多个动画动作示例代码见例 2–37，示例效果如图 2–48 所示。

【例 2–37】

```
<!DOCTYPE html>
<html>
<head>
    <title> 多个动画动作 </title>
    <style>
      div {
        width:100px;
        height:100px;
```

```
    background:black;
    position:relative;
    /* 非常重要，如果不添加相对位置，下面的移动动画将不起任何作用 */
    animation:myanimation 6s;
    -moz-animation:myanimation 6s;
    /* 兼容 Firefox 浏览器 */
    -webkit-animation:myanimation 6s;
    /* 兼容 Safari 和 Chrome 浏览器 */
    -o-animation:myanimation 6s;
    /* 兼容 Opera 浏览器 */
}
@keyframes myanimation {
    0% {background:black; left:0px; top:0px; }
    10% {background:grey; left:300px; top:0px; }
    20% {background:yellow; left:300px; top:0px; }
    40% {background:red; left:300px; top:300px; }
    60% {background:green; left:300px; top:300px; }
    80% {background:blue; left:0px; top:300px; }
    100% {background:purple; left:0px; top:0px; }
}
/* 兼容 Firefox 浏览器 */
@-moz-keyframes myanimation {
    0% {background:black; left:0px; top:0px; }
    10% {background:grey; left:300px; top:0px; }
    20% {background:yellow; left:300px; top:0px; }
    40% { background:red; left:300px; top:300px; }
    60% {background:green; left:300px; top:300px; }
    80% {background:blue; left:0px; top:300px; }
    100% {background:purple; left:0px; top:0px; }
}
/* 兼容 Safari 和 Chrome 浏览器 */
@-webkit-keyframes myanimation {
```

```
        0% {background:black; left:0px; top:0px; }
        10% {background:grey; left:300px; top:0px; }
        20% {background:yellow; left:300px;top:0px; }
        40% {background:red;left:300px; top:300px; }
        60% {background:green; left:300px; top:300px; }
        80% {background:blue; left:0px;top:300px;}
        100% {background:purple; left:0px; top:0px; }
    }
    /* 兼容 Opera 浏览器 */
    @-o-keyframes myanimation {
        0% {background:black; left:0px; top:0px; }
        10% {background:grey; left:300px; top:0px; }
        20% {background:yellow; left:300px; top:0px; }
        40% {background:red; left:300px; top:300px; }
        60% {background:green; left:300px; top:300px; }
        80% {background:blue; left:0px; top:300px;}
        100% {background:purple; left:0px; top:0px; }
    }
  </style>
</head>
<body>
  <div></div>
  <p><b> 注释：</b> 动画在 Internet Explorer10 以前版本中无效果。</p>
</body>
</html>
```

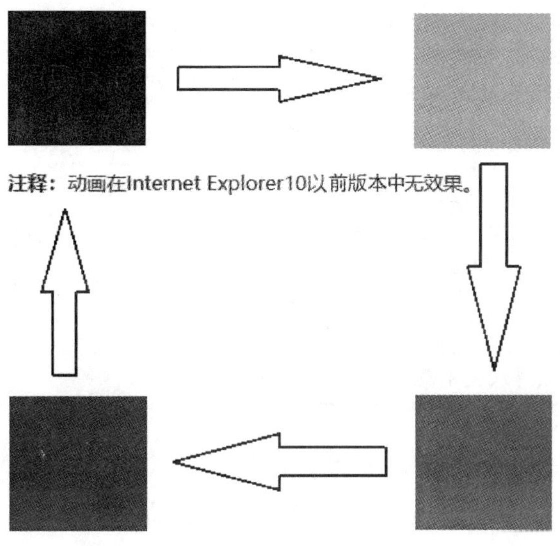

图 2-48　多个动画动作示例效果

（6）更多动画属性设置。除了设置 from、to 两个步长和百分比多个步长，以及定义多个动画动作以外，还可以使用其他动画属性。其中，animation-duration 属性定义动画完成一个周期所花费的时间，默认值是 0；animation-timing-function 属性定义动画的运行曲线，该属性可以设置的值见表 2-12；animation-delay 属性定义动画延时开始，默认值是 0；animation-iteration-count 属性定义动画循环播放次数，默认值是 1，infinite 代表无限循环；animation-direction 属性定义动画是否在下一个周期逆向播放，该属性可以设置的值见表 2-13；animation-play-state 属性定义动画是否正在运行或暂停，默认值是 running，还可以定义暂停 pause，不设置动画也会正常运行，一般是希望动画运行到某个时刻时通过 pause 来暂停。

表 2-12　　animation-timing-function 属性值

值	描述
linear	动画的整个过程匀速运行
ease	默认值，动画先慢速运行后快速运行，最后再变成慢速运行
ease-in	动画以慢速开始运行
ease-out	动画以慢速结束运行
ease-in-out	动画以慢速开始运行和结束运行
cubic-bezier(n,n,n,n)	在 cubic-bezier 三次贝塞尔函数中设置值，可以是从 0 到 1 的数值

表 2-13　　animation-direction 属性值

值	描述
normal	默认值，动画正常播放
reverse	动画逆向播放
alternate	动画在播放次数为奇数时正向播放，在播放次数为偶数时逆向播放
alternate-reverse	动画在播放次数为奇数时逆向播放，在播放次数为偶数时正向播放
initial	设置该属性为默认值
inherit	从父元素继承该属性的值

下面让我们来做一个有趣的示例——模拟地球运行轨迹。将一个自旋转的 div 名称设置为 sun，为 sun 定义初始的 left 和 top 位置，并用 height 和 width 定义其大小；用 background-image 设置太阳的背景图片，并用 animation 设置四个参数，即 animation:rotate 30s infinite linear;，代表匀速无限旋转且每个周期在 30 s 内完成。同样，将另一个自旋转的 div 名称设置为 earth，为 earth 定义初始的 left 和 top 位置，并用 height 和 width 定义其大小；用 background-image 设置地球的背景图片，并用 animation 设置四个参数，即 animation:rotate 8s infinite linear;，代表匀速无限旋转且每个周期在 8 s 内完成。最后为地球轨道设置 div 名称 earthpath，并为轨道定义初始的 left 和 top 位置，用 height 和 width 定义其大小；用 background-color:transparent 将背景色定义为透明色，并将 div 样式通过 border-radius:50% 设置成圆形、通过 border-style:dashed 设置成点画线；再用 border-color:gray 将边框设置成灰色，并用 border-width 设置边框的宽度。至此，太阳、地球和地球轨道都设置好了，最后要定义 @keyframes 规则并定义 transform:rotate(-360deg)，这样太阳和地球就会由西向东自转了，同时地球也会绕着太阳逆时针旋转。地球运行轨迹示例代码见例 2-38，示例效果如图 2-49 所示。

【例 2-38】

```
<!doctype html>
<html>
<head>
  <meta charset="utf-8">
  <title> 地球运行轨迹 </title>
  <style type="text/css">
    /* 太阳 */
    .sun {
```

```
    left:387px;
    top:387px;
    height:90px;
    width:90px;
    background-image:url("sun.png");
    position:absolute;
    margin:0;
    animation:rotate 30s infinite linear;
}
/* 地球 */
.earth {
    left:296px;
    top:421px;
    height:50px;
    width:50px;
    background-image:url("earth.png");
    position:absolute;
    /* 设置旋转元素的起始位置 */
    transform-origin:145px 5px;
    animation:rotate 8s infinite linear;
}
/* 地球轨道 */
.earthpath {
    left:305px;
    top:305px;
    height:250px;
    width:250px;
    background-color:transparent;
    border-radius:50%;
    border-style:dashed;
    border-color:gray;
    position:absolute;
```

```
        border-width:2px;
        margin:0px;
        padding:0px;
    }
    @keyframes rotate {
        100% {transform:rotate(-360deg); }
    }
  </style>
</head>
<body bgcolor="#000000">
  <div class='sun'></div>
  <!-- 太阳 -->
  <div class='earthpath'></div>
  <!-- 地球轨道 -->
  <div class='earth'></div>
  <!-- 地球 -->
</body>
</html>
```

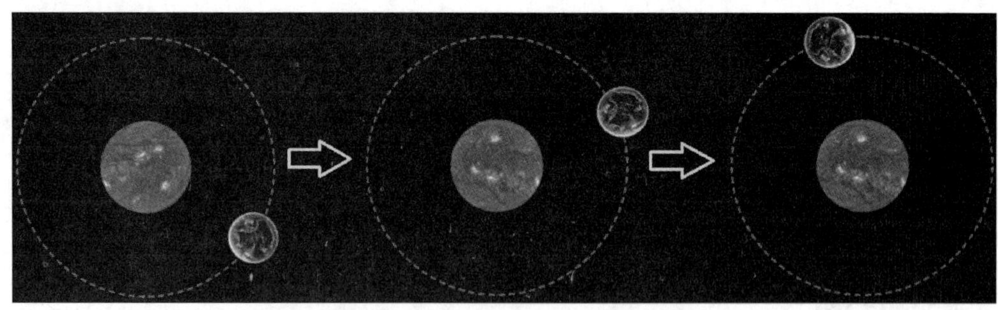

图 2-49　地球运行轨迹示例效果

2. 跨浏览器应用

跨浏览器应用的主要目的是用直观的设计构建网站结构，从而给用户提供流畅的体验，而无所谓用户使用哪种浏览器。下面主要介绍跨浏览器应用的一些常用方法。

（1）float 闭合处理。网页在有些浏览器上经常发生元素错位显示的情况，这多是使用 float 浮动而忘记进行闭合处理造成的（也是 div 无法自适应高度的原因之一）。当

一个父级 div 同时包裹多个子级 div 时，如果父级 div 没有设定 float 浮动而子级 div 却设定了 float 浮动，则父级 div 将无法包裹整个子级 div。通常可以采用以下方法来解决这个问题。

1）为父级 div 也设定 float 浮动，这样子级 div 的 float 会自动被父级 div 包裹。

2）在子级 div 的最后添加一个空的 div。

CSS 样式代码具体如下：

```
.super{width:200px;}
.sub1{float:left;width:100px;}
.sub2{float:left;width:60px;}
.sub3{float:left;width:40px;}
.empty{clear:both;margin:0;parding0;hcight:0px;
font-size:0px;}
```

HTML 结构代码具体如下：

```
<div class=" super">
<div class="sub1"></div>
<div class="sub2"></div>
<div class="sub3"></div>
<div class="empty"></div>
</div>
```

3）设置一个全局的 float 闭合样式，具体代码如下：

```
.emptyfloat:after {
content:".";
display:block;
height:0;
clear:both;
visibility:hidden;
}
.emptyfloat {display:inline-block;}
.emptyfloat {display:block;}
```

将以上代码加入 CSS 文件中，给需要闭合的 div 加上 class="emptyfloat" 就可以了。

4）在父级 div 的 CSS 样式代码中追加 overflow:auto，具体代码如下：

```
.super{width:200px; overflow:auto}
.sub1{float:left;width:100px;}
.sub2{float:left;width:60px;}
.sub3{float:left;width:40px;}
```

如果外部元素不能很好地延伸，则问题在于 overflow，因为 overflow 对于 W3C 标准来说是不可见的，所以只要给外部元素添加 overflow:auto 即可，但 IE8 以前的版本除外。

（2）手型鼠标指针兼容。由于 Firefox 不支持 cursor:hand 而 IE 支持 cursor:pointer，因此，手型鼠标指针统一使用 cursor:pointer 来处理。

（3）CSS 透明度兼容。为了保证在 IE、Firefox、Chrome、Opera 等主流浏览器中都能正常显示透明度，可以定义一个兼容的 CSS 透明度样式：

```
.transparent{
filter:alpha(opacity=30); /*IE 浏览器兼容 */
-moz-opacity:0.3; /*Firefox 浏览器兼容 */
opacity:0.3; /*Chrome、Opera、Safari 等浏览器兼容 */
}
```

（4）跨浏览器兼容测试工具。为了在各种浏览器中确保网站完美地呈现，可以用一些跨浏览器兼容测试工具帮助检查兼容问题。下面主要介绍几款常用的测试工具。

1）Browsershots。Browsershots 测试工具（见图 2-50）功能全面且免费，它能对 Linux、Windows、Mac 和 BSD 的浏览器进行检测，还能对一些小众浏览器如 Iceweasel、Konqueror 等进行检测。

2）Browsera。Browsera 测试工具（见图 2-51）提供自动化的兼容性测试服务。它可以自动高亮显示兼容问题，从而简化测试过程。它还可以测试 JS 错误，其商业版还可以测试动态页面。

3）Browserling。Browserling 测试工具（见图 2-52）是一个在线网站，能进行多浏览器切换。Browserling 测试工具涵盖各大主流浏览器，可以帮助设计人员在不同的浏览器下测试网站兼容性，检查网站的显示效果及相关功能是否正常。

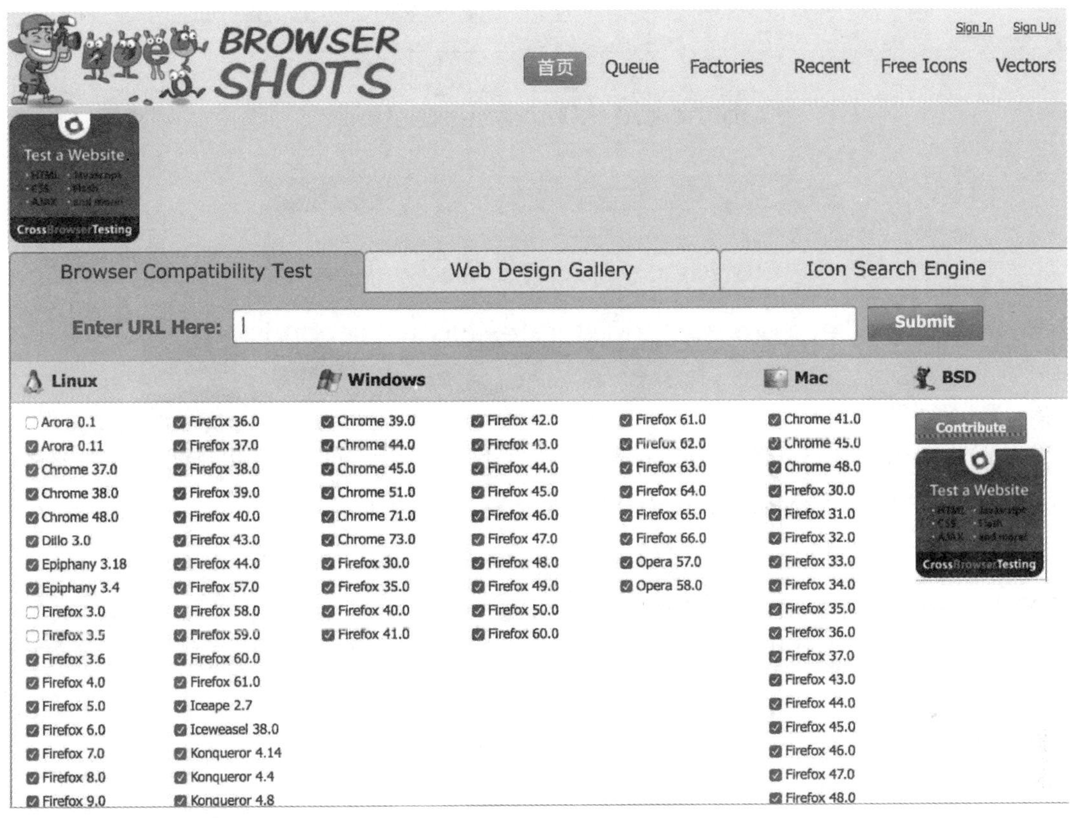

图 2-50 Browsershots 测试工具

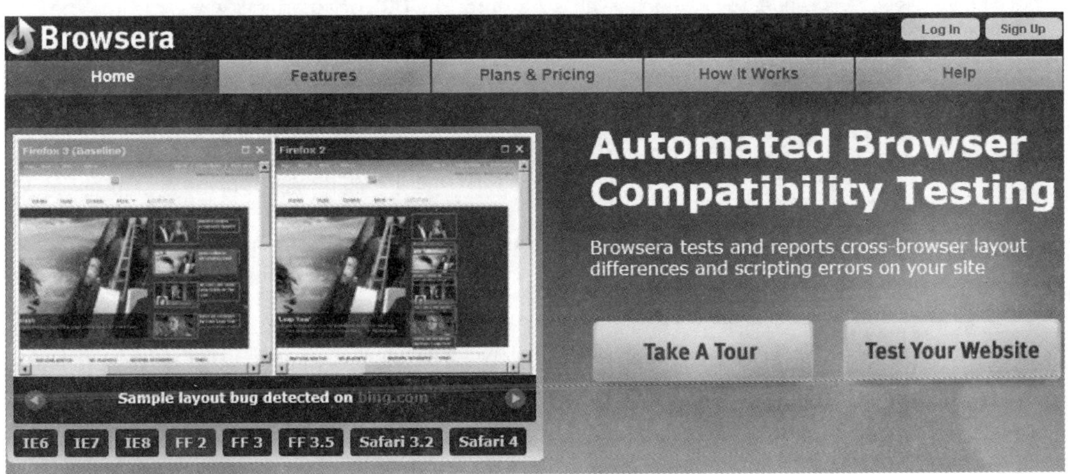

图 2-51 Browsera 测试工具

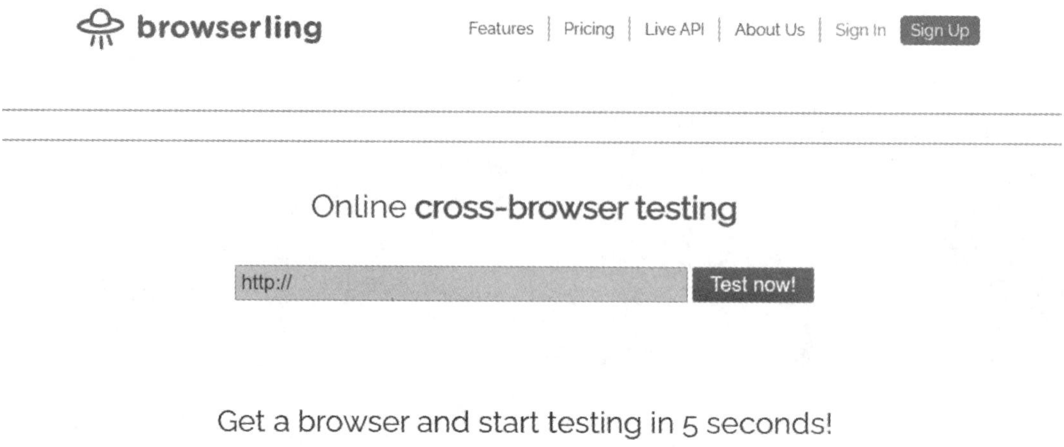

Online cross-browser testing

Get a browser and start testing in 5 seconds!

图 2-52　Browserling 测试工具

4）IE NetRenderer。IE NetRenderer 测试工具（见图 2-53）可以测试所有版本的 IE 浏览器，选择 IE 版本后输入 URL 网址即可看到相应的显示效果。

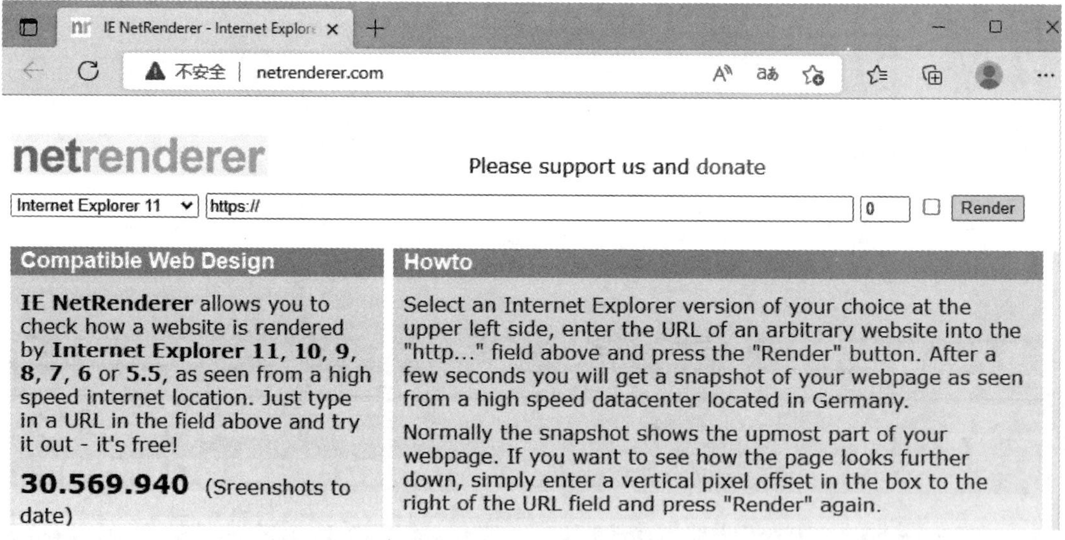

图 2-53　IE NetRenderer 测试工具

5）Expression Web SuperPreview。Expression Web SuperPreview 是微软公司的一款可视化跨浏览器测试工具，利用该测试工具可以确保网站与目前的主流浏览器正确兼容。它加快了跨浏览器兼容性测试的速度，且无须使用 Web 服务即可在计算机上调试页面。Expression Web SuperPreview 测试工具如图 2-54 所示。

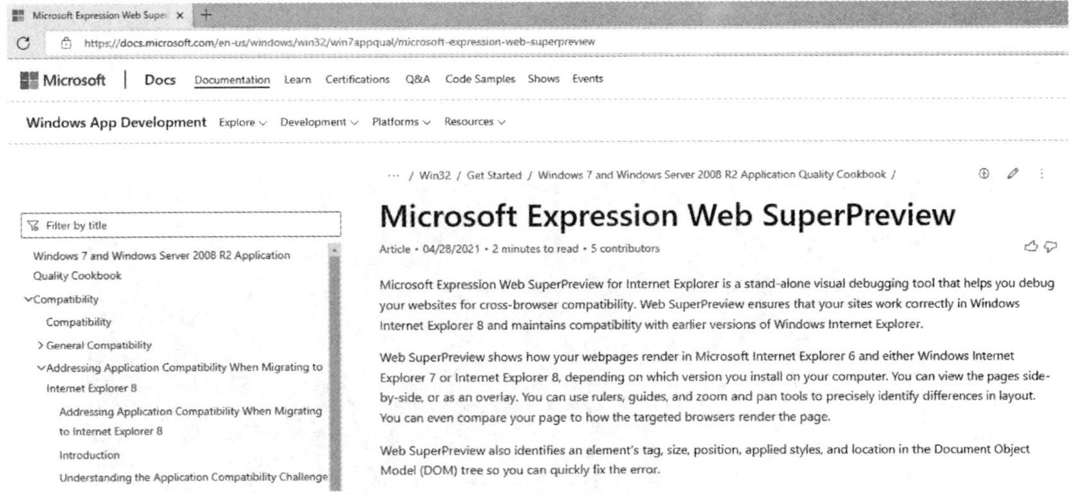

图 2-54　Expression Web SuperPreview 测试工具

6）IETester。IETester 是一个免费的浏览器控件，它包含 5.5 到 11 多个版本的 IE 浏览器，可以帮助开发人员在 Windows 各大版本的桌面系统中用不同版本的 IE 浏览器进行渲染。IETester 以 tab 标签方式显示指定 IE 浏览器版本的网页画面。IETester 测试工具如图 2-55 所示。

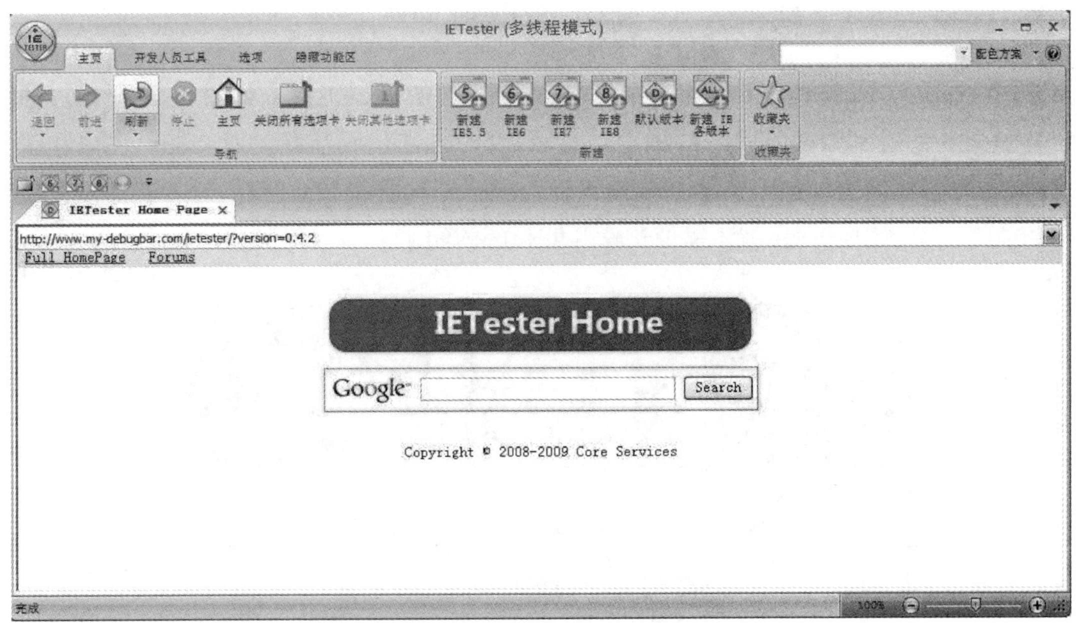

图 2-55　IETester 测试工具

7）Lunascape ORION。Lunascape ORION（见图 2-56）可以在一个应用程序中测试三种内核引擎（即 Trident、Gecko 和 WebKit），而且还提供关闭脚本、Java 和 Trident 引擎的 ActiveX 功能。

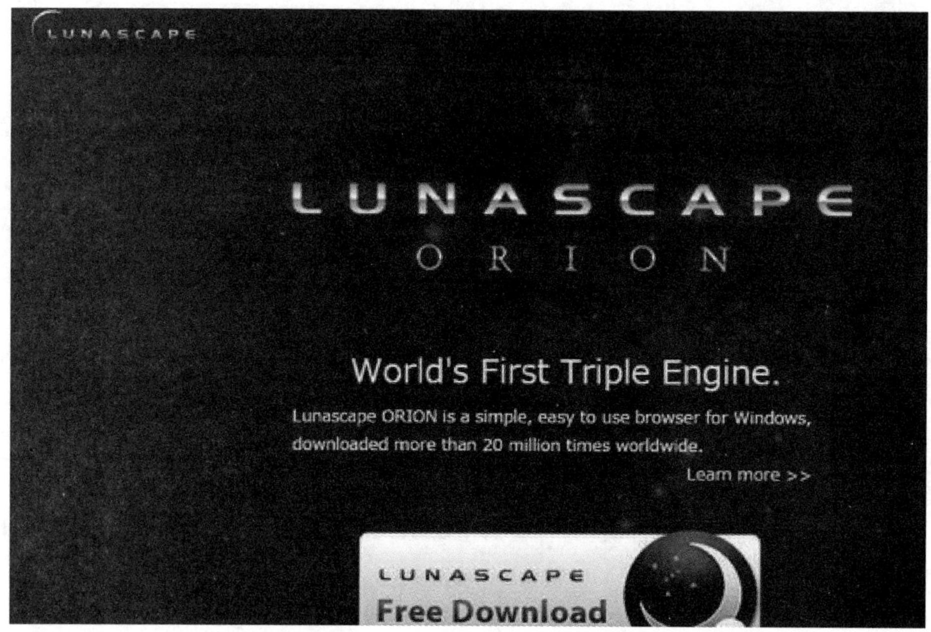

图 2-56　Lunascape ORION 测试工具

8）Prefixr。Prefixr 是针对 CSS3 跨浏览器兼容性的测试工具，如图 2-57 所示。通常开发人员针对不同内核引擎的浏览器会写一些 CSS3 代码前缀，而 Prefixr 可以在线将 CSS3 代码自动生成跨浏览器 CSS 代码。大部分浏览器都必须针对 CSS3 特性设置特定的前缀，但利用 Prefixr 就不需要记这些冗长的前缀了。

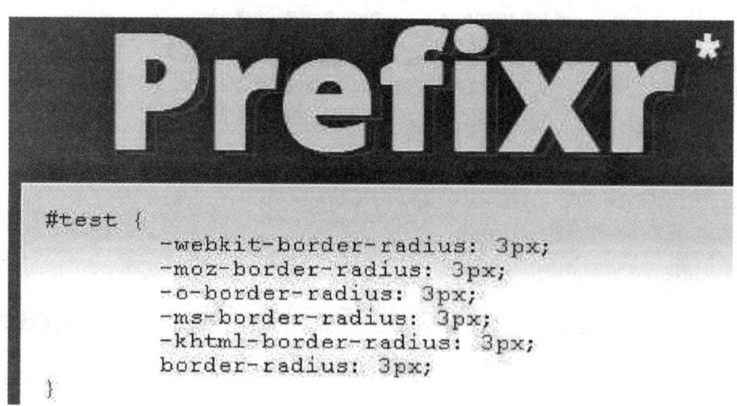

图 2-57　Prefixr 测试工具

3. 响应式网页应用

（1）自适应网页和响应式网页的区别。自适应网页是指使用一套模板适应所有终端设备，因此在每种设备上看到的网页版式是一样的，通常称之为宽度自适应。响应式网页的模板适应所有的终端设备，在每种设备上看到的网页版式可以是不一样的。

自适应网页有一个缺点，如果屏幕太小，即使它能够根据屏幕大小进行自适应，还是会感觉内容过于拥挤。而响应式网页恰好能解决这个问题，它可以自动识别屏幕宽度，并做出合理的调整，布局和展现的内容也会有所变化。读者可以访问 http://m.ctrip.com/html5/ 网址体验自适应网页的效果，访问 http://segmentfault.com/ 网址体验响应式网页的效果。

（2）响应式网页基础知识

1）设置 <meta> 标签。以下述代码为例，<meta> 标签中各参数含义见表 2–14。

```
<meta name="viewport" content="width=device-width, initial-scale=1.0, maximum-scale=1.0, user-scalable=no">
```

表 2–14　　<meta> 标签中各参数含义

参数名称	含义
width=device-width	宽度等于当前设备宽度
initial-scale	初始缩放比例（默认为 1.0）
minimum-scale	允许缩放的最小比例（默认为 1.0）
maximum-scale	允许缩放的最大比例（默认为 1.0）
user-scalable	是否可以手动缩放（默认为 no）

2）媒体查询。媒体查询是响应式网页设计的关键因素，可以使用媒体查询的特性根据设备的宽度让页面使用不同的 CSS 样式。

①百分比布局。百分比是一种相对于包含结构的块计量单位，百分比布局又称流式布局。宽度百分比是相对于父级盒子模型内容宽度的比例，如果没有父级盒子模型，就是相对于浏览器宽度。而高度百分比是相对于父级盒子模型内容高度的比例。对于 padding 和 margin 来说，任何方向的百分比都是相对于父级盒子模型内容宽度的比例。border 只能设定数值，不能设定百分比。如果子级盒子模型用的是 absolute 绝对定位，那么宽度百分比、高度百分比以及 padding 和 margin 的百分比则参考最近距离。

相关链接

常用的基本宽度单位见表 2-15。

表 2-15　　常用的基本宽度单位

名称	符号	换算关系
厘米	cm	—
英寸	in	1 in=2.54 cm
毫米	mm	10 mm=1 cm
点（point）	pt	1 pt=1/72 in
派卡（pica）	pc	1 pc=12 pt
像素	px	1 px=0.75 pt
相对长度单位（即相对于当前对象内默认文本字体的大小）	em	—

除了常用的基本宽度单位，CSS3 还新增了一个相对单位 rem。rem 是相对于 HTML 根元素的大小。通过 rem 不仅可以做到只修改根元素即可成比例地调整所有字体的大小，还可以避免出现字体大小逐层复合的连锁效应。目前，除了 IE8 及更早的版本外，所有浏览器都支持 rem。如果浏览器不支持 rem，只需要多写一个绝对单位的声明即可，之后这些浏览器就会忽略使用 rem 设定的字体大小。

②响应式页面的设计流程

a. 确定兼容的设备类型、屏幕尺寸。设备类型包括移动设备（手机和平板计算机）以及个人计算机。对于移动设备而言，在设计和实现时还需要增加手势功能。屏幕尺寸包括各种手机的横向和竖向屏幕尺寸、各种平板计算机的横向和竖向屏幕尺寸以及个人计算机屏幕尺寸。

b. 针对确定的几个尺寸分别制作原型线框图。明确在不同尺寸下，页面布局该如何变化、内容该如何缩放、功能和内容该如何删减，甚至要针对特殊情况和环境进行特殊化处理、设计等。在此过程中，前端设计师和前端开发人员应保持沟通。

c. 进行视觉设计。将图片上传到相应的设备上进行一些简单的测试，以尽早发现可访问性、可读性、可操作性等方面的问题。与传统的 Web 网站开发相比，响应式页面的布局、内容和尺寸发生了相应的变化，因此最终的成品与设计稿可能有很大出入，前端设计师和前端开发人员应保持沟通。

③响应式字体大小设置。前文已经简单介绍了常用的基本宽度单位，下面将对部分常用的基本宽度单位做进一步的比较。

px 是相对单位，通常配合媒体查询，文本字体大小是由屏幕分辨率决定的。

em 也是相对单位，1 em 等于当前元素内文本的字体大小。如果当前行内文本的字体大小没有设置，那么就等于浏览器默认字体的大小。em 值不是固定的，它继承父元素的字体大小。所有未经调整的浏览器都默认 1 em 等于 16 px，因此 12 px 等于 0.75 em，10 px 等于 0.625 em。为了简化起见，通常会在 CSS 文件的 body 选择器中设置 font-size=62.5%，这样 1 em 就变为 16 px × 62.5%=10 px，计算更简单，如 1.2 em 等于 12 px。

为了兼容不支持 rem 的浏览器，通常在 rem 的前面写上相应的 px 值，还可以将默认的 font-size:100% 设置为 font-size:62.5%。如果引入了 CSS 预处理工具，那么自然可以使用默认值。如果由于其他原因使用了 font-size:62.5%，那么可以在 body 中重置需要默认的 font-size 值。

百分比（%）表示当前字体大小相对于浏览器默认字体的倍数。

④响应式图片处理。设计响应式网页时，图片的处理和传统网页中导航栏的设计比较类似。随着移动设备的普及，高像素的屏幕分辨率使网页上的任何瑕疵都非常明显，因此图片的处理核心在于如何确保网站图片显示的完整性，并且确保在高分辨率显示器中不会模糊。

当然，网站提供的图片在不同设备上能够显示是远远不够的，因为小屏幕设备的用户往往无法看清图片的细节，所以就应该在用户可以接受的视觉效果基础上，针对小屏幕设备单独裁剪一个让用户看得清细节的版本。

4. 定位和布局的基本属性

（1）CSS 定位概念。CSS 定位属性可以建立列式布局，即将布局中的一部分与另一部分进行重叠；还可以完成以前需要使用多个表格才能完成的工作。

CSS 定位的基本思路很简单，即允许定义元素框相对于其正常位置可能出现的位置，或者相对于父元素、另一个元素乃至浏览器窗口的位置。这个功能很强大，用户代理对 CSS2 中定位的支持远远超过于对其他方面的支持。

（2）一切皆为框。div、h1 或 p 元素经常被称为块级元素，这些元素显示为块内容即“块状框”。span、strong 等元素经常被称为行元素，这些元素显示为行内容即“行内框”。

通常使用 display 属性改变生成的框类型。例如，将 display 属性设置成 block，让行内元素如 a 元素像块级元素一样得以表现。又如，将 display 属性设置成 none，让生成的元素没有框，这样该框及内部内容就不再被隐藏起来，同时不占用文档空间。但在某些情况下，即便没有显式定义也会创建块级元素，如把文本添加到 <div> 的开头就会产生这种情况，以下代码供参考：

```
<div> 这些文本也会被当作段落处理
<p> 这是一个段落 </p>
</div>
```

在上述代码中，<div> 文本段落被称为无名块框，因为它不与专门定义的元素相关联。有时，块级元素的文本行也会发生同样的情况。例如，有一个包含两行文本的段落，每行文本构成一个无名块框，但是无法直接对无名块框使用样式，因为没有可以使用样式的地方。

（3）CSS 定位机制。CSS 有三种定位机制，分别是普通流、浮动和绝对定位。除非专门指定，否则所有框都在普通流中定位。也就是说，普通流中的元素位置由元素在（X）HTML 中的位置决定。块级框从上到下一个接一个地排列，框之间的垂直距离是由框的垂直外边距计算出来的。行内框在一行中水平布置，可以使用水平内边距、边框和水平外边距调整它们的间距。但是，垂直内边距、边框和垂直外边距不影响行内框的高度。由一行形成的水平框称为行框（line box），行框的高度应能容纳它包含的所有行内框，设置行高（行内文字占据的高度）可以增加这个框的高度。

（4）position 属性

1）static 属性是 position 属性的默认值，即没有定位，元素出现在文档流中而忽略 top、bottom、left、right 或 z-index 的声明。框以正常的方式生成，如块级元素会生成一个矩形框作为文档流的一部分，而行内元素会生成一个或多个行框置于其父元素之内。

2）relative 属性生成元素之间的相对定位，即相对于元素的正常位置定位。例如，left:30 会在元素的 left 位置增加 30 px，使框向左偏移 30 px 的距离，而元素仍保持它未定位前的形状，它原来所占的空间仍然被保留。相对定位实际上被视为普通流定位模型中的一部分。

3）absolute 属性生成元素之间的绝对定位，即相对于 static 元素定位以外的第一个父元素定位。元素位置通过 left、top、right 和 bottom 属性设定，框从文档流中全部删除，并相对于它的包含块定位（其包含块可以是文档中的另一个元素或初始包含块）。于是，元素原来在文档流中所占用的空间会被关闭，就像元素原先不存在一样，而元素被定位后会生成一个块级框，无论它在文档流中生成的是何种类型的框。

4）fixed 属性生成元素之间的绝对定位，即相对于浏览器窗口定位。元素位置通

过 left、top、right 和 bottom 属性设定。框表现出来的效果与将 position 设置成 absolute 的效果类似，但它的包含块是视窗本身。

5）overflow 属性。overflow 属性定义当内容溢出元素框时发生的情况。

6）clip 属性。clip 属性可以剪裁绝对定位元素的大小。clip 属性允许开发人员设定元素的可见尺寸大小，这样该元素就会被剪裁，以显示为需要的形状。用这个属性剪裁矩形，只有将元素设置为绝对定位，矩形内的内容才可见，而超出剪裁区域的内容会依据 overflow 的值来处理。

7）vertical-align 属性。vertical-align 属性可以设置元素的垂直对齐方式，该属性定义行内元素相对于该元素所在行的垂直基线对齐，可以设定负长度值和百分比。在单元格中，该属性会定义单元格框中内容与垂直基线对齐。

8）z-index 属性。z-index 属性设置元素的层叠顺序，高层叠顺序的元素总是处于低层叠顺序元素上面。该属性设置定位元素相对于 *Z* 轴的位置，*Z* 轴为垂直延伸到显示区的轴。如果设置为正数则层叠顺序越高，而设置为负数则层叠顺序越低。z-index 属性只能在 position:absolute 绝对定位的元素上才能有效。

（5）多列布局。可以采用 float:left 浮动布局来制作多列布局效果，在浮动布局的 div 元素中嵌入 ul 列表，每个 <li> 标签的宽度就是列宽，列与列之间的间隔就是 100% 宽度减去该行可容纳的 <li> 标签宽度总和的平均值，利用这个思路可以设置多列布局。也可以使用 nth-child 选择器，该选择器接收的数值代表第几个元素被选择器控制操作。用 odd 值设置 nth-child 的参数表示奇数，用 even 值设置 nth-child 的参数表示偶数。也可以用 nth-of-type 选择器接收一个数值对元素进行操作，但它与 nth-child 选择器是有区别的。举个例子解释二者的区别：.box ul li:nth-child(5){……}，该语法是对 box 容器中的第 5 个 <li> 标签进行操作，而在第 5 个 <li> 标签前是不是 li，nth-child 不加以区分；.box ul li:nth-of-type(5){……}，该语法是对 box 容器中的同类型第 5 个 <li> 标签进行操作，而在第 5 个 <li> 标签前无论出现多少个其他元素，nth-of-type 都不对其进行计数。

还有另外一个思路可以实现多列布局：子级使用元素间的间隙 padding-left 和 box-sizing:border-box，父级使用负值 margin-left，这个负值和子级的 padding-left 值一致。在 <li> 标签里面加 <div> 或给 <li> 加上背景都可以使效果更明显，通过 box-sizing:border-box 的设置，<li> 标签就会全部分开。如果要实现多列布局，只需要修改 <li> 标签的平均宽度即可。

如果希望对 div 元素中的文本进行多列布局，CSS2 就要借助以上两种思路，但是 CSS3 引入了列 column 的概念：column-count 属性将 div 元素中的文本分为设定的列数，column-gap 属性为 div 元素中的等分文本设定列间隔像素，column-rule 属性为 div

元素中的等分间隔设定宽度、样式和颜色。通过 column 可以均匀地切分 <div> 中的文本，并进行多列布局。

（6）盒子布局。div 与 CSS 样式的组合构成盒子布局。盒子布局在整体上使用 div 元素对页面进行切分，然后使用 CSS 样式对每个 div 块进行布局，最后在每个 div 块中添加相应的内容。这样就利用 div 作为容器装载不同的内容了，而 CSS 样式可以用来修饰不同容器的大小、位置和外观。

（7）自适应布局。前文提到过百分比布局，它属于自适应布局。浏览器尺寸的改变其实对应着 HTML<body> 宽度和高度的改变，用符号 % 可以将浏览器尺寸大小和元素尺寸大小关联起来，进一步做到自适应。

前文提到过 auto 参数值，auto 经常被用作尺寸大小的默认值，表示浏览器会自动计算。如果块级元素水平方向是 auto 值，那么块级元素的 margin、border、padding 和 content 的宽度总和等于父元素的 width 宽度。使用 auto 值，子元素的宽度会随着父元素的宽度变化而变化。但是当元素设定为浮动时，元素的 width 宽度就成为内容的宽度，即元素宽度能被内容撑大。宽度可以通过 width:auto 进行计算，但 margin:auto 不能计算高度，原因是垂直方向被认为是可以无限扩展的，当内容多时浏览器可以通过滚动条来扩展，因此，margin:auto 在垂直方向是无法计算高度的。一般都通过 width 和 height 控制元素的大小，通过各个方向的 margin 控制边界与其他元素的距离，并以此来定位。

1）浮动布局。网站大多使用浮动布局，浮动布局的核心就是让元素摆脱普通流，然后用宽度 width、高度 height、外边距 margin 和内边距 padding 定位元素。浮动的元素与普通流不在同一个高度上，因此可以叠在其他元素的上面或下面，甚至可以通过设置负边距而游离到父元素之外，就像 Photoshop 中层的概念一样。

使用浮动布局时需要清除浮动，否则会影响后面元素的布局，通常可以使用一个 after 伪类进行清除。在元素比较多且元素高度不一致的情况下，仅使用浮动只能实现顶部对齐，无法满足适应多种设备的布局要求。目前，常见的做法是牺牲部分元素的内容，将元素进行等高排列，这样画面就非常美观了。

2）普通流布局。普通流布局就是利用 display:inline-block 来替代浮动布局的 float。在使用 display:inline-block 之前必须处理遗留问题，原因是 display:inline-block 元素自动会有约 4 px 的空隙，这是写代码换行时输入回车符号造成的。可以通过在 inline-block 的父元素中设定 font-size:0; 和 letter-spacing:-4px; 来解决这个问题，之后设定 inline-block 所有同胞元素 font-size 的值和 letter-spacing 的值，这样显示就正常了。还有一点要注意，display:inline-block 默认与基线对齐，而 inline-block 的基线又和文本的基线一致，也就是会底部对齐，因此在内容不同时不能保证水平对齐，在这种情况

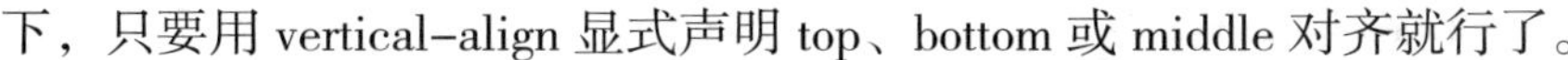

下，只要用 vertical-align 显式声明 top、bottom 或 middle 对齐就行了。

下面补充说明基线无文字和有文字这两种情况：无文字时会对齐容器的 margin-bottom 下边缘；有文字时会对齐最后一行文字的下边缘，和文字块如 p 元素等的 margin 和 padding 都没有关系，即无论文字在哪个容器中的什么位置，浏览器都会找到最后一行文字并底部对齐。

相对于浮动布局而言，inline-block 更容易理解，只要结合盒子模型的几个控制属性就可以进行布局了。而且 inline-block 有 vertical-align 属性，可以更好地解决元素高度不同造成的布局问题。

3）绝对定位布局。浮动布局和普通流布局的定位都是依靠盒子模型来控制的，而绝对定位布局是给定参考坐标系和明确的坐标位置。对最近的非 static 定位父级对象而言，absolute 参数就是定位的基准，而 fixed 则是相对 HTML 根节点来定位的。使用 absolute 绝对定位做自适应布局和之前的两种方式差别不大，宽度自适应值还是在 auto 和 100% 上考虑，而位置则由 top、bottom、left 和 right 来控制。如果父元素设定为 relative，子元素设定为 absolute，就会产生跟浮动布局一样的问题——高低不平，这里同样需要给父级对象设定明确的 height 高度值。仅使用绝对定位来处理自适应布局的情况比较少，通常会用绝对定位对大小固定的元素进行定位。而 fixed 定位的渲染效果很差，它会频繁地触发浏览器重排画面。另外，在 CSS3 中，transform 也会对绝对定位产生影响。

4）弹性盒子布局。弹性盒子布局（flexible box 或 flexbox）是一种在页面上布置元素的布局模式。从定义角度来说，弹性盒子布局是指通过调整其内元素的宽度、高度，从而在任何设备上对可用显示空间进行最佳填充。即由弹性容器扩展其内部元素来填充可用空间，或将其收缩来避免溢出。

对于许多应用程序来说，弹性盒子模型提供了对块模型进行改进的方法，因为它不使用浮动，所以弹性容器的边缘也不会与其内容的边缘折叠。定义弹性盒子模型时要定义 display:flex1 或者 display:inline-flex1，这样就可以将元素定义为弹性容器，它的子元素就成为弹性项目。弹性盒子模型中的子元素可以在各个方向上进行布局，并且能以弹性尺寸来适应显示空间。由于元素的显示顺序与它们在源代码中的顺序无关，因此定位子元素将变得更容易，并且能够用更简单的代码来完成复杂的布局。这种无关性仅限于视觉呈现上，语言顺序以及基于源代码顺序的导航均不受影响。

图 2-58 是一个 flex-direction 属性为 row 的弹性容器，其内的弹性项目将根据既定书写模式沿主轴水平排列，其方向为元素的文本流方向，在这个例子里是从左到右的。每个弹性盒子布局都包含两个轴，弹性项目沿其依次排列的那根轴称为主轴（main axis），垂直于主轴的那根轴称为侧轴（cross axis）。弹性容器的主轴起点（main start）、

主轴终点（main end）和侧轴起点（cross start）、侧轴终点（cross end）描述了弹性项目排布的起点与终点。它们的具体位置与 writing-mode 确立的方向（从左到右或从右到左）有关。在弹性项目的宽度和高度中，对应主轴的称为主轴尺寸（main size），对应侧轴的称为侧轴尺寸（cross size）。

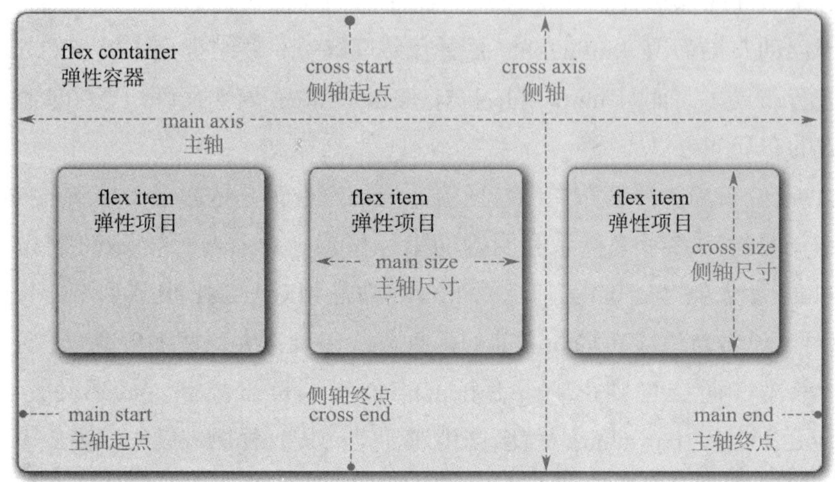

图 2-58　弹性容器

与弹性盒子模型有关的属性见表 2-16。

表 2-16　与弹性盒子模型有关的属性

属性名称	描述
flex-direction	定义主轴
justify-content	定义在当前行上，弹性项目沿主轴如何排布
align-items	定义在当前行上，弹性项目沿侧轴默认如何排布
align-self	定义单个弹性项目在侧轴上如何对齐，这个定义会覆盖由 align-items 所确定的默认值
order	将元素与序号关联起来，以此决定哪些元素先出现
flex-flow	该属性是 flex-direction 和 flex-wrap 属性的简写，决定弹性项目如何排布。根据 flex-wrap 属性，弹性项目可以排布在单个行或者多个行中。该属性控制侧轴的方向和新行排列的方向
min-height	定义最小高度，初始值为 0
min-width	定义最小宽度，初始值为 0
flex	该属性是 flex-grow、flex-shrink 和 flex-basis 属性的简写，描述弹性项目的整体伸缩性，flex 值使弹性容器变成块级元素
inline-flex	inline-flex 值使弹性容器变成单个不可分的行内级元素

由于弹性盒子使用了不同的布局算法，因此以下属性用在弹性容器上没有意义：多栏布局模块的 column 属性，如 column-width、column-height 等对弹性项目无效；float 和 clear 属性对弹性项目无效，使用 float 属性将使元素的 display 属性计为 block；vertical-align 属性对弹性项目的对齐无效。

实战练习

在培训任务 1 实战练习的基础上利用 CSS 样式布局美化网站页面。

1. login.html 页面布局要求

（1）页面设置背景图片 backGroundImage.jpg。

（2）会员登录界面设置背景图片 DIVBackGroundImage.png。

（3）“会员登录”文字设置为白色，大小为 20 px，字体为华文行楷。

（4）用户名、密码和登录按钮水平居中对齐。

（5）标题“网站设计与网页制作实战练习”与会员登录界面背景图片居中对齐。

练习所需素材在“培训任务 2_ 网页重构”文件的“实战练习”文件中，login.html 页面展示效果如图 2-59 所示。

图 2-59 login.html 页面展示效果

2. index.html、index1.html 页面布局要求

（1）页面标题文字为“网站设计与网页制作实战练习”，大小为 30 px，字体为黑体。

（2）所有链接文字为白色且没有下划线，导航栏间距为 60 px。

index.html 页面展示效果如图 2-60 所示，index1.html 页面展示效果如图 2-61 所示。

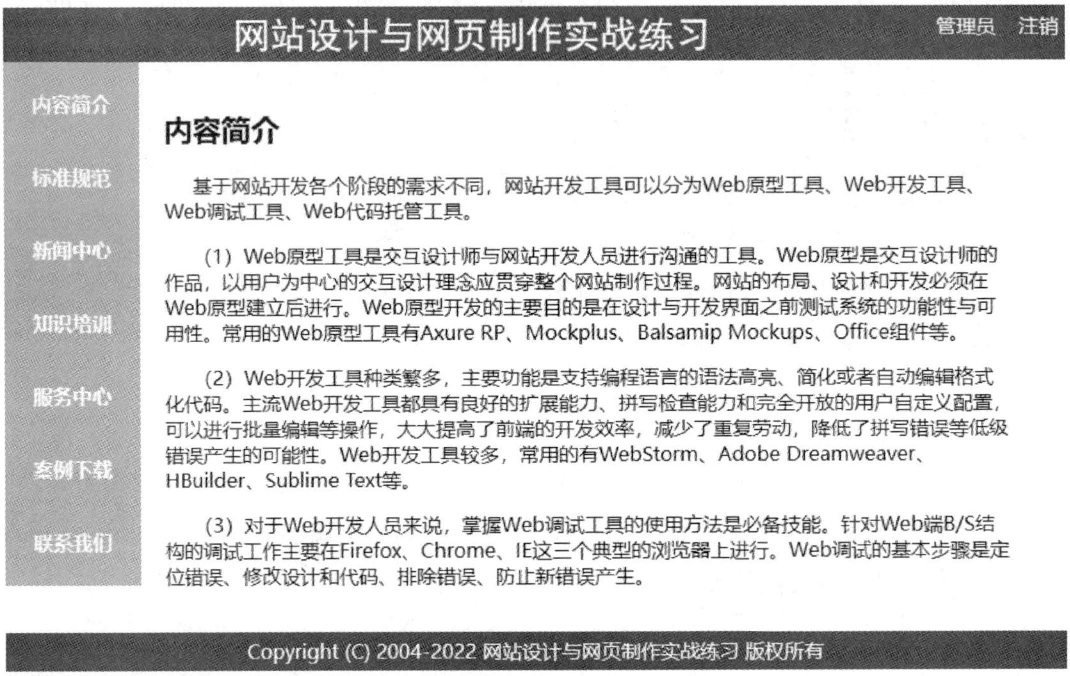

网站设计与网页制作实战练习　　管理员　注销

内容简介
标准规范
新闻中心
知识培训
服务中心
案例下载
联系我们

内容简介

基于网站开发各个阶段的需求不同，网站开发工具可以分为Web原型工具、Web开发工具、Web调试工具、Web代码托管工具。

(1) Web原型工具是交互设计师与网站开发人员进行沟通的工具。Web原型是交互设计师的作品，以用户为中心的交互设计理念应贯穿整个网站制作过程。网站的布局、设计和开发必须在Web原型建立后进行。Web原型开发的主要目的是在设计与开发界面之前测试系统的功能性与可用性。常用的Web原型工具有Axure RP、Mockplus、Balsamip Mockups、Office组件等。

(2) Web开发工具种类繁多，主要功能是支持编程语言的语法高亮、简化或者自动编辑格式化代码。主流Web开发工具都具有良好的扩展能力、拼写检查能力和完全开放的用户自定义配置，可以进行批量编辑等操作，大大提高了前端的开发效率，减少了重复劳动，降低了拼写错误等低级错误产生的可能性。Web开发工具较多，常用的有WebStorm、Adobe Dreamweaver、HBuilder、Sublime Text等。

(3) 对于Web开发人员来说，掌握Web调试工具的使用方法是必备技能。针对Web端B/S结构的调试工作主要在Firefox、Chrome、IE这三个典型的浏览器上进行。Web调试的基本步骤是定位错误、修改设计和代码、排除错误、防止新错误产生。

Copyright (C) 2004-2022 网站设计与网页制作实战练习 版权所有

图 2-60　index.html 页面展示效果

网站设计与网页制作实战练习　　管理员　注销

内容简介
标准规范
新闻中心
知识培训
服务中心
案例下载
联系我们

标准规范

HTML5元素。因特网上的信息是以网页文件的形式展示给用户的，而这种文件是用HTML标记语言书写的。HTML不是一种编程语言，而是一种告知浏览器如何组织页面的标记语言，它有一套用来描述网页的标记标签。HTML由一系列元素组成，这些元素可以用来包围不同部分的内容，使其以某种方式呈现或者工作。

1) 语义与呈现分离。HTML5的主要特点是将元素的语义与元素对其内容呈现结果的影响分开。HTML元素负责文档内容的结构和含义，文档内容的呈现则由应用于元素上的CSS样式控制。HTML文档的语义与呈现分离有助于简化浏览器对HTML的处理，并从中自动提炼含义。

2) 元素分类。按照W3C在最新HTML5规范中对元素的分类，元素不再按照块级元素、内联元素来分，而是分为以下几种：Flow（流式）元素、Heading（标题）元素、Sectioning（章节）元素、Phrasing（短语）元素、Embedded（嵌入）元素、Interactive（交互）元素、Metadata（元数据）元素。

3) 标签和属性。HTML标签（HTML tag）是由尖括号包围的关键词，如<html>。标签通常是成对出现的（每个版本的标准不同），书写规范为“<元素名>内容</元素名>”。标签对的第一个标签是开始标签，第二个标签是结束标签。

Copyright (C) 2004-2022 网站设计与网页制作实战练习 版权所有

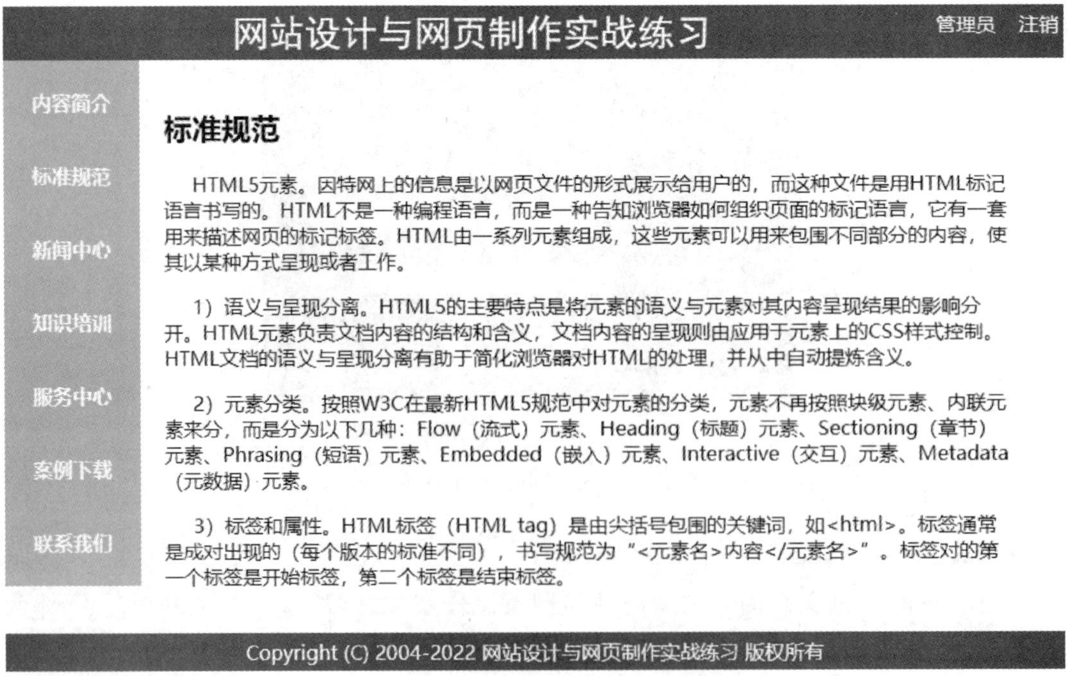

图 2-61　index1.html 页面展示效果

培训任务 3

Web 前端交互开发

任务导入

本培训任务主要面向能利用 HTML5 和 CSS3 进行网站设计的人员，读者将通过四个单元的学习，掌握 Web 前端交互开发技能，使网站能够“动”起来。

本培训任务所有示例代码（完整版）均在配套素材中提供，读者可自行查看。

学习单元 1

Web 前端交互开发基础知识

学习目标

- 了解 Web 前端交互开发的基础知识。
- 能够进行 Web 前端交互开发。

知识准备

一、JavaScript 基础知识

1. JavaScript 及其标准简介

（1）JavaScript 的开发历史。随着互联网技术的发展以及因特网的普及，人们对网页交互操作的需求越来越强烈，急需一种能够在客户端运行的脚本语言。在浏览器蓬勃发展的大背景下，Netscape 公司决定开发一种名为 LiveScript 的脚本语言，并与 Sun 公司深度合作。后来，Netscape 公司将 LiveScript 改名为 JavaScript，于是，JavaScript 诞生了。

在 JavaScript 诞生之后，微软公司也开发了一种前端脚本语言——JScript。由于当时还没有对客户端脚本库的语法、特性进行规范、约定，因此两家公司都想让自己开发的脚本语言成为事实标准，但实际上形成了两种脚本语言共存的情况。

ECMA（European Computer Manufacturers Association，欧洲计算机制造商协会）在1997年收到Netscape公司提供的以JavaScript1.1为基础的标准建议，于是组织来自Netscape、Sun、微软、Borland等公司的技术专家讨论标准如何制定。经过数月的努力，终于完成第一版客户端脚本语言的标准，命名为ECMAScript。自此浏览器开发商在开发浏览器时就有章可循，可以将ECMAScript标准作为实现JavaScript的基础。

注意，ECMAScript仅是一种建议性标准，并不是强制性标准，各浏览器开发商在各自浏览器中对ECMAScript的支持程度是不一样的。目前，ECMAScript已经发展出了多个版本，但是遗憾的是，部分浏览器还不能很好地支持其新特性。不过，主流浏览器都能很好地支持ES3（ECMAScript第3版）。如果前端开发人员想使用ES5、ES6等的新特性，就需要做很多兼容性验证工作，同时需要明确JS脚本后续的使用场景。

（2）JavaScript在浏览器中的使用方法。在网页中使用JavaScript是通过<script>标签来完成的，使用<script>标签的方法有以下两种。

1）直接在页面中嵌入JS代码或包含外部JS文件的方法。在将<script>标签嵌入JS代码时，先要给这个标签指定type属性，然后把JS代码直接放在元素内部，以下代码供参考：

```
<script type="text/javascript">
    function sayHello(){
        alert("Hello!");
    }
</script>
```

JS代码被浏览器从上至下一行一行地解释、执行。以上述代码为例，脚本解释器会先解释为这里有一个function定义，并将解释的所有信息以它自有的方式保存在上下文环境中。通常情况下，浏览器在没有解释完页面中所有<script>标签元素之前，页面中的内容是不会被呈现出来的。

2）使用JavaScript的方法。在项目开发中会涉及很多函数方法，一般会将其预先写好并存放在一个JS文件中。当需要引用这些文件时，在<script>标签的src属性中指向这个外部JS文件即可，以下代码供参考：

```
<script type="text/javascript" src="demo.js"></script>
```

这样，外部文件demo.js就被引用到当前页面中了，在页面加载时浏览器会自动下载。

（3）标签的位置。在一个 HTML 文件中，<script> 标签可以都放在 <head> 标签中，这也是常规写法，以下代码供参考：

```
<!DOCTYPE html>
<html>
  <head>
  <title>Sample HTML Page</title>
  <script type="text/javascript" src="sample1.js"></script>
  <script type="text/javascript" src="sample2.js"></script>
  </head>
  <body>
  <!-- 这里放内容 -->
  </body>
</html>
```

上述代码的目的是把所有外部文件（包括 CSS 文件和 JS 文件）的引用都放在相同的位置，使资源看起来比较直观、清晰。但是，若在文档的 head 元素中包含所有 JS 文件，就意味着必须在全部 JS 代码都被下载、解析和执行后，才开始呈现页面的内容（即浏览器在解析到 <body> 标签时才开始显示页面内容）。对于那些 JS 代码很多，或者需要引用很多 JS 文件的页面来说，这会导致页面内容延迟呈现，且在这段延迟时间里浏览器窗口可能是白色的。为了避免出现这个问题，在实际开发 Web 应用程序时，一般都将 JS 文件引用放在 <body> 标签中页面内容的后面，以下代码供参考：

```
<!DOCTYPE html>
<html>
  <head>
  <title>Demo HTML Page</title>
  </head>
  <body>
  <!-- 这里放内容 -->
  <script type="text/javascript" src="demo1.js"></script>
  <script type="text/javascript" src="demo2.js"></script>
  </body>
</html>
```

这样，在解析 JS 代码之前，页面内容将完全呈现在浏览器中。有些开发人员甚至将 JS 文件引用放在整个 HTML 文档的最后。

2. JavaScript 语法基础

JavaScript 的语法格式参考了 C 语言、Java 等的语法特性。

（1）特点。JavaScript 是一种对大小写敏感的语言，像变量名 demo 和 Demo 就代表两个不同的变量。

（2）基本概念

1）标识符。标识符就是变量、函数及其参数和属性的名字。标识符需要满足以下要求：第一个字符必须是字母、下划线“_”或美元符号“$”，其他字符可以是字母、下划线、美元符号或数字。例如，a1、_a1、$a1 都是符合要求的标识符，而 1a、@a1、-a1 则是不符合要求的标识符。

2）语句。JS 代码的语句通常以一个分号结尾，以下代码供参考：

```
var sum = a + b        // 有效，但是不推荐这么写，会加重解析器负担
var diff = a - b;      // 有效
```

虽然分号不是必需的，但强烈建议不要省略它。

可以将几行代码写在一个代码块中，代码块用一对大括号来标识：

```
if (demo){
   demo= false;
   alert(demo);
}
```

3）注释。注释是指代码中的一些说明性文字，它们不参加代码逻辑。JS 注释本质上有两种方式：单行注释和多行注释（又称块级注释）。其中，单行注释用两个斜杠表示。以下代码供参考：

```
alert(demo);      // 单行注释
/*
这是一个多行
(块级)注释
*/
alert(demo);
```

4）关键字和保留字。关键字是指编码语言中有特殊用途的词语或词组，在平时编写代码时，不能将其作为标识符使用。以下就是 ECMAScript 规定的全部关键字：break、do、instanceof、typeof、case、else、new、var、catch、finally、return、void、continue、for、switch、while、debugger、function、this、with、default、if、throw、delete、in、try。

ECMA-262 还描述了另外一组不能用作标识符的保留字：abstract、enum、int、short、boolean、export、interface、static、byte、extends、long、super、char、final、native、synchronized、class、float、package、throws、const、goto、private、transient、implements、protected、volatile、double、import、public。

（3）数据类型。JavaScript 是一种弱类型的脚本语言，开发人员可以在任何阶段改变变量的数据类型，而无须像强类型语言一样（如 Java、C 语言、C# 等），在定义一个变量时只能很严格地指定它的数据类型。例如，下述语句在强类型语言中是非法的，但是在 JS 中却是合法的：

```
var age = "ten";
age = 10;
```

ECMAScript 规定了 5 种基本数据类型（又称简单数据类型）Undefined、Null、Boolean、Number、String 和一种特殊数据类型 Object，而且 ECMAScript 不支持任何自定义数据类型，所以，所有值最后都是上述 6 种数据类型中的一种。

1）Undefined 类型。Undefined 类型只有一个值，即 undefined（注意是小写）。在使用 var 定义变量之后，未对其加以初始化，这个变量的值就是 undefined，以下代码供参考：

```
var msg;
alert(msg== undefined);        //true
```

注意，如果一个变量还没有定义就去使用，则会产生错误。

2）Null 类型。Null 类型也只有一个值，即 null（注意也是小写）。null 值表示空指向，类似于 C 语言中空指针的概念。通常直接检查变量是否为 null 值来判断该变量是否已经保存了对象引用，这样代码更加严谨，以下代码供参考：

```
if (van != null){
    // 对 van 执行操作
}
```

3）Boolean 类型。Boolean 类型的值有两个——true 和 false，虽然代码中可以通过

0 和 1 来作为判断的值，但它们在本质上不是一回事。

注意：true 和 false 都是小写的，只有小写的 true 和 false 才是 Boolean 类型的两个值，而 True 和 False 是普通标识符或字符串变量值。

如果要将一个值转换为 Boolean 值，可以调用转换函数 Boolean()，以下代码供参考：

```
var msg= "Hello world!";
var msgAsBoolean = Boolean(msg);
```

在上述代码中，字符串 msg 被转换成一个 Boolean 值，该值被保存在变量 msgAsBoolean 中。转换函数 Boolean() 很强大，可以接收任何类型的值作为参数，它总会返回一个 true 或 false 的值。各种数据类型转换成 Boolean 类型的规则见表 3–1。

表 3–1　　各种数据类型转换成 Boolean 类型的规则

数据类型	转换为 true 的值	转换为 false 的值
Boolean	true	false
String	任何非空字符串	""（空字符串）
Number	任何非零数值（包括无穷大）	0 和 NaN
Object	任何对象	null
Undefined	n/a（或 N/A）	undefined

注：n/a 是 not applicable 的缩写，也就是“不适用”。

在实际编程过程中，经常会用到控制语句，如 if 等。在这些控制语句中，会自动执行相应的 Boolean 转换工作，以下代码供参考：

```
var msg= "Hello world!";
if (msg){
   alert("Value is true");
}
```

运行上述代码时会弹出一个提示框，因为字符串 msg 被自动转换成对应的 Boolean 值（true）。

4）Number 类型。Number 类型可以保存整数和浮点数，可以支持多种格式。其中，最常用的格式是十进制整数，可以直接写以下代码：

```
var intN = 2019;        // 整数
```

除了以十进制表示外，JS 代码中的整数还可以表示为八进制（以 8 为基数）或十六进制（以 16 为基数），以下代码供参考：

```
var octnumber1 = 070;      // 八进制的 56，整数前面添加一个数字 0 表示以八进制保存
var octnumber2 = 079;      // 解析为十进制 79
var octNum3 = 08;          // 解析为十进制 8
var hexnumber1 = 0xA;      // 十六进制的 10
var hexnumber2 = 0x1F;     // 十六进制的 31
```

注意：不管数值是采用哪种进制，在 JS 代码内进行计算后，都将被转换成十进制输出。

Number 类型也可以保存浮点数。浮点数是有小数点的数，且小数点后面至少有一位数字，以下代码供参考：

```
var floatnumber1 = 1.1;
var floatnumber2 = 0.1;
var floatNum3 = .1;        // 有效，但不推荐，整数部分必须有数字
```

保存浮点数时需要的内存空间是整数的两倍，因此，JS 一直会尝试将浮点数转换为整数来保存值，以优化存储空间，以下代码供参考：

```
var floatnumber1 = 1.;         // 小数点后面没有数字，解析为 1
var floatnumber2 = 10.0;       // 整数，解析为 10
```

对于很大或很小的数，JS 还提供了科学计数法，以下代码就表示 3.125（e 前面的数值）乘以 10 的 7（e 后面的数值）次幂：

```
var floatNum = 3.125e7;       // 等效于 31250000
```

浮点数的最高精度是 17 位小数，但在真正进行计算时，计算精度远远没有采用整数时高。例如，0.2 加 0.1 的结果不是 0.3，可能是 0.30000000000000004。

NaN 即非数值（not a number），它是一个特殊的数值，表示本来应该返回一个数字，结果返回其他类型的数据。NaN 不与任何数值相等。

将非数值转换为数值可以通过三个函数——Number()、parseInt() 和 parseFloat()。其中 Number() 适用于任何数据类型，而另外两个函数在多数情况下用于将字符串转换成数值。

5）String 类型。String 类型表示由字符（可以是零个、一个或多个）组成的序列，

即字符串。这里所说的字符采用16位的Unicode编码。在JS代码中，字符串既可以用一对英文双引号 "" 括起来表示，也可以用一对英文单引号 '' 括起来表示。

①字符字面量。一些特殊字符也可以由String类型表示，但是要使用转义符“\”。特殊字符见表3-2。

表3-2 特殊字符

字面量	含义
\n	换行
\t	制表
\b	空格
\r	回车
\f	进纸
\\	斜杠
\'	单引号 '，在用单引号表示的字符串中使用，如 'He said, \'hey.\''
\"	双引号 "，在用双引号表示的字符串中使用，如 "He said, \"hey.\""
\xnn	以十六进制代码nn表示的一个字符（0～F），如\x41表示A
\unnnn	以十六进制代码nnnn表示的一个Unicode字符（其中n为0～F），如\u03a3表示希腊字母Σ

②字符串转换。将一个值转换成一个字符串有以下两种方式。

a. 使用几乎每个类型都有的toString()方法。使用toString()方法时要返回当前变量所保存的值，即转换成字符串所显示出来的那部分信息。以下代码供参考：

```
var age = 11;
var ageAsString = age.toString();          //字符串"11"
var found = true;
var foundAsString = found.toString();      //字符串"true"
```

b. 使用String()方法。如果不知道要转换的值是null还是undefined，可以使用String()方法。String()方法的转换规则如下：如果待转换的值中有toString()方法，则调用该方法（没有参数）并返回相应的结果；如果待转换的值是null，则返回 "null"（全部小写的字符串）；如果待转换的值是undefined，则返回 "undefined"（全部小写的字符串）。

6）Object类型。ECMAScript规定了Object类型，该类型实例化之后所得到的对

象本质上是一组数据和一系列函数、方法的集合。可以通过运算符 new 来创建一个 Object 类型的对象，以下代码供参考：

```
var o = new Object();
```

在创建 Object 类型的对象后，可以为其添加属性和（或）方法，这样就可以创建自定义的对象。在 JS 代码中，Object 是所有对象的基础类型，JS 还提供了所有对象都具有的基本属性和方法。下面是几个常用的方法：toLocaleString()，返回对象的字符串，该字符串的格式与运行环境地区信息的设置有关；toString()，返回对象的字符串值；valueOf()，返回对象的字符串、数值或布尔值。其中，toLocaleString() 方法通常与 toString() 方法的返回值相同。

（4）操作符

1）一元操作符。一元操作符是指只能操作一个值的操作符，它包括递增操作符 ++（两个加号）和递减操作符 --（两个减号），一元操作符的使用方法参考以下代码：

```
var age = 29;
++age;        //age 等于 30
var age2 = 29;
--age;        //age2 等于 28
```

2）布尔操作符

①逻辑非操作符。逻辑非操作符由一个叹号“!”表示，适用于 JS 中的任何值。不管数据类型是什么，都可以进行逻辑操作，而逻辑非就是将其逻辑值取反的意思，以下代码供参考：

```
alert(!false);        // true
alert(!"blue");       // false
alert(!0);            // true
alert(!NaN);          // true
alert(!"");           // true
alert(!12345);        // false
```

②逻辑与操作符。逻辑与操作符由两个和号“&&”表示，需要两个操作数，以下代码供参考：

```
var result = true && false;
```

只要表达式中有一个操作数是 false，整个结果就为 false。

③逻辑或操作符。逻辑或操作符由两根竖线“||”表示，以下代码供参考：

```
var result = true || false;
```

只要表达式中有一个操作数为 true，整个结果就为 true。

3）其他操作符

①乘性操作符。JS 定义了三个乘性操作符——乘法“*”、除法“/”和求模“%”。

②关系操作符。小于“<”、大于“>”、小于等于“<=”和大于等于“>=”，这几个关系操作符的比较规则与数学知识相通，各操作符返回一个 true 或 false 的结果，以下代码供参考：

```
var demo1 = 5 > 3;        //true
var demo2 = 5 < 3;        //false
```

③相等操作符。JS 是弱类型语言，各类型之间进行比较时值会发生隐式转换，所以判断两个变量、对象是否相等比较复杂。通常采用两种相等操作：一种是相等和不相等，即先转换成一样的类型再比较；另一种是全等和不全等，即直接比较、不转换类型。

相等操作符用两个等号“==”表示，如果两个操作数相等，则返回 true；而不相等操作符由叹号加等号“!=”表示，如果两个操作数不相等，则返回 true。

全等操作符号用三个等号“===”表示，它只在两个操作数未经类型转换就相等的情况下才返回 true，以下代码供参考：

```
var result1 = ("55" == 55);         //true，因为类型转换后值就相等
var result2 = ("55" === 55);        //false，因为数据类型不同，所以不相等
```

④条件操作符。条件操作符是一个三元运算符，它相当于一个简单的 if-else 语句，其语法格式如下：

```
variable = expression ? true_value :false_value;
```

以下代码供参考：

```
var number1 = 10;
var number2 = 20;
var max = ( number1 > number2 ) ? number1:number2;
```

在上述代码中，因为 number1 小于 number2，所以判断为 false，最后 max 获得 number2 的值，所以结果为 max=20。

（5）语句

1）if-else 语句。if-else 语句是编程语言中最常见的一个条件语句，其语法格式如下：

```
if (condition) statement1 else statement2
```

以下代码供参考：

```
if (i > 30)
   alert("Greater than 30.");                  //单行语句
else {
   alert("Less than or equal to 30.");         //代码块中的语句，推荐这种代码块写法
}
```

2）do-while 循环语句。do-while 语句是先执行一遍内部处理代码，再判断是否满足循环条件。换句话说，循环体内的代码至少被执行一次，以下代码供参考：

```
var i = 0;
do {
   i += 2;
}while (i < 10);
alert(i);
```

3）while 语句。while 也是一种常见的循环语句，其特点是先判断再执行，和 do-while 正好相反，以下代码供参考：

```
var i = 0;
while (i < 30) {
i += 2;
}
```

注意，while 内的代码有可能永远不会被执行。

4）for 语句。for 也是先判断再执行的循环语句，但是它的判断体分为三段，即初始化、循环判断、循环操作，以下代码供参考：

```
var count = 10;
for (var i = 0; i < count; i++){
    alert(i);
}
```

上述代码首先定义了一个变量 i 并给它设置初始值 0，然后 for 循环会先做一个判断“i<count”，如果返回 true 就进入 for 循环，执行完循环体内的代码后，再执行“i++”这个循环操作，然后再判断“i<count”是否满足条件，就这样一直循环往复操作，直到条件不满足为止。

5）for–in 语句。for–in 语句是 for 循环的升级版，它可以自动遍历一个集合中的所有元素，以下代码供参考：

```
for (var propName in window) {
document.write(propName);
}
```

在上述代码中，用 for–in 循环来显示 window 对象的所有属性。循环内的代码每次执行时，window 对象都会按照一定的顺序取一个属性名赋值给变量 propName，直到所有属性都遍历完为止。

6）break 和 continue 语句。break 和 continue 语句都用于在循环中控制代码是否继续执行。break 语句是停止循环体内后续代码的执行后跳出循环，执行循环体后面的语句；而 continue 语句虽然也是停止循环体内后续代码的执行，但是会执行下一轮循环操作。

①采用 break 语句的代码

```
var num = 0;
for (var i=1; i < 10; i++) {
    if (i % 3 == 0) {
        break;
    }
    num++;
}
alert(num);      //2
```

在上述代码循环体中的 if 语句中，当 i 首次能被 3 整除时，也就是 i=3 时，就会

执行 break 语句。最终，num++ 只被执行两次，所以结果等于 2。

②采用 continue 语句的代码

```
var num = 0;
for (var i=1; i < 10; i++) {
   if (i % 3 == 0) {
      continue;
   }
   num++;
}
alert(num);        //6
```

在上述代码循环体的 if 语句中，当 i 是 3 的倍数时，就会执行 continue 语句，也就是当 i=3、6、9 时，就会跳过此次循环，执行下一次循环。所以，结果等于 6。

7）switch 语句。switch 语句的作用相当于将 if-else 语句组合进行简化。实际上，switch 语句就是为了在判断多个值时简化代码。

采用 if-else 语句组合的代码如下：

```
if (i == 15){
   alert ("15");
} else if  (i == 25) {
   alert ("25");
} else if  (i == 35) {
   alert ("35");
} else {
   alert ("Other age");
}
```

如果采用 switch 语句，上述代码就简化为以下代码：

```
switch  (i) {
   case 15:
      alert ("15");
      break;
   case 25:
```

```
        alert ("25");
        break;
    case 35:
        alert ("35");
        break;
    default:
        alert ("Other age");
}
```

ECMAScript 在定义 switch 语句的规范时增加了很多其他语言所没有的特点，这让 JS 中的 switch 变得非常强大。首先，switch 语句判断的变量类型可以是任意数据类型（其他语言大多是简单类型）。其次，case 的值不但可以是常量，还可以是变量或表达式，以下代码供参考：

```
switch ("Good morning.") {
    case "Good " + " morning.":
        alert ("Good morning.");
        break;
    case "goodbye":
        alert ("Byebye.");
        break;
    default:
        alert ("Not found.");
}
```

还允许进行以下代码的操作：

```
var num = 10;
switch (true) {
    case num < 0:
        alert ("Less than 0.");
        break;
    case num >= 0 && num <= 10:
        alert ("It's greater than 0 but less than 10.");
```

```
        break;
    case num > 10 && num <= 20:
        alert ("It's greater than 10 but less than 20.");
        break;
    default:
        alert ("More than 20.");
}
```

注意，switch 语句在比较值时使用全等操作符，不会发生类型转换，所以不能在 case 后面跟不同类型的值。

3. JavaScript 函数基础

函数对很多开发语言来说都是核心，通过函数可以把常用的操作固化下来，并封装成多条语句，而且可以随时随地地调用、执行。

（1）函数定义。函数使用 function 关键字来声明，基本语法格式如下：

```
function functionName(arg0, arg1,...,argN) {
……
……        // 函数体
}
```

function 是定义函数时的标识符，不可或缺。

function 后面的 functionName 是函数独立定义时的一个必要元素，有了这个函数名，就可以在其他任何地方调用这个函数。函数名后面的小括号“()”是必须写出的，且小括号后面的大括号“{}”也是必须写出的。小括号里面存放的是需要传递到函数内部的参数，可以没有也可以是多个，且不需要指定参数的类型。大括号里面存放的是函数需要执行的代码块。以下代码是一个函数示例：

```
function sayHello(name, message) {
    alert("Hello " + name + "," + message);
}
```

这个函数可以通过函数名 sayHello 来调用，当然，调用的时候要加上一对小括号和参数（参数如果有多个，需要用逗号隔开）。调用 sayHello() 函数的代码如下：

```
sayHello("Michael", "how are you today?");
```

输出结果为“Hello Michael,how are you today?”。

在 JS 语言中定义函数时，不需要像其他语言那样明确指定是否返回值。实际上，任何函数在想有返回值时通过 return 语句加上一个想返回的值就可以了，以下代码供参考：

```
function sum(number1, number2) {
    return number1 + number2;
}
```

调用 sum() 函数的代码如下：

```
var result = sum(5,10);
```

（2）JavaScript 函数特点。注意，在 JS 语言中，函数的性质和普通变量是一样的，即可以把 function 理解为另一种数据类型——函数类型。以下述代码为例：

```
var addNumbers = function (num){
return num + 100;
};
```

在上述代码中定义了一个叫作 addNumbers 的变量，它是一个可以传递变量 num 的函数。既然 addNumbers 是变量，就可以给它赋值：

```
addNumbers = function (num) {
    return num + 200;
};
```

这里重新定义了一个函数代码块，并把它赋值给了函数变量，最后执行的结果就是后面函数代码块执行的结果：

```
var result = addNumbers(100);        //300
```

注意，在 JS 语言中，所有局部环境都是通过函数体来创建的，没有其他方法。参考下述代码：

```
var colour= "blue";
function changeColour(){
```

```
var anothercolour= "red";
function swapColours(){
   var tempcolour= anotherColour;
   anothercolour= colour;
   colour= tempcolour;
   // 这里可以访问 colour、anothercolour 和 tempcolour
}
// 这里可以访问 colour 和 anotherColour，但不可以访问 tempcolour
   swapColours();
}
// 这里只能访问 colour
changeColour();
```

特别强调一点，在 ES5 语法中，JS 没有块级作用域。

```
if (true) {
   var state= "grey";
}
alert(state);     //if 代码块之外可以访问变量 state
```

4. JavaScript 对象

下面主要介绍三种 JavaScript 对象：第一种是 JavaScript 引用类型实例化之后的对象，称为内建对象；第二种是 JavaScript 本身提供的全局对象，称为单体内置对象；第三种是宿主提供的对象，称为宿主对象。对于通过面向对象编程而实例化的 JavaScript 对象，因为它的应用属于 JS 高级应用，所以本书不进行介绍。

（1）内建对象。JavaScript 引用类型包括 Object、Date、Number、String、Boolean、Array、RegExp 等。这些对象有一个共同特点，就是需要通过 new 方法来创建。

1）Object 类型。Object 类型是所有类型的基类，但是它的实例本身没有太多的功能。在实际开发中，通常用 Object 类型来存储和传输数据，以下代码供参考：

```
var man = new Object();
man.name = "Michael";
man.age = 29;
```

上面创建了一个 man 对象，它有两个属性 name 和 age，分别保存了相应的数据。也可以通过对象字面量表示法来实例化一个对象，以下代码供参考：

```
var man = {
  name :"Michael",
  age :29
};
```

使用 man 对象时，还可以采用下面这种方式编写代码：

```
alert(man["name"]);        //"Michael"
alert(man.name);           //"Michael"
```

2）Date 类型。Date 类型使用 UTC 自 1970 年 1 月 1 日零时开始经过的毫秒数来保存日期。要实例化一个日期对象，使用 Date 构造函数即可，以下代码供参考：

```
var now = new Date();
```

但是，如果想创建指定日期的对象，Date 类型接收的参数也必须是该日期的毫秒数（即 UTC 自 1970 年 1 月 1 日零时起至该日期时止经过的毫秒数）。Date 类型提供两个方法——Date.parse() 和 Date.UTC()，来协助计算毫秒数。

Date.parse() 方法接收一个表示日期的字符串作为参数，然后解析器会尝试解析这个字符串并返回相应日期的毫秒数。例如，要为 2014 年 1 月 24 日创建一个日期对象，可以使用下面的代码：

```
var someDate = new Date(Date.parse("2014-1-24"));
```

Date.UTC() 方法也会将一个日期解析之后返回毫秒数，以下代码供参考（GMT，Greenwich mean time，格林尼治标准时）：

```
// GMT 时间 2019 年 1 月 1 日零时
var newYear = new Date(Date.UTC(2019, 0));
// GMT 时间 2019 年 1 月 1 日下午 1：15：55
var newYear2 = new Date(Date.UTC(2019, 1, 1, 13, 15, 55));
```

基于 Date.UTC() 这种传参方式，Date 构造函数还提供了另外一种实现方式：

```
var newYear2 = new Date(2019, 1, 1, 13, 15, 55);
```

注意，采用 new Date(2019, 1, 1, 13, 15, 55) 这种用法创建的日期是基于当前系统本地时区创建的，并不是 UTC。

Date 对象的其他方法如下：Date.now() 方法，返回当前调用对象日期和时间的毫秒数；toLocaleString() 方法，按照与浏览器设置的地区相适应的格式返回日期和时间；toString() 方法，返回带有时区信息的日期和时间，小时的范围是 0 到 23；valueOf() 方法，返回日期的毫秒数。以下代码供参考（运行结果可能会因为计算机的本地化配置不同而有所变化）：

```
var nowDate = Date.now();        // 获取当前日期
nowDate.toSting();               //1640073837059
var someDate = new Date(Date.parse("May 25, 2004"));
someDate.toLocaleString();       //Tue May 25 2004 00：00：00 GMT+0800（中国标准时间）
someDate.toString();             //2004/5/25 上午 12：00：00
someDate.valueOf();              //1085414400000
```

3）基本包装类型。ECMAScript 规范定义了三个特殊的引用类型—— Number、String 和 Boolean。这些类型有针对性地提供了一些方法和函数，以方便实际操作。当创建一个基本的数据类型变量时，后台会默默地创建一个对象，后续代码中可以使用这些类型的对象方法，以下代码供参考：

```
var str1 = "some text";
var str2 = str1.substring(2);
```

在上述代码中，变量 str1 包含一个字符串，而下一行调用了 str1 的 substring() 方法，并将结果保存在 str2 中。作为基本的数据类型，字符串并不是对象，不应该有相应的方法，但是为了满足数据的进一步加工处理需要，JS 创建了包装类型，从而提供了相应的方法。

按道理说，实例化一个类型的对象应该使用类似下面的 new 方法来实现：

```
var str1 = new String("some text");
```

但是在实际开发中，没有开发人员会这么写代码，因为 JS 后台会自动去进行相关的操作。下面主要介绍常用的 Number 和 String 类型。

① Number 类型。Number 是数值的包装类型。Number 类型重写了 Object 提供的一些底层方法，提供了更强大的方法。

例如，toString() 返回相应进制的数，以下代码供参考：

```
var num = 10;
alert(num.toString());        //"10"，默认十进制
alert(num.toString(2));       //"1010"，二进制
alert(num.toString(8));       //"12"，八进制
alert(num.toString(10));      //"10"，十进制
alert(num.toString(16));      //"a"，十六进制
```

又如，toFixed() 显示固定位数的数值，以下代码供参考：

```
var num = 10;
alert(num.toFixed(2));            //"10.00"
var number2 = 10.005;
alert(number2.toFixed(2));      //"10.01"
```

② String 类型。String 类型是字符串的对象包装类型，常用属性是 Length，用来获取字符串的长度信息，返回长度值。即使字符串中包含全角双字节字符（不是占一个字节的 ASCII 字符，ASCII 是美国信息交换标准代码），每个全角字符也仍然算一个字符，以下代码供参考：

```
var str1 = "hello world，你好";
alert(str1.length);      //"14"
```

String 类型的常用方法具体如下。

a. charAt() 和 charCodeAt()。charAt() 和 charCodeAt() 都可以访问字符串中指定位置的字符，区别是后者返回的是该字符的 ASCII 码，以下代码供参考：

```
var str1 = "hello world";
alert(str1.charAt(1));            //"e"
alert(str1.charCodeAt(1));      // 输出 "101"
```

b. concat()。concat() 将一个或多个字符串拼接起来，返回拼接得到的新字符串，以下代码供参考：

```
var str1 = "hello ";
var result = str1.concat("world");
alert(result);       //"hello world"
alert(str1);         //"hello"
```

c. slice()、substring() 和 substr()。slice()、substring() 和 substr() 都可以返回被截取字符串的一个子字符串，并创建一个新的子字符串返回。这三个方法的功能比较类似。参数 1（必须有）指定子字符串的开始位置，参数 2（若有）表示子字符串到哪里结束。具体来说，slice() 和 substring() 的参数 2 指定的是所截取子字符串最后一个字符后面的那个位置，而 substr() 的参数 2 指定的是要截取的字符数量。如果没有参数 2，则将当前字符串的长度作为结束位置，以下代码供参考：

```
var str1= "hello world";
alert(str1.slice(3));            //"lo world"（在 JS 中，索引起始值从 0 开始）
alert(str1.substring(3));        //"lo world"
alert(str1.substr(3));           //"lo world"
alert(str1.slice(3, 7));         //"lo w"
alert(str1.substring(3,7));      //"lo w"
alert(str1.substr(3, 7));        //"lo worl"
```

注意，在传递给这些方法的参数是负数的情况下，它们的行为就差别很大了。slice() 方法会将传入的负数与字符串的长度值相加；substring() 方法会把所有传入的负数都转换为 0；substr() 方法会将负的参数 1 加上字符串的长度，而将负的参数 2 转换为 0，以下代码供参考：

```
var str1 = "hello world";
alert(str1.slice(-3));           //"rld"
alert(str1.substring(-3));       //"hello world"
alert(str1.substr(-3));          //"rld"
alert(str1.slice(3, -4));        //"lo w"
alert(str1.substring(3, -4));    //"hel"
//3 是字符串第四位，-4 转换为 0，参数 1 大于参数 2 则二者交换，所以变成从第一位开始、到第三位结束
alert(str1.substr(3, -4));       //""（空字符串）
```

d. indexOf() 和 lastIndexOf()。indexOf() 和 lastIndexOf() 都可以从字符串中查找子字符串。进一步阐述，可以说是从一个字符串中搜索给定的子字符串，然后返回找到子字符串的起始位置，如果没有找到该子字符串则返回 -1。二者区别在于，前者从前往后查找，后者从后往前查找。当然，它们都可以设置一个开始位置（参数 2），以下代码供参考：

```
var str1 = "hello world";
alert(str1.indexOf("o"));          //4
alert(str1.lastIndexOf("o"));      //7
alert(str1.indexOf("o", 6));       //7
alert(str1.lastIndexOf("o", 6));   //4
```

e. trim()。trim() 方法会删除前置及后缀的所有空格，然后创建一个字符串的副本并返回结果，以下代码供参考：

```
var str1 = " hello world ";
var trimmedstr1 = str1.trim();
alert(str1);            //" hello world "
alert(trimmedstr1);     //"hello world"
```

f. toLocaleUpperCase()、toUpperCase()、toLocaleLowerCase() 和 toLowerCase()。这几个方法都可以进行大小写转换，以下代码供参考：

```
var str1 = "Good Morning";
alert(str1.toLocaleUpperCase());    //"GOOD MORNING"
alert(str1.toUpperCase());          //"GOOD MORNING"
alert(str1.toLocaleLowerCase());    //"good morning"
alert(str1.toLowerCase());          //"good morning"
```

g. 字符串的模式匹配方法 match()、search()、replace() 和 split()。模式匹配是指通过正则表达式来查找匹配的子字符串，找到之后可以通过不同的方法返回不同的结果。

match() 返回第一个匹配的子字符串，以下代码供参考：

```
var text = "cat, bat, sat, fat";
var regStr = /.at/;
// 与 regStr.exec(text) 相同
var results = text.match(regStr);
alert(results.index);       //0，匹配的子字符串的开始位置
alert(results[0]);          //"cat"
```

search() 返回字符串中第一个匹配项的索引（即开始位置），如果没有找到匹配项，则返回 -1，以下代码供参考：

```
var text = "cat, bat, sat, fat";
var pos = text.search(/at/);
alert(pos);      //1
```

replace() 替换子字符串，它有两个参数，参数 1 是一个字符串或者正则表达式对象，参数 2 是需要替换的一个字符串或者函数。如果参数 1 是字符串，那么只会替换第一个查找到的子字符串。如果想替换所有满足条件的子字符串，则要采用正则表达式，同时指定全局标志（g），以下代码供参考：

```
var text = "cat, bat, sat, fat";
var result = text.replace("at", "ond");
alert(result);      //cond, bat, sat, fat
result = text.replace(/at/g, "ond");
alert(result);      //cond, bond, sond, fond
```

split() 方法可以根据指定的分隔符将一个字符串分割成多个子字符串，并将结果放在一个数组中，以下代码供参考：

```
var colourText = "red,blue,green,yellow";
var colours1 = colourText.split(",");
// 结果：["red", "blue", "green", "yellow"]
var colours2 = colourText.split(",", 2);
// 结果：["red", "blue"]
var colours3 = colourText.split(/[^\,]+/);
// 结果：["", ",", ",", ",", ""]
```

（2）单体内置对象。单体内置对象其实也是内建对象，只是这些对象在 JS 开始运行时就被自动创建，属于全局对象，可以直接使用。单体内置对象包括 Global、window、Math 对象。

1）Global 对象。Global 对象是一个最终的对象。所有在全局作用域中定义的函数和属性都是 Global 对象的函数和属性。

① Global 对象的 URI 编码方法和 eval() 方法。

a. URI 编码方法。encodeURIComponent() 和 encodeURI() 方法可以对 URI 进行编码。由于有效的 URI 不能包含某些特殊字符，如空格等，因此需要对这些字符先进行编码再进行传输，而这两个方法就可以对 URI 中的特殊字符进行编码，并用特殊的 UTF-8

编码来替换所有“不合法”的字符，从而让浏览器接收。以下代码供参考（所涉及网址仅为测试用例，即非真实网址，仅供参考）：

```
var uri = "http://www.sample.com/illegal value.htm#start";
//"http://www.sample.com/illegal%20value.htm#start"
alert(encodeURI(uri));
//"http%3A%2F%2Fwww.sample.com%2Fillegal%20value.htm%23start"
alert(encodeURIComponent(uri));
```

b. eval() 方法。eval() 方法可以将传入的参数值视作实际的 JS 语句来解析并执行，然后将执行结果插入到原位置，以下代码供参考：

```
var msg = "Good Morning";
eval("alert(msg)");        //"Good Morning"
```

② Global 对象的属性。Global 对象的属性见表 3–3。

表 3–3　　Global 对象的属性

属性	说明	属性	说明
undefined	特殊值 undefined	Date	值是构造函数 Date()
NaN	特殊值 NaN	RegExp	值是构造函数 RegExp()
Infinity	特殊值 Infinity	Error	值是构造函数 Error()
Object	值是构造函数 Object()	EvalError	值是构造函数 EvalError()
Array	值是构造函数 Array()	RangeError	值是构造函数 RangeError()
Function	值是构造函数 Function()	ReferenceError	值是构造函数 ReferenceError()
Boolean	值是构造函数 Boolean()	SyntaxError	值是构造函数 SyntaxError()
String	值是构造函数 String()	TypeError	值是构造函数 TypeError()
Number	值是构造函数 Number()	URIError	值是构造函数 URIError()

2）window 对象。window 对象既是 JS 全局对象（包括全局作用域中定义的所有函数和变量），又是宿主对象（包含浏览器 window 对象的属性）。当 window 对象作为 JS 全局对象时，其应用可参考以下代码：

```
var colour= "red";
function saycolour(){
   alert(window.colour);
}
window.saycolour();        //"red"
```

当 window 对象作为宿主对象时，见后文“宿主对象”部分的内容。

3）Math 对象。如果要用常规的数学公式获取数学常量，可以直接使用 Math 对象。Math 对象的属性见表 3–4。

表 3–4　　Math 对象的属性

属性	说明
Math.E	自然对数的底数，即常量 e 的值
Math.LN10	10 的自然对数
Math.LN2	2 的自然对数
Math.LOG2E	以 2 为底 e 的对数
Math.LOG10E	以 10 为底 e 的对数
Math.PI	π 的值
Math.SQRT1_2	1/2 的平方根（即 2 的平方根的倒数）
Math.SQRT2	2 的平方根

① min() 和 max() 方法。min() 和 max() 方法分别用于查询并返回一组数值中的最小值和最大值，这两个方法可以有多个参数，以下代码供参考：

```
var min = Math.min(3, 54, 32, 16);
alert(min);        //3
var max = Math.max(3, 54, 32, 16);
alert(max);        //54
```

②舍入方法。Math 对象的舍入方法有 Math.ceil()、Math.floor() 和 Math.round()。这三个方法的舍入规则具体如下：Math.ceil() 执行向上舍入，即将数值向上舍入为最接近的整数；Math.floor() 执行向下舍入，即将数值向下舍入为最接近的整数；Math.round() 执行标准舍入，即将数值四舍五入为最接近的整数。以下代码供参考：

```
alert(Math.ceil(99.9));        //100
alert(Math.ceil(99.5));        //100
alert(Math.ceil(99.1));        //100
alert(Math.floor(99.9));       //99
alert(Math.floor(99.5));       //99
alert(Math.floor(99.1));       //99
alert(Math.round(99.9));       //100
```

```
alert(Math.round(99.5));     //100
alert(Math.round(99.1));     //99
```

③ random() 方法。Math.random() 方法返回大于等于 0 小于 1 的一个随机数。如果需要预设一个取值范围，可以套用以下公式：

值 =Math.floor(Math.random() * 预设取值范围的最大值 + 预设取值范围的最小值)

例如，在 1 和 10 之间选择一个数值的代码如下：

```
var num = Math.floor(Math.random() * 10 + 1);
```

④其他方法。Math 对象的其他方法见表 3-5。

表 3-5　　　Math 对象的其他方法

方法	说明	方法	说明
Math.abs(x)	返回 x 的绝对值	Math.asin(x)	返回 x 的反正弦值
Math.exp(x)	返回 Math.E 的 x 次幂	Math.atan(x)	返回 x 的反正切值
Math.log(x)	返回 x 的自然对数	Math.atan2(y,x)	返回 y/x 的反正切值
Math.pow(x,y)	返回 x 的 y 次幂	Math.cos(x)	返回 x 的余弦值
Math.sqrt(x)	返回 x 的平方根	Math.sin(x)	返回 x 的正弦值
Math.acos(x)	返回 x 的反余弦值	Math.tan(x)	返回 x 的正切值

（3）宿主对象。W3C 已经把浏览器中 JS 最基本的部分进行了标准化，并将 BOM（browser object model，浏览器对象模型）的主要内容纳入了 HTML5 的规范中。下面只介绍常见的 BOM 对象，包括 window、location、navigator、screen、history 对象。

1）window 对象。BOM 的核心对象是 window，它就是浏览器的一个实例。在浏览器中，window 对象是通过 JS 访问浏览器窗口的一个必要接口，其功能与 ECMAScript 规定的 Global 对象的功能相同。由于各浏览器对 ECMAScript 标准支持的情况各不相同，因此之后介绍的方法和属性仅以 Chrome 浏览器为例，不保证在其他浏览器中能使用。

①窗口位置。由于对 screenLeft、screenTop 和 screenX、screenY 的支持情况不同，建议采用以下代码来获取当前浏览器的坐标：

```
var leftPos = (typeof window.screenLeft == "number") ? window.screenLeft:window.screenX;
var topPos = (typeof window.screenTop == "number") ? window.screenTop:window.screenY;
alert(leftPos+":"+topPos);
// 可以看到当前浏览器左上角的坐标
```

②窗口大小。不同浏览器获取窗口大小所使用的属性是不相同的。IE9+、Chrome、Firefox、Safari 和 Opera 都提供以下四个属性：innerWidth、innerHeight、outerWidth 和 outerHeight。在 Chrome 浏览器中，innerWidth、innerHeight 与 outerWidth、outerHeight 两组长宽属性返回相同的值，即返回可视窗口的大小而不是浏览器窗口的大小，以下代码提供了一个可获取当前窗口大小的通用方法：

```
var pageWidth = window.innerWidth, pageHeight = window.innerHeight;

if (typeof pageWidth != "number"){
  if (document.compatMode == "CSS1Compat"){
    pageWidth = document.documentElement.clientWidth;
    pageHeight = document.documentElement.clientHeight;
  } else {
    pageWidth = document.body.clientWidth;
    pageHeight = document.body.clientHeight;
  }
}
alert("窗口大小"+pageWidth+":"+pageHeight);
```

③系统对话框。浏览器通过 alert()、confirm() 和 prompt() 方法可以调用系统对话框向用户显示消息。alert() 可以生成一个弹出框，向用户显示一些他们无法控制的消息；confirm() 可以生成一个显示“确认”和“取消”按钮的确认框；prompt() 是一个提示框，用于提示用户输入一些文本内容。以下代码供参考：

```
alert("Hello world!");
confirm("Are you sure?");
prompt("What's your name?","请在此输入");
```

alert 弹出框效果、confirm 确认框效果、prompt 提示框效果分别如图 3-1、图 3-2、图 3-3 所示。

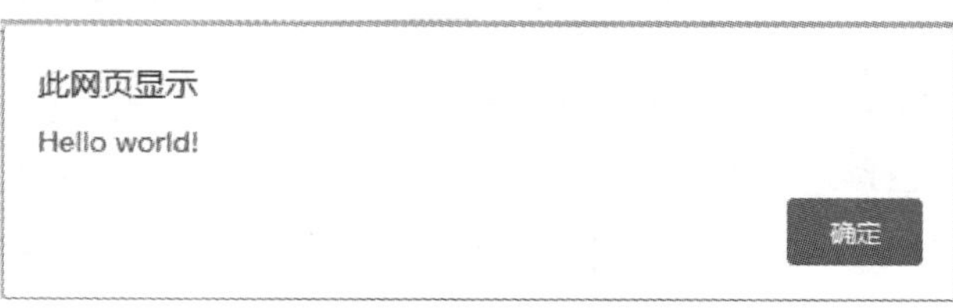

图 3-1　alert 弹出框效果

图 3-2　confirm 确认框效果

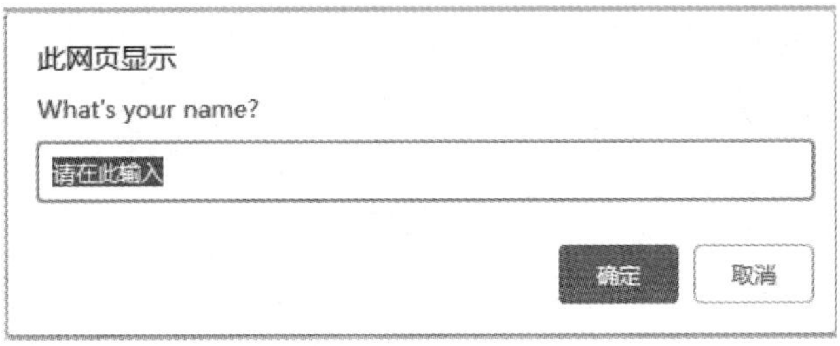

图 3-3　prompt 提示框效果

2）location 对象。location 提供了与当前窗口中被加载文档有关的信息，还提供了一些导航功能。location 对象既是 window 对象的属性，又是 document 对象的属性，可以通过 window.location 或 document.location 引用该对象。location 对象不仅可以保存当前文档的信息，还可以对 URL 进行解析，并通过相应方法来直接访问 URL 而不需要再处理。location 对象的属性见表 3-6。

表 3-6　location 对象的属性

属性	说明
location.hostname	返回 Web 主机的域名
location.pathname	返回当前页面的路径和文件名
location.port	返回 Web 主机的端口（80 或 443）
location.protocol	返回所使用的 Web 协议（http: 或 https:）
location.hash	返回 URL 中从符号 # 开始的部分内容
location.search	返回 URL 中从符号 ? 开始的部分内容

location 对象的属性不但可以获取值，还可以设置值，以下代码供参考（所涉及网址是仅为说明此对象属性而设计的测试用例，即非真实网址，仅供参考）：

```
// 将 URL 修改为 "http://www.baidu.com/softline/#part1"
location.hash = "#part1";
// 将 URL 修改为 "http://www.baidu.com/softline/?q=DOM"
location.search = "?q=DOM";
```

```
// 将 URL 修改为 "http://www.baidu.com/softline/"
location.hostname = "www.baidu.com";
// 将 URL 修改为 "http://www.baidu.com/softline/"
location.pathname = "softline";
// 将 URL 修改为 "http://www.baidu.com:8080/softline/"
location.port = 8080;
```

注意：每次修改 location 对象的属性（location.hash 属性除外）时，页面都会重新加载新的 URL。

3）navigator 对象。navigator 是获取浏览器信息的对象。支持 JS 的浏览器都支持 navigator 对象。每个公司在开发浏览器产品时，都用 navigator 对象定义了一套自己的属性或方法。navigator 常用属性和方法见表 3–7。

表 3–7　navigator 常用属性和方法

属性 / 方法	说明
appCodeName	返回浏览器名称，通常都是 Mozilla，即使在非 Mozilla 浏览器中也是如此
appName	返回完整的浏览器名称
appVersion	返回浏览器版本，一般不与实际的浏览器版本对应
buildID	返回浏览器编译版本
cookieEnabled	表示是否启用 cookie
cpuClass	返回客户端计算机中使用的 CPU 类型
javaEnabled()	表示当前浏览器是否启用了 Java
mimeTypes	返回在浏览器中注册的 MIME 类型数组
onLine	表示浏览器是否连接到因特网
oscpu	返回客户端计算机的操作系统或 CPU
platform	返回浏览器所在的系统平台
plugins	返回浏览器中安装的插件信息数组
product	返回产品名称
systemLanguage	返回操作系统的语言
userAgent	返回浏览器的用户代理字符串
userLanguage	返回操作系统的默认语言
vendor	返回浏览器供应商名称

4）screen 对象。screen 对象可以获取显示器屏幕信息，如像素宽度、像素高度等。不同浏览器中 screen 对象的属性各不相同，以 Chrome 浏览器为例，其 screen 对象的

属性见表 3–8。

表 3–8　Chrome 浏览器 screen 对象的属性

属性	说明
screen.height	表示显示器屏幕的像素高度
screen.width	表示显示器屏幕的像素宽度
screen.availWidth	表示显示器屏幕的像素宽度减去系统部件宽度之后的值，即可用的屏幕宽度
screen.availHeight	表示显示器屏幕的像素高度减去系统部件高度之后的值，即可用的屏幕高度

5）history 对象。用户上网的历史记录都保存在 history 对象中，是从窗口打开时就开始记录的。history 对象也是 window 对象的属性，所以浏览器的每个窗口、每个标签页甚至每个 frame 框架都有独立的 history 对象与相应的 window 对象进行关联。为了加强安全性，前端开发人员没有办法知道用户浏览过的 URL 链接信息，但是通过浏览器提供的用户访问过的 URL 列表，就可以实现后退和前进。以下代码供参考：

```
history.forward();     // 前进一页
history.back();        // 后退一页
history.go(1);         // 前进一页
history.go(-2);        // 后退两页
history.go(5);         // 前进五页
```

5. JavaScript 数组

JavaScript 数组本质上都是 Array 类型，它们与其他语言数组最大的区别是每一项保存的数据类型可以完全不同。例如，第一个数组元素保存字符串，第二个数组元素保存一个对象，第三个数组元素保存数值，这在其他语言中是无法想象的。另外，JavaScript 数组的大小是允许进行动态调整的，而在 Java、C# 等语言中，这种特性只有集合才有，但是集合又是无序的。

创建 JavaScript 数组的基本方法有两种。一种方法是使用 Array 构造函数，以下代码供参考（new 修饰符可以省略）：

```
var colours = new Array();      // 创建一个长度为 0 的空数组
// 创建一个长度为 20 的数组，每项数据内容都是 undefined
var colours = new Array(20);
var colours = new Array("red", "blue", "green");      // 直接将需要包含的元素作为参数
```

另一种方法是使用数组字面量。数组字面量由一对包含数组元素的方括号表示，多个数组元素之间用逗号隔开，以下代码供参考：

```
var colours = ["red", "blue", "green"];        // 创建一个包含三个字符串的数组
var names = [];                                // 创建一个空数组
```

当创建好数组之后，可以通过以下代码来访问或者设置：

```
var currColour= colours[1];        //blue
colours[1] = "yellow";             // 设置为黄色
alert(colours.length);             // 通过 length 属性可以获取数组的长度
```

当然，length 属性也可以为数组赋值：

```
colours.length = 2;        // 将数组长度缩小为 2，此时第三个元素将丢失
colours.length = 4;        // 将数组长度扩大为 4
```

（1）转换方法。如果想把一个数组转换成一个字符串，使用数组的 toString() 方法就行。默认数组中每个元素以字符串的形式拼接，中间通过逗号分隔，以下代码供参考：

```
var colours = ["red", "blue", "green"];        // 创建一个包含三个字符串的数组
alert(colours.toString());                     // red,blue,green
alert(colours.valueOf());                      // red,blue,green   隐式转换
alert(colours);                                // red,blue,green   隐式转换
```

默认数组元素拼接时的间隔符是半角逗号“,”，所以如果想自定义，就需要使用 join() 方法，以下代码供参考：

```
var colours = ["red", "green", "blue"];
alert(colours.join(","));        //red,green,blue
alert(colours.join("||"));       //red||green||blue
```

（2）栈方法。栈是一种数据结构，遵循后进先出原则，即最新添加的元素被最早移除。而栈中数据的插入或移除只会发生在栈的头部。JS 遵循了 ECMAScript 的规范，提供了 push() 和 pop() 两个标准方法，基于数组来模拟实现栈的行为。以下代码供参考：

```
var colours = new Array();                  // 创建一个数组
var count = colours.push("red", "green");   // 插入两项
alert(count);                               //2
count = colours.push("black");              // 插入另一项
alert(count);                               //3
var item = colours.pop();                   // 获取最后一项
alert(item);                                //black
alert(colours.length);                      //2
```

（3）队列方法。和栈类似，另外一种常用的数据结构是队列。队列的访问遵循先进先出原则。队列在一端添加项，从另一端移除项。push() 是向数组一端添加一个数据，而 ECMAScript 中的 shift() 方法是将数据从另一端取出（即在末端插入数据、在头部取出数据）。shift() 的实际操作效果是移除数组中的第一个元素并返回该项，同时将数组长度减 1。通过组合使用 shift() 和 push() 方法，可以像使用队列一样使用数组，以下代码供参考：

```
var colours = new Array();                  // 创建一个数组
var count = colours.push("red", "green");   // 添加两项
alert(count);                               //2
count = colours.push("black");              // 添加另一项
alert(count);                               //3
var item = colours.shift();                 // 获取第一项
alert(item);                                //"red"
alert(colours.length);                      //2
```

JS 中还有一个方法 unshift()，它的作用正好和 shift() 相反，因此，组合使用 unshift() 和 pop() 方法就可以实现反向队列的效果。

（4）重排序方法。JS 为数组提供了可以直接重新排序的方法 reverse() 和 sort()，请读者阅读以下代码：

```
var values = [1, 2, 3, 4, 5];
values.reverse();
alert(values);      //5,4,3,2,1
var values = [0, 1, 5, 10, 15];
```

```
values.sort();      // sort() 会将值变成字符串并排序
alert(values);      //0,1,10,15,5
```

很显然，以上代码中 sort() 的结果并不是开发人员主观上想要的，所以可以为 sort() 函数传递一个参数，这个参数提供一个比较函数。例如，比较函数接收两个参数，如果第一个参数排序时应该位于第二个参数之后则返回一个正数，如果第一个参数排序时应该位于第二个参数之前则返回一个负数，如果两个参数相等则返回 0。以下代码供参考：

```
function compare(value1, value2) {
    if (value1 < value2) {
        return -1;
    }
    else if (value1 > value2) {
        return 1;
    } else {
        return 0;
    }
}
```

比较函数适用于大多数数据类型，只要将其作为参数传递给 sort() 方法即可，以下代码供参考：

```
var values = [0, 1, 5, 10, 15];
values.sort(compare);
alert(values);      //0,1,5,10,15
```

（5）操作方法

1）concat() 方法。这个方法通过当前数组中已有的元素创建一个新数组，具体过程如下：先创建当前数组的一个副本，然后将传递进来的元素添加到这个副本的末尾，最后将新的数组返回。如果没有给 concat() 传递参数，那么它只会简单地复制当前数组，然后返回新数组的引用。如果 concat() 的参数有多个，那么它会将这些参数都添加到结果数组中去。如果传递的参数不是数组，而是一些元素值，那么这些元素值就会被追加到结果数组的末尾，以下代码供参考：

```
var colours = ["red", "blue", "green"];
var colours2 = colours.concat("purple", ["gray", "brown"]);
alert(colours);        //red,blue,green
alert(colours2);       //red,blue,green,purple,gray,brown
```

2）slice() 方法。slice() 方法能够将当前数组中的一个或多个元素取出来创建一个新的数组。slice() 方法的参数 1 是当前数组的起始位置，参数 2 是其结束位置（但不返回此位置的内容），但是参数 2 是可选的，如果不填，则返回结果是参数 1 指定的开始位置之后的所有元素内容。注意，slice() 方法是创建一个新的副本，原始数组不受影响。以下代码供参考：

```
var colours = ["red", "orange", "yellow","green", "blue"];
var colours2 = colours.slice(1);
var colours3 = colours.slice(1,4);
alert(colours2);       //orange,yellow,green,blue
alert(colours3);       //orange,yellow,green
```

3）splice() 方法。splice() 方法有以下三种功能。

①删除。删除功能只需指定两个参数，就可以删除任意数量的元素。参数 1 是要删除的第一个元素的位置，参数 2 是要删除的元素数量，以下代码供参考：

```
splice(1,2);      // 删除数组的第二项和第三项
```

②插入。插入功能需要至少提供三个参数，可以在数组的指定位置插入任意数量的元素。参数 1 代表插入位置，参数 2 是 0（代表要删除的元素数量是 0），参数 3 代表要插入的元素。如果要插入多个元素，可以再传入参数 4、参数 5 等更多的参数，以下代码供参考：

```
splice(5,0,"blue","yellow")
// 从当前数组的位置 5 开始插入字符串 blue 和 yellow
```

③替换。替换功能需要至少指定三个参数，可以实现向指定位置插入任意数量的元素，且同时替换掉部分元素（需要传入参数）。三个参数分别代表替换的开始位置、删除的元素数量（不为 0）和插入的任意数量的元素。插入的元素数量和要替换的元素数量没有直接关系，以下代码供参考：

```
splice (1,3,"blue","red");
// 删除当前数组位置 1 开始的三个元素，并插入字符串 blue 和 red
```

splice() 方法会返回一个数组，该数组的元素是从原始数组中删除的元素。如果没有删除任何元素，会返回一个空数组。请读者学习以下代码的写法：

```
var colours = ["yellow", "purple", "green"];
var removed = colours.splice(0,1);                   // 删除第一项
alert(colours);                                      // purple,green
alert(removed);                                      // yellow，返回的数组中只包含一项
removed = colours.splice(1, 0, "red", "blue");       // 从位置 1 开始插入两项
alcrt(colours);                                      // purple,red,blue,green
alert(removed);                                      // 返回一个空数组
removed = colours.splice(1, 1, "red", "purple");     // 插入两项，删除一项
alert(colours);                                      // purple,red,purple,blue,green
alert(removed);                                      // red，返回的数组中只包含一项
```

（6）位置方法。ECMAScript 5 提供了 indexOf() 和 lastIndexOf() 这两个用来确定元素位置的方法。它们都接收两个参数：要搜索的元素（即参数 1）和搜索的起点位置（参数 2，可选的）。二者区别在于，indexOf() 是从数组的头部（位置 0）开始向尾部搜索，而 lastIndexOf() 则是从数组的尾部开始向头部搜索。如果搜索不到，则返回 -1。搜索、比较时使用的是全等操作，以下代码供参考：

```
var nums= [1,3,5,7,9,8,6,4,2,0];
alert(nums.indexOf(6));              //6
alert(nums.lastIndexOf(6));          //6
alert(nums.lastIndexOf(4,8));        //7
alert(nums.indexOf(13));             //-1
alert(nums.indexOf(1,3));            //-1
alert(nums.lastIndexOf(13));         //-1
```

（7）其他方法。迭代方法有 every()、filter()、forEach()、map() 和 some()，这些方法都是对一个数组进行遍历，迭代执行相应的操作，从而返回满足条件的元素。

归并方法有 reduce() 和 reduceRight()，这两个方法都会迭代数组的所有项，然后构建一个最终返回的值。

6. JavaScript 正则表达式

正则表达式又称规则表达式，它是用来对字符串进行操作的一种逻辑公式，是一种快速的字符串比较算法。其特点是先定义一些特定字符以及这些特定字符的组合，并组成一个“规则字符串”，然后用这个“规则字符串”来表达对字符串的一种筛选逻辑。例如，只能输入 5 位数字，则正则表达式为 "^\d{5}$"。

（1）创建正则表达式。JS 中的正则表达式主要通过 RegExp 类型来实现。以下是正则表达式的语法格式：

```
var expression = /pattern/ flags;
```

pattern 部分称为模式，可以是任何正则表达式字符串。每个正则表达式后面可带有一个或多个 flag 标志，它表明了正则表达式的操作方式。flag 有三个标志：g 表示 global，全局模式，即匹配模式将被应用到匹配条件的所有字符串部分中，而不是发现第一个匹配的元素之后就停止匹配操作了；i 表示 case-insensitive，不区分大小写，就是在进行匹配时忽略字符串中的大小写；m 表示 multiline，多行模式，就是在遇到换行符后还会继续匹配下一行。一个标准的正则表达式就是一个模式和 g、i、m 标志的组合，不同组合得到的结果当然也会不一样。

以下代码应用的是一种简单的正则表达式：

```
// 匹配字符串中所有 ac 的实例
var regStr1 = /ac/g;
```

有些字符在编写正则表达式时具有特殊含义，这些字符被称为元字符。如果匹配的内容正好是这些元字符，就必须进行转义，转义符为“\”。这些元字符包括“(”“[”“{”“\”“^”“$”“|”“)”“?”“*”“+”“.”“]”“}”。以下代码供参考：

```
// 匹配第一个 "set" 或 "get"，不区分大小写
var regStr2 = /[gs]et/i;
// 匹配第一个 " [gs]et"，不区分大小写
var regStr3 = /\[gs\]et/i;
// 匹配所有以 "et" 结尾的 3 个字符的组合，不区分大小写
var regStr4 = /.et/gi;
// 匹配所有的 ".et"，不区分大小写
var regStr5 = /\.et/gi;
```

创建正则表达式还可以使用 RegExp 构造函数，以下代码供参考：

```
// 与 regStr2 相同，只不过使用构造函数创建
var regStr5 = new RegExp("[sg]et", "i");
```

（2）RegExp 对象属性。RegExp 对象的属性见表 3–9。

表 3–9　RegExp 对象的属性

属性	说明
global	表示是否设置了 g 标志，布尔类型
ignoreCase	表示是否设置了 i 标志，布尔类型
lastIndex	表示开始搜索下一个匹配项的字符位置，从位置 0 算起，整数类型
multiline	表示是否设置了 m 标志，布尔类型
source	表示正则表达式的字符串内容，按照字面量形式而不是传入构造函数中的模式字符串返回

（3）RegExp 实例方法与应用

1）exec()。exec() 只接收一个参数，就是一个正则表达式的模式字符串，然后结果会返回一个数组，包含与模式字符串相匹配的元素。如果没有匹配的元素，则返回 null。返回的数组是 Array 类型的实例，但还包含属性 index 和 input。index 表示匹配元素在字符串中的起始位置，input 表示正则表达式对应的字符串，以下代码供参考：

```
var text = "mom and dad and baby";
var regStr= /mom( and dad( and baby)?)?/gi;
var results = regStr.exec(text);
alert(results.index);        // 0
alert(results.input);        // "mom and dad and baby"
alert(results[0]);           // "mom and dad and baby"
alert(results[1]);           // " and dad and baby"
alert(results[2]);           // " and baby"
```

上述代码中，正则表达式的模式字符串为“/mom(and dad(and baby)?)?/gi”，其含义说明如下：/……/，两个斜杠是模式字符串的开始和结束标志；gi，表示搜索范围是全局即整个字符串，且忽略大小写；(……)，小括号有两种用途，一种是将待匹配的内容分组，另一种是让系统记录所有的内容并保存为结果的一部分，此处采用后一种用途;？，匹配前面一个表达式 0 次或 1 次。综上所述，此处需要匹配的字符串特征

如下：需要以“mom”开头，后面匹配字符串“ and dad”0 次或 1 次，如果有“ and dad”字符串，后面还可以匹配字符串“ and baby”0 次或 1 次。

2）test()。test() 接收一个字符串作为参数。如果该参数与模式相匹配，则返回 true；反之，则返回 false。如果想了解目标字符串与某个模式是否匹配，使用这个方法就很方便。因此，test() 方法经常用在 if 语句中，以下代码供参考：

```
var text = "000-00-0000";
var regStr= /\d{3}-\d{2}-\d{4}/;
if (regStr.test(text)){
   alert("The pattern was matched.");
}
```

7. 文档对象模型 DOM

DOM（document object model，文档对象模型）是描述一个 XML 文档解析结果的树形结构的内部数据模型。在网页上，页面（或文档）的对象被组织在一个树形结构中，用来表示文档中这个树形结构的标准模型就是 DOM。

（1）DOM 基础知识。先来看一个简单的网页文本脚本：

```
<html>
   <head>
      <title>Sample Page</title>
   </head>
   <body>
      <p>Hello World!</p>
   </body>
</html>
```

<html>……</html> 代表这个网页文本的开始和结尾，它是最外层的一对标签。它的下一层有两对标签 <head>……</head> 和 <body>……</body>，它们位于同一层，属于同一级别，只是有先后顺序。第二层标签内部又包含了其他标签。就这样，整个网页的内容被整合在一起。这种多层结构毕竟还是文本文档，为了能够方便、快速地对这个文档进行统一、规范的操作，W3C 整理、归纳了一整套接口操作规范，这就是 DOM 规范。目前，DOM 已经被绝大多数浏览器所支持，但是各浏览器的支持程度并不完全相同。

DOM 结构示意图如图 3–4 所示。基于这种结构，DOM 提供一套 API 接口来操作这个文档。与把网页看作一个普通文本文档直接操作相比，这种方式效率更高，也不会出错。

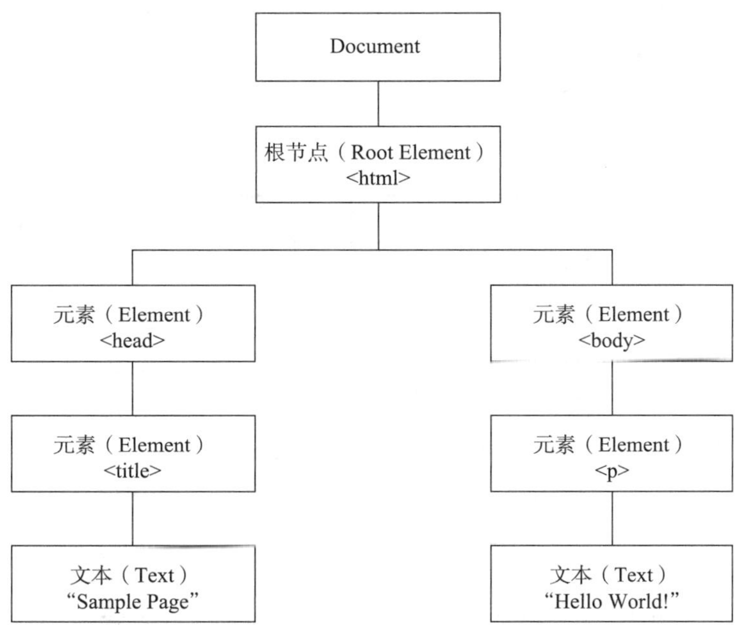

图 3–4　DOM 结构示意图

（2）节点层次。在 HTML 中，每段标签及其内容都可以归结为树形结构的一种节点。DOM 一共定义了 12 种节点类型，但所有这些节点类型都承自 Node 这个基本类型。下面只介绍常用的节点类型及其操作方法，包括 Node 类型、Document 类型、Element 类型和 Text 类型。

1）Node 类型。作为基本类型，Node 类型提供了所有节点类型都包含的一些属性和方法。在其内部，还定义了表示节点类型的常量，具体枚举值如下：Node.ELEMENT_NODE、Node.ATTRIBUTE_NODE、Node.TEXT_NODE、Node.CDATA_SECTION_NODE、Node.ENTITY_REFERENCE_NODE、Node.ENTITY_NODE、Node.PROCESSING_INSTRUCTION_NODE、Node.COMMENT_NODE、Node.DOCUMENT_NODE、Node.DOCUMENT_TYPE_NODE、Node.DOCUMENT_FRAGMENT_NODE、Node.NOTATION_NODE。

可以直接通过这些常量来判断当前节点是什么类型，以下代码供参考：

```
var someNode = document.getElementById("tempDiv");
if (someNode.nodeType == Node.ELEMENT_NODE){
    alert("Node is an element.");
}
```

Node 类型的属性见表 3–10。

表 3–10　　Node 类型的属性

属性	说明
nodeName	获得节点的标签名
parentNode	获得当前节点的父节点
previousSibling	获得同一层级前面一个兄弟节点
nextSibling	获得同一层级后面一个兄弟节点
childNodes	获得当前节点的所有子节点，返回一个会动态变化的 NodeList 对象
firstChild	获得子节点的第一个节点
lastChild	获得子节点的最后一个节点
ownerDocument	获得当前节点所在文档节点

Node 类型的方法见表 3–11。

表 3–11　　Node 类型的方法

方法	说明
appendChild()	向 childNodes 列表的末尾添加一个节点
insertBefore()	把节点放在 childNodes 列表中某个特定的位置上
replaceChild()	将一个节点替换为另外一个节点
removeChild()	移除节点
cloneNode()	用于创建与调用这个方法的节点完全相同的副本

2）Document 类型。在浏览器中，document 对象是 HTMLDocument 类型（承自 Document 类型）的一个实例，表示整个 HTML 页面。而且，document 对象是 window 对象的一个属性，因此可以将其作为全局对象来访问。

①属性。Document 类型的常用属性见表 3–12。在 JS 中，可以直接通过 document 对象来访问，因为 document 对象在后台会默认被创建出来。

表 3-12　　Document 类型的常用属性

属性	说明
documentElement	指向 HTML 文档中的 html 元素
body	指向 HTML 文档中的 body 元素
doctype	取得对 <!DOCTYPE> 的引用
title	获取 title 元素中的文本。注意，只是获取，不是设置
URL	包含页面完整的 URL（即地址栏中显示的 URL）
domain	包含页面的域名

②查找元素。Document 类型提供了定位元素的常用方法——getElementById() 和 getElementsByTagName()。

下面先介绍 getElementById() 方法的应用，以 div 元素为例：

```
<div id="testDiv">Some text</div>
var testDiv = document.getElementById("testDiv");        // 取得 div 元素的引用
```

这个方法返回唯一确定的值，因为在 HTML 文档中，不允许存在两个 ID 相同的节点，如果两个元素的 ID 相同，则只会返回文档头部的第一个元素。

getElementsByTagName() 方法接收元素的标签名作为参数，返回的是包含零个、一个或多个元素的节点集合 NodeList，也就是说返回一个集合对象。例如，以下代码会获取页面中所有的 input 元素，并返回一个集合：

```
var inputs= document.getElementsByTagName("input");
// 可以对这个结果集进行以下操作
alert(inputs.length);              // 输出 input 控件的数量
alert(inputs[0].src);              // 输出第一个 input 控件的 src 特性
alert(inputs.item(0).src);         // 输出第一个 input 控件的 src 特性
```

除了上面两个常用方法，HTMLDocument 类型还有一个方法——getElementsByName()。这个方法是以 name 特性作为查找条件的，它返回所有匹配的元素，以下代码供参考：

```
<div>
  <div>Which colour do you prefer?</div>
  <ul>
    <li><input type="radio" value="male" name="gender" id="male">
```

```
        <label> 男 </label></li>
    <li><input type="radio" value="female" name="gender" id="female">
        <label> 女 </label></li>
  </ul>
</div>
```

3）Element 类型。Element 类型用于呈现 XML 或 HTML 元素，它包含了元素自身的标签名、子节点及特性的访问，以下代码获取了这个元素及其标签名：

```
<div id="helloDiv"></div>
var div = document.getElementById("helloDiv");
alert(div.tagName);                          //DIV
alert(div.tagName == div.nodeName);          //true
```

① HTML 元素。HTML 元素本质上都是由 HTMLElement 类型直接或间接表示的。HTMLElement 类型继承了 Element 类型的属性，并添加了一些特有的属性，这些属性在每个 HTML 元素中都存在。例如，id 属性是 HTML 元素在文档中的唯一标识符，title 属性是 HTML 元素的附加说明信息，dir 属性表示文本方向（但很少使用）。

className 用来获取或设置 HTML 元素指定的 CSS 类。但是，在 HTML 元素中，这个特性名为 class。之所以不一样，是因为在 ECMAScript 规范中，class 是保留字，不能在用户编码中被使用。

这些属性可以用来取得或修改相应的特性值，以下代码供参考：

```
<div id="helloDiv" class="div1" title="div text" lang="cn" dir="ltr"></div>
var div = document.getElementById("helloDiv");
alert(div.id);              //helloDiv
alert(div.className);       //div1
alert(div.title);           //div text
alert(div.lang);            //cn
alert(div.dir);             //ltr
```

②属性。每种 HTML 元素都有一些自身独有的属性，这些属性使 HTML 元素具有一些附加信息。为了操作这些属性，DOM 提供了 getAttribute()、setAttribute() 和 removeAttribute() 方法，这三个方法是操作属性的通用方法。

a. getAttribute() 方法。请读者阅读以下代码：

```
var tempDiv = document.getElementById("tempDiv");
alert(tempDiv.getAttribute("id"));            //tempDiv
alert(tempDiv.getAttribute("class"));         //bd
alert(tempDiv.getAttribute("title"));         //Body text
alert(tempDiv.getAttribute("dir"));           //ltr
```

注意，作为参数传递给 getAttribute() 的属性名是 HTML 元素中的属性名，所以如果遇到 class 属性值，要传入的是 "class" 而不是 "className"。如果传入的参数找不到对应的属性，getAttribute() 就会返回 null。另外，通过 getAttribute() 方法和直接通过元素属性访问，返回的内容并不是永远相同的。因此，在使用 JS 操作 DOM 时，开发人员一般不使用 getAttribute()，而习惯通过该元素的 DOM 对象提供的属性来获取相应的值。当需要访问自定义的一些属性值时，开发人员才会使用 getAttribute() 方法。

b. setAttribute() 方法。给属性设置值的方法是 setAttribute()，它接收两个参数，即属性名和值。如果属性已经存在，这个方法会把值替换为现有的值；如果属性不存在，则创建参数指定的属性并设置相应的值。请读者阅读以下代码：

```
div.setAttribute("id", "tempDiv");
div.setAttribute("class", "divTitle");
div.setAttribute("title", "Good Morning");
div.setAttribute("dir", "ltr");
```

因为所有特性都是属性，所以直接给属性赋值可以设置特性的值，以下代码供参考：

```
div.id = "someOtherId";
div.align = "left";
```

c. removeAttribute() 方法。removeAttribute() 方法不仅去除指定特性的值，而且去除指定的特性。注意，该方法去除的只是当前 HTML 文档中当前 HTML 元素所包含的特性标签，而不是 HTMLElement 类型的属性，以下代码供参考：

```
<div id="tempDiv" class="div1" ></div>
var tempDiv = document.getElementById("tempDiv");
tempDiv .removeAttribute("class");
```

```
// 上述代码执行之后，结果如下
<div id="tempDiv" ></div>
```

③创建元素。DOM 提供 document.createElement() 方法来创建一个新元素，以下代码供参考：

```
var tempDiv = document.createElement("div");
tempDiv .id = "tempDiv";
tempDiv .className = "square";
```

注意，上述代码只是在计算机内存中操作，并不会反映到页面上，只有当新元素被添加到文档树中之后，才会显示出效果。将创建的新元素添加到文档树中有三个方法：appendChild()、insertBefore() 和 replaceChild()。本书只介绍 appendChild() 的应用示例（另外两个方法请读者参考此方法自行应用），以下代码是将创建的 tempDiv 元素追加到 body 元素的最后：

```
document.body.appendChild(tempDiv );
```

4）Text 类型。Text 类型表示文本节点，这个类型的对象包含了 HTML 页面中最直接的纯文本内容。注意，纯文本不能包含 HTML 代码，但是可以包含转义后的 HTML 字符。Text 类型对象可以通过 nodeValue 属性或 data 属性访问文本信息，这两个属性包含的值是一样的。常用方法具体如下：appendData(text)，将 text 添加到节点的末尾；deleteData(offset, count)，从 offset 指定的位置开始删除数量为 count 的字符；insertData(offset, text)，在 offset 指定的位置插入 text；replaceData(offset, count, text)，用 text 替换从 offset 指定的位置开始到 offset+count 指定的位置结束的文本；splitText(offset)，从 offset 指定的位置将当前文本节点分成两个文本节点；substringData(offset, count)，提取从 offset 指定的位置开始到 offset+count 指定的位置结束的字符串。除此之外，Text 类型还有一个 length 属性，可以获取节点中字符的数量。

在默认情况下，每个可以包含内容的元素最多只能有一个文本节点，而且必须确实有内容存在。以下代码供参考：

```
<!-- 标签中没有内容，所以没有文本节点 -->
<div></div>
<!-- 标签中有空格，所以有一个文本节点 -->
<div> </div>
```

```
<!-- 标签中有内容，所以有一个文本节点 -->
<div>Hello World!</div>
```

也可以通过以下代码来访问这些文本子节点：

```
var textNode = div.firstChild;        // 或者 var textNode =div.childNodes[0]
```

在取得了文本节点的引用后，就可以对其进行修改，以下代码供参考：

```
textNode.nodeValue = "Hello TextNode";
```

document 对象有一个 createTextNode() 方法，可以通过它创建一个新的文本节点作为参数的文本，该方法会按照 HTML 或 XML 的格式进行编码，然后保存在这个节点对象中，最后可以将这个文本节点添加到任何一个 HTML 对象中，让其显示到页面中。以下代码供参考：

```
var spanMsg= document.createElement("span"); // 创建一个 SPANElement 类型节点
spanMsg.className = "msg";                   // 设置样式
var txt = document.createTextNode("Great!"); // 创建一个 Text 节点
spanMsg.appendChild(txt);                    // 将 Text 节点添加到 spanMsg 对象中
document.body.appendChild(spanMsg);          // 将 spanMsg 对象添加到 HTML 文档中
```

8. JavaScript 事件处理

JavaScript 与 HTML 之间的交互是通过一系列事件来实现的，用户发起的动作或浏览器内部某一元素信息发生的改变都是事件。代码中通过各种侦听器来检测事件，并通过相应的事件处理代码来响应事件发生之后的操作。

（1）事件处理程序。有些事件是用户操作触发的，如 click、mouseover 等；而有些可能是浏览器内部某些数据操作之后触发的，如 load 等。针对某个事件发生后执行的代码就是事件处理程序。事件处理程序的名字在 JS 中以“on”开头，如 click 事件的事件处理程序定义为 onclick，load 事件的事件处理程序定义为 onload。注意，onclick、onload 只是事件处理程序的引用入口，如果没有赋值给它，这个事件就算发生了，也不会进行任何处理。给这些事件指定处理方法可以采用以下几种程序。

1）HTML 事件处理程序。HTML 元素相关规范已经为每个元素所支持的事件都定义了相应的同名特性，开发人员要做的就是给这个特性赋值。注意，这个值应该是一段能够正确执行的 JS 脚本，一旦执行中出现错误而未处理，后续所有代码都将终止执行。

例如，需要在按钮被单击时执行一些 JS 脚本，那么可以参考以下代码：

```
<input type="button" value="欢迎" onclick="alert(' 欢迎 ')" />
```

也可以调用在页面其他地方定义的脚本，以下代码供参考：

```
<script type="text/javascript">
// 先定义一个函数
   function sayHello(){
   alert("Hello Everyone!");
   }
</script>
// 再调用这个函数
<input type="button" value="欢迎" onclick="sayHello()" />
```

2）DOM 事件处理程序。除了直接给 HTML 特性赋值外，还可以通过 DOM 提供的一系列接口来添加事件处理程序，以下代码供参考：

```
var btnHello= document.getElementById("btnHello");
btn.onclick = function(){
   alert("Hello Everyone!");
};
```

或者采用 addEventListener() 方法：

```
var btnHello= document.getElementById("btnHello");
btn.addEventListener("click", function(){
   alert(this.id);
}, false);
```

在上述代码的 addEventListener() 方法中，"click" 代表 click 事件，中间的 function(){……} 代表触发时的执行代码，最后的 false 表示在冒泡阶段调用事件处理程序。采用 addEventListener() 方法有两个好处：一是可以为同一个事件添加多个处理程序，并按照添加顺序依次执行；二是可以同时兼容不同浏览器供应商对事件流的处理策略。

3）IE 事件处理程序。IE 浏览器并非完全采用 DOM 规则，但它提供了功能类似的 attachEvent() 和 detachEvent() 方法，这两个方法接收的两个参数是一样的。以

attachEvent() 为例，以下代码供参考：

```
var btnHello = document.getElementById("btnHello ");
btnHello .attachEvent("onclick", function(){
    alert("Hello Everyone!");
});
```

注意，attachEvent() 参数中写的是 "onclick"，而不是前面提到的 addEventListener() 方法中的 "click"。

（2）事件类型。目前，Web 浏览器中已被定义的、可触发的事件类型有很多种，不同类型的事件根据需要会包含不同的信息，具体包括以下几类：UI（user interface，用户界面）事件，当用户与页面上的元素交互时被触发；焦点事件，当元素获得或失去焦点时被触发；鼠标事件，当用户通过鼠标在页面上执行操作时被触发；滚轮事件，当使用鼠标滚轮（或类似设备）时被触发；文本事件，当在文档中输入文本时被触发；键盘事件，当用户通过键盘在页面上执行操作时被触发；合成事件，当为 IME（input method editor，输入法编辑器）输入字符时被触发；变动事件，当底层 DOM 结构发生变化时被触发。UI 事件见表 3–13，鼠标与滚轮事件见表 3–14，键盘与文本事件见表 3–15。

表 3–13　UI 事件

事件	说明
load	常用在页面完全加载后，在 window 对象上被触发；还可以在某些重要元素，特别是第三方 object 内嵌元素加载完成之后触发
select	当文本框（<input> 或 <texterea>）中的内容被用户选中时被触发
resize	当浏览器视口或 frameset 框架的大小改变时，在 window 对象或 frameset 框架上被触发

表 3–14　鼠标与滚轮事件

事件	说明
click	当用户单击鼠标（一般是左键）或者按下回车键时被触发
dblclick	当用户双击鼠标左键时被触发
mousedown	当用户单击任意鼠标键时被触发
mouseenter	当鼠标光标从元素外部首次移动到元素范围之内时被触发
mouseleave	当位于元素上方的鼠标光标移动到元素范围之外时被触发

续表

事件	说明
mousemove	当鼠标指针已经进入元素内部且继续移动时被触发
mouseout	当鼠标指针位于某个元素上方，然后用户将其移入另一个元素上方时被触发
mouseover	当鼠标指针位于一个元素外部，然后用户将其首次移入另一个元素边界之内时被触发
mouseup	当用户释放鼠标键时被触发

表 3-15 键盘与文本事件

事件	说明
keydown	当用户按下键盘上的任意键时被触发
keypress	当用户按下键盘上的字符键时被触发
keyup	当用户释放一个被按住的按键时被触发

注意，理论上所有元素都支持这三个事件，但通常只在文本框等能够输入文本的控件元素中会用到。

二、jQuery 基础知识

1. jQuery 简介

（1）jQuery 的获取。jQuery 本质上是一个 JS 代码库，所有代码汇总在一个开源的 JS 文件里。要想获取最新的 jQuery 库，在 jQuery 官网 https://jquery.com/ 下载即可。注意，官网每次推出一个新版本，都有两个文件，其中一个文件名称带“.min”，它是另一个名称不带“.min”文件的压缩版（将不必要的空格、换行、注释去除，把变量名精简为最短的版本，在使用中不会有任何问题）。

目前，最新的 jQuery 版本支持最新的浏览器技术及 API 接口，同时在动画显示效果、安全性等方面有所发展。当然，很多框架和控件并非基于最新版本开发的，所以在实际开发中需要按需选择。

（2）jQuery 的使用。在页面中使用 jQuery 非常方便，首先在页面的 <script> 标签中引用这个文件，然后在页面中使用即可。以下是引用代码，供参考：

```
<html>
<head>
  <title>JSTestFile</title>
  <script src="./jquery-3.3.1.js" ></script>
</head>
<body>
……
</body>
</html>
```

引用之后就可以直接使用了，以下代码供参考：

```
<script>
    $(function(){
        alert("Hello World!");
    });
</script>
```

以上代码的显示效果是在页面加载完毕弹出一个对话框，显示“Hello World!”。

2. jQuery 基本语法

（1）jQuery 脚本说明。jQuery 脚本元素很简单，以下代码供参考：

```
$(document).ready(function(){
alert("Hello World!");
});
```

上述代码中的“$”其实是“jQuery”的简化写法，一般不直接写“jQuery”，“$”代表后面的代码是 jQuery 语句。$(document) 表示将 document 对象包装为 jQuery 对象；后面的“.ready()”是一个事件，表示页面加载完毕；ready() 里面的 function(){} 表示该事件接收的一个参数，这里对应一个执行函数；function(){} 函数体内部的代码就是事件的响应代码。

综上所述，上述脚本的意思是在页面全部加载完毕弹出一个对话框，显示“Hello World!”。

（2）jQuery 对象和 DOM 对象。在实际的 Web 开发中，如果要用 JS 操作页面元素，基本上都需要通过 DOM 接口来进行。在 jQuery 中，jQuery 封装了很多 DOM 常用操作方法的语句并进行提炼、简化，同时提供了操作语法，但是这些操作语法、语句能够被正常使用的前提是将 DOM 对象封装成 jQuery 对象。经过 jQuery 封装的 DOM 对象无法直接使用原来的 DOM 方法；反过来，未经 jQuery 封装的 DOM 对象也无法使用 jQuery 语法和方法来操作。注意，jQuery 对象和 DOM 对象是可以相互转换的。

1）jQuery 对象转换为 DOM 对象。jQuery 对象本身是一个数组对象，它可以通过 [index] 方法得到相应的 DOM 对象，以下代码供参考：

```
var $chk = $("#chk");        // 创建 jQuery 对象
var chk = $chk[0];           // 将 jQuery 对象转换为 DOM 对象
alert(chk.checked);          // 访问 checked 属性，检测 checkbox 是否被选中
```

jQuery 还提供了 get(index) 方法，通过该方法可以得到相应的 DOM 对象，以下代码供参考：

```
var $chk = $("#chk");
var chk = $chk.get(0);
alert(chk.checked);
```

2）DOM 对象转换为 jQuery 对象。对于一个 DOM 对象来说，只要用 $() 将其封装起来就可以获得一个 jQuery 对象，以下代码供参考：

```
var chk = document.getElementById("chk");     // 定义 DOM 对象
var $chk = $(chk);                            // 封装 DOM 对象获得 jQuery 对象
```

3. jQuery 元素、属性和 CSS 选择器

【例 3–1】jQuery 脚本示例。

```
<html>
<head>
  <title>jQuery 脚本 </title>
  <script src="./jquery-3.3.1.js" ></script>
  <script>
    $(function(){
      $("#btnOk").click(function(){
```

```
            alert("测试按钮点击成功!");
        });
    });
  </script>
</head>
<body>
  <input type="button" id="btnOk" value="测试按钮" />
</body>
</html>
```

将上述代码用浏览器打开，点击“测试按钮”，效果如图 3-5 所示。

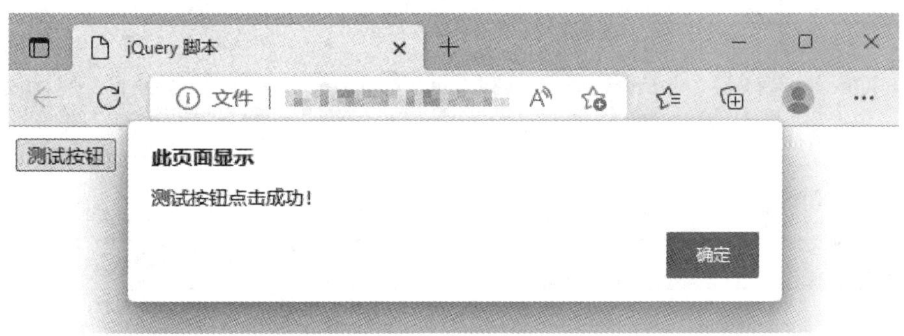

图 3-5　点击“测试按钮”效果

上述 jQuery 脚本的实际作用是在页面启动之后，给按钮添加一个 click 事件的执行方法，当按钮被点击时，这个事件就被触发了。这一过程用到了 jQuery 的基本工具——选择器，下面主要介绍 CSS 选择器和 jQuery 选择器。

（1）CSS 选择器。CSS 通过表 3-16 中的几种选择器来定位，并给标签设定样式。

表 3-16　CSS 选择器

选择器	语法	描述	示例

标签选择器	E{
	CSS 规则
	}
		以文档元素 E 作为选择符	td{
			font-size:14px;
			}

ID 选择器	#ID{
	CSS 规则
	}
		以文档元素的唯一标识符 ID 作为选择符	#note{
			font-size:14px;
			}

续表

选择器	语法	描述	示例

类选择器	E.className{
	CSS 规则
	}
		以文档元素 E 的 class 作为选择符	div.note{
			font-size:14px;
			}

群组选择器	E1,E2,E3{
	CSS 规则
	}
		多个选择符应用同样的样式规则	td,p,div.a{
			font-size:14px;
			}

后代选择器	E F{
	CSS 规则
	}
		元素 E 的任意后台元素 F	#links a{
			color:red;
			}

通配符选择器	*{
	CSS 规则
	}
		以文档的所有元素作为选择符	*{
			font-size:14px;
			}

（2）jQuery 选择器。jQuery 基本选择器见表 3-17，这几个选择器与 CSS 选择器对应。

表 3-17　　jQuery 基本选择器

jQuery 选择器示例	选择范围	对应的 CSS 选择器
$("*")	所有元素	*
$("#lastname")	选择 id="lastname" 的元素	#id
$(".intro")	所有 class="intro" 的元素	.class
$("p")	所有 p 元素	element
$("div,.demo")	所有 class="demo" 的 div 元素	selector1,selector2,selectorN

jQuery 选择器的使用方法非常简单，在符号“$”后加一个小括号“()”，在小括号中传入不同选择器的字符串表达式，并用双引号括起来。

【例 3-2】如果要选择按钮，有多种选择器可以使用，本示例通过 $("#btnOk,a") 选择 id 为“btnOk”的按钮以及所有 <a> 标签元素。

```
<html>
<head>
  <title>jQuery 选择器应用 1</title>
  <link rel="stylesheet" type="text/css" href="./main.css" >
  <script src="./jquery-3.3.1.js" ></script>
```

```
    <script>
        $(function(){
            $("#btnOk,a").click(function(){
                alert("测试按钮点击成功 !");
            });
        });
    </script>
</head>
<body>
    <input class="button" type="button" id="btnOk"  value="测试按钮 -ok" />
    <input class="button" type="button" id="btnCancel"  value="测试按钮 - 取消" />
    <a class="button">hello</a>
</body>
</html>
```

jQuery 提供了形形色色的选择器，如层级选择器、表单域选择器、简单过滤选择器、内容过滤选择器、属性过滤选择器等，详情读者可以登录官网了解。本书只举一些有代表性的示例。

【例 3-3】查找所有属性中含有“man”这个单词的文本框，并且修改其文本值。

```
<html>
<head>
    <script src="./jquery-3.3.1.js" ></script>
</head>
<body>
    <input name="man-news" />
    <input name="milk man" />
    <input name="letterman2" />
    <input name="newmilk" />
<script>$('input[name~="man"]').val('Mr. Man is in it!');</script>
</body>
</html>
```

在上述示例代码中，jQuery 脚本通过属性选择器选择包含 name 属性的元素，且 name 的值中要有“man”的标签，并给它设置一个值“Mr. Man is in it!”。

【例 3-4】为无序列表 <ul class="topnav"> 的所有直接子元素加上边框。

```
<html>
<head>
  <style>
    body {
      font-size:14px;
    }
  </style>
  <script src="./jquery-3.3.1.js" ></script>
</head>

<body>
  <ul class="topnav">
    <li>Item 1</li>
    <li>Item 2
      <ul>
        <li>Nested item 1</li>
        <li>Nested item 2</li>
        <li>Nested item 3</li>
      </ul>
    </li>
    <li>Item 3</li>
  </ul>
  <script>$("ul.topnav > li").css("border", "3px double red");</script>
</body>
</html>
```

在上述示例代码中，选择器 $("ul.topnav > li") 的意思是选择所有 class 为 topnav 的 ul 元素的直接子元素 li，也就是第一代子元素，所以返回的是 Item 1、Item 2、Item 3。

【例 3-5】查找每个匹配的 ul 元素中的第二个 li 元素，并将它标记出来。

```
<html>
<head>
  <style>
  div { float:left; }
  span { color:blue; }
  </style>
  <script src="./jquery-3.3.1.js" ></script>
</head>
<body>
  <div>
  <ul>
    <li>John</li>
    <li>Karl</li>
    <li>Brandon</li>
  </ul>
</div>
<div>
  <ul>
    <li>Sam</li>
  </ul>
</div>
<div>
  <ul>
    <li>Glen</li>
    <li>Tane</li>
    <li>Ralph</li>
    <li>David</li>
  </ul>
</div>
<script>$("ul li:nth-child(2)").append("<span> – 2nd!</span>");</script>
</body>
</html>
```

在上述示例代码中，首先需要明确的是，选择器中 :nth-child(2) 的 2 是一个从 1 开始的索引值，与 JS 中的索引起始值不一样。此示例代码中一共有三组 li 集合，而 :nth-child() 会计算子元素在各自父元素中的索引值，因为选取了排在第二个的值，所有只有两个被选中。

（3）jQuery 选择器和 CSS 选择器的关系。CSS 选择器属于独立的 CSS 语言，和 jQuery、JS 没有任何关系。但是，jQuery 选择器可以通过浏览器的 DOM 来实现对 CSS 样式的修改或者控制。通常情况下，jQuery 选择器的主要目的是定位元素，给元素添加丰富的扩展功能，而不局限在元素外观样式设定这一方面。

4. jQuery 元素的获取、设置、添加和删除

学会了选择器的使用方法，就可以针对选中的元素进行一些操作，以下代码供参考：

```
var $li = $("ul li:eq(1)");        // 获取 <ul> 的第 2 个 <li> 节点
var li_txt = $li.text();           // 通过 text() 方法获取这个元素的文本内容
alert(li_txt);                     // 显示内容
```

（1）创建元素节点。在开发中有时需要创建一个全新的元素对象，然后将其追加到 DOM 中，这时称其为元素对象。创建元素节点可以通过函数 $() 来实现，语法格式为 $(html)，以下代码供参考：

```
var $div = $("<div title='jQuery 创建的元素'>Write more.</div>");
$("body").append($div);
```

上述代码就是动态地创建一个 div 元素，并将其追加到页面的最后。

（2）插入节点。在上述代码中，append() 方法实现了插入的操作，它将 div 元素插入在整个页面的最后。插入节点方式可以分为内部插入和外部插入。

1）内部插入。内部插入是指将新节点插入到当前节点的内部，让其作为自身的一个子节点。内部插入方法有 append()、appendTo()、prepend()、prependTo() 等。append() 和 appendTo() 的区别是：前者是将参数内容追加到当前元素后面，后者是将当前元素添加到参数中指定元素后面。append() 和 prepend() 的区别是：前者插入到目标的后面，后者插入到目标的前面。

append() 的应用代码如下，供参考：

```
<p>I would like to say:</p>
$("p").append("<b>Hello</b>");
```

```
// 执行之后，结果如下
<p>I would like to say:<b>Hello</b></p>        // 插入到目标的后面
```

appendTo() 的应用代码如下，供参考：

```
<p>I would like to say:</p>
<div></div><div></div>
$("p").appendTo("div");
// 执行之后，结果如下
<div><p>I would like to say:</p></div>
// 注意，两个 div 元素中间都会被插入 p 元素
<div><p>I would like to say:</p></div>
```

prepend() 的应用代码如下，供参考：

```
<p>I would like to say:</p>
$("p").prepend("<b>Hello</b>");
// 执行之后，结果如下
<p><b>Hello</b>I would like to say:</p>        // 插入到目标的前面
```

prependTo() 的应用代码如下，供参考：

```
<p>I would like to say:</p><div id="foo">Hello！ </div>
$("p").prependTo("#foo");
// 执行之后，结果如下
<div id="foo"><p>I would like to say:</p>Hello！ </div>
```

2）外部插入。外部插入方法有 after()、before()、insertAfter() 和 insertBefore()。在应用这几个方法时，应注意区别谁是主体、谁是被操作的对象。

after() 的应用代码如下，供参考：

```
<p>I would like to say:</p>
$("p").after("<b>Hello</b>");
// 执行之后，结果如下
<p>I would like to say:</p><b>Hello</b>
```

before() 的应用代码如下，供参考：

```
<p>I would like to say:</p>
$("p").before("<b>Hello</b>");
// 执行之后，结果如下
<b>Hello</b><p>I would like to say:</p>
```

insertAfter() 的应用代码如下，供参考：

```
<p>I would like to say:</p><div id="foo">Hello</div>
$("p").insertAfter("#foo");
// 执行之后，结果如下
<div id="foo">Hello</div><p>I would like to say:</p>       // 相当于移动了节点
```

insertBefore() 的应用代码如下，供参考：

```
<div id="foo">Hello</div><p>I would like to say:</p>
$("p").insertBefore("#foo");
// 执行之后，结果如下
<p>I would like to say:</p><div id="foo">Hello</div>
```

（3）复制节点。复制节点的方法是 clone()，但是这个方法只是复制元素本身，如果想连同它的所有事件、处理函数都一并复制过来，则需要添加参数 true，语法为 clone(true)。clone() 的应用代码如下，供参考：

```
<b>Hello</b><p>, how are you?</p>
$("b").clone().prependTo("p");
// 执行之后，结果如下
<b>Hello</b><p><b>Hello</b>, how are you?</p>
```

clone() 方法会复制这个对象，但是如果这个对象原来有 id 值，那么复制之后，新对象的 id 值就和原对象是一致的，不会被清空。注意，不能通过 ID 选择器来查询多个 id 相同的对象。因为 jQuery 会从上向下找，找到第一个对象之后就返回结果，不会返回多个对象。

如果原对象中相关的一些事件处理方法也需要一同复制过来，那么这些方法就不能通过原对象的 id 来指定操作对象，而需要使用 this 来指定，同时执行方法中需要考虑对象复制之后的代码公用性。

（4）替换节点。替换节点方法有 replaceAll() 和 replaceWith() 这两种。

replaceAll() 的应用代码如下，供参考：

```
<div class="container">
   <div class="inner first">Hello</div>
   <div class="inner second">And</div>
   <div class="inner third">Goodbye</div>
</div>
$("<h2>New heading</h2>").replaceAll(".inner");
// 结果
<div class="container">
   <h2>New heading</h2>
   <h2>New heading</h2>
   <h2>New heading</h2>
</div>
```

replaceWith() 的应用代码如下，供参考：

```
$("div .second").replaceWith("<h2>New heading</h2>");
// 结果
<div class="container">
   <div class="inner first">Hello</div>
   <h2>New heading</h2>
   <div class="inner third">Goodbye</div>
</div>
```

（5）包裹节点。包裹节点方法有 wrap()、unwrap()、wrapAll() 和 wrapInner()。wrap() 是在每个匹配的元素外层包一个 HTML 元素；unwrap() 是将匹配元素集合的父元素删除，在原来的位置保留自身（连同兄弟元素，如果存在）；wrapAll() 是在所有匹配元素外面包一层 HTML 结构；wrapInner() 是在匹配元素的内容外包一层结构。

【例 3-6】wrap() 应用示例。

```
<html>
<head>
   <style>
   .inner{
```

```
        border:blue solid 1px;
    }
    .new{
        border:red solid 1px;
        padding:2px;
    }
    </style>
    <script src="./jquery-3.3.1.js" ></script>
</head>
<body>
    <div class="container">
        <div class="inner">Hello</div>
        <div class="inner">Goodbye</div>
    </div>
<script>
    $(".inner").wrap('<div class="new"/>');
</script>
</body>
</html>
```

以下结果中，所有 class="inner" 的元素都被包装在 <div class="new"/> 内：

```
<div class="container">
    <div class="new">
        <div class="inner">Hello</div>
    </div>
    <div class="new">
        <div class="inner">Goodbye</div>
    </div>
</div>
```

【例 3-7】unwrap() 应用示例。当点击按钮“unwrap”时，会把原本包装在外面的 div 拆掉。

```
<html>
<head>
  <style>
  p{
    border:blue solid 1px;
  }
  div{
    border:red solid 1px;
    padding:2px;
  }
  </style>
  <script src="./jquery-3.3.1.js" ></script>
</head>
<body>
<input type="button" value="unwrap"/>
  <div>
    <p>Hello</p>
    <p>cruel</p>
    <p>World</p>
  </div>

<script>
  $("[type = 'button']").click(
    function(){
      $("p").unwrap();
    });
</script>
</body>
</html>
```

【例 3-8】wrapAll() 应用示例 1。

```
<html>
<head>
  <style>
  .inner{
    border:blue solid 2px;
  }
  .new{
    border:red solid 2px;
    padding:2px;
  }
  </style>
  <script src="./jquery-3.3.1.js" ></script>
</head>
<body>
  <div class="container">
    <div class="inner">Hello</div>
    <div class="inner">Goodbye</div>
  </div>
<script>
  $(".inner").wrapAll('<div class="new" />');
</script>
</body>
</html>
```

【例 3-9】wrapAll() 应用示例 2（匹配的元素是分开的）。

```
<html>
<head>
  <style>
  .inner1{
    border:blue solid 2px;
  }
  .new{
```

```
    border:red solid 2px;
    padding:2px;
  }
  </style>
  <script src="./jquery-3.3.1.js" ></script>
</head>
<body>
  <div class="container">
    <div class="inner1">Hello</div>
    <div class="inner">Goodbye</div>
    <div class="inner1">Hello2</div>
    <div class="inner">Goodbye2</div>
  </div>
<script>
  $(".inner1").wrapAll('<div class="new" />');
</script>
</body>
</html>
```

【例 3-10】wrapInner() 应用示例。

```
<html>
<head>
  <style>
  .inner{
    border:blue solid 2px;
  }
  .new{
    border:red solid 2px;
    padding:2px;
  }
  </style>
  <script src="./jquery-3.3.1.js" ></script>
```

```
</head>
<body>
  <div class="container">
    <div class="inner">Hello</div>
    <div class="inner">Goodbye</div>
  </div>
<script>
  $(".inner").wrapInner('<div class="new" />');
</script>
</body>
</html>
```

（6）遍历元素。在 jQuery 中，使用 each() 方法可以实现元素的遍历，其语法是 each(callback)。它会迭代 jQuery 对象中的每一个 DOM 元素。当遍历到某个 DOM 元素时，将以当前元素为上下文语境，触发并执行回调函数。因此，函数内部使用的关键字 this 总是指向当前元素。

注意，关键字 this 不是 jQuery 中的，而是 JS 中的。在 JS 中，关键字 this 总是指向调用它所在方法的对象，因为 this 是在函数运行时自动生成的一个内部对象，所以只能在函数内部使用。

【例 3-11】each() 应用示例 1。

```
<html>
<head>
  <style>
  .inner{
    border:blue solid 2px;
  }
  .new{
    border:red solid 2px;
    padding:2px;
  }
  </style>
  <script src="./jquery-3.3.1.js" ></script>
```

```
</head>
<body>
  <div class="container">
    <div class="inner">Hello</div>
    <div class="inner">Goodbye</div>
    <div class="inner">Hello2</div>
    <div class="inner">Goodbye2</div>
  </div>
<script>
  $(function(){
    $(".inner").each(function(index,dom){
      alert("第"+index+"个元素："+$(dom).text());
    });
  });
</script>
</body>
</html>
```

【例 3-12】each() 应用示例 2。each() 函数就是一个循环，在 jQuery 中使用 return false 来终止，而在 JS 中使用 break 来终止。

```
<html>
<head>
  <style>
  .inner{
    border:blue solid 2px;
  }
  .new{
    border:red solid 2px;
    padding:2px;
  }
  </style>
  <script src="./jquery-3.3.1.js" ></script>
```

```
</head>
<body>
    <div class="container">
        <div class="inner">Hello</div>
        <div class="inner">Goodbye</div>
        <div class="inner">Hello2</div>
        <div class="inner">Goodbye2</div>
    </div>
    <input type="button" id="btnBreak" value="循环测试 Break">
<script>
    $(function(){
        $("#btnBreak").click(function(){
            $(".inner").each(function(index,dom){
                if(index%2===0)
                    return; // 实现 continue 功能
                else
                {
                    alert("第"+index+"个元素："+$(dom).text());
                    return false; // 实现 break 功能
                }
            });
        });
    });
</script>
</body>
</html>
```

（7）删除元素。jQuery 提供了删除元素的方法 remove()、empty() 和 detach()。remove() 是将匹配元素集合从 DOM 中删除，同时会移除元素上的事件及 jQuery 数据；empty() 是从 DOM 中移除集合中匹配元素的所有子节点；如果想删除元素，但又不想破坏它们的数据或事件处理程序（即这些绑定的信息能被重新添加回来），可以使用 detach() 方法。

【例 3-13】remove() 应用示例。如果 <div class="hello"> 里面有子元素，它们同样

会被移除。

```
<html>
<head>
  <style>
  .hello{
    border:blue solid 2px;
  }
  .goodbye{
    border:red solid 2px;
    padding:2px;
  }
  </style>
  <script src="./jquery-3.3.1.js" ></script>
</head>
<body>
  <div class="container">
    <div class="hello">Hello</div>
    <div class="goodbye">Goodbye</div>
  </div>
  <input type="button" id="btnRemove" value="Action">
  <input type="button" id="btnRemove2" value="Action2">
<script>
  $(function(){
    $("#btnRemove").click(function(){
      $(".hello").remove();
    });

    $("#btnRemove2").click(function(){
      $(".container").remove();
    });
  });
</script>
```

```
</body>
</html>
```

【例 3-14】empty() 应用示例。运行示例代码后可以发现，div 元素 container 内所有的子元素都被删除了。

```
<html>
<head>
    <style>
    .hello,.goodbye{
        border:blue solid 2px;
    }
    .container{
        border:red solid 2px;
        padding:2px;
    }
    </style>
    <script src="./jquery-3.3.1.js" ></script>
</head>
<body>
    <div class="container">
        <div class="hello">Hello</div>
        <div class="goodbye">Goodbye</div>
    </div>
    <input type="button" id="btnRemove" value="Action">
<script>
    $(function(){
        $("#btnRemove").click(function(){
            $(".container").empty();
        });
    });
</script>
</body>
</html>
```

【例 3-15】detach() 应用示例。在全局环境下定义了一个变量 p，当 p 为空时，在执行 detach() 后，它把所有删除的对象作为结果返回了，并保存在变量 p 中，也就是说并没有把这些对象的相关数据和关联函数清理掉。此时，页面中已经没有这些元素了，但是它们并没有消失，而是保存在变量 p 中（仍在计算机内存中），只是不显示而已。所以再次点击按钮后，p 变量能把这些被删除的对象重新追加回 <body> 中，于是又在页面中显示出来。

```
<html>
<head>
  <style>p { background:yellow; margin:6px 0; } p.off { background:black; }</style>
  <script src="./jquery-3.3.1.js" ></script>
</head>
<body>
  <p>Hello</p>
  how are
  <p>you?</p>
  <button>Attach/detach paragraphs</button>
<script>
  $("p").click(function(){
    $(this).toggleClass("off");
  });
  var p; //p 全局变量
  $("button").click(function(){
    if ( p ) {
      p.appendTo("body");
      p = null;
    } else {
      p = $("p").detach();
    }
  });</script>
</body>
</html>
```

5. jQuery 样式操作

最常见的 jQuery 样式操作是通过 css() 方法进行的，以下代码供参考：

```
// 获取当前调用对象的 "background-color" 属性的值，并保存到 color 对象中
var color= $(this).css("background-color");
```

也可以直接设置 css() 方法，以下代码供参考：

```
$(this).css("color","red");      // 将当前对象样式的 color 设置为 red
```

【例 3-16】下面是一个完整的 jQuery 样式操作示例，是通过操作 class 这个属性获取、设置样式相关信息的。

```
<html>
<head>
  <meta http-equiv="Content-Type" content="text/html; charset=utf-8" />
  <title>jQuery 样式操作 </title>
  <style type="text/css">
    .high {
      font-weight:bold;
      /* 粗体字 */
      color:red;
      /* 字体颜色设置红色 */
    }
    .another {
      font-style:italic;
      color:blue;
    }
  </style>
  <!-- 引入 jQuery -->
  <script src="./jquery-3.3.1.js" type="text/javascript"></script>
  <script type="text/javascript">
    $(function () {
      // 获取样式
```

```
        $("input:eq(0)").click(function () {
            alert($("p").attr("class"));
        });
        // 设置样式
        $("input:eq(1)").click(function () {
            $("p").attr("class","high");
        });
        // 追加样式
        $("input:eq(2)").click(function () {
            $("p").addClass("another");
        });
        // 删除全部样式
        $("input:eq(3)").click(function () {
            $("p").removeClass();
        });
        // 删除指定样式
        $("input:eq(4)").click(function () {
            $("p").removeClass("high");
        });
        // 重复切换样式
        $("input:eq(5)").click(function () {
            $("p").toggleClass("another");
        });
        // 判断元素是否含有某样式
        $("input:eq(6)").click(function () {
            alert($("p").hasClass("another"))
            alert($("p").is(".another"))
        });
    });
  </script>
</head>
<body>
```

```
    <input type="button" value="输出 class 类" />
    <input type="button" value="设置 class 类" />
    <input type="button" value="追加 class 类" />
    <input type="button" value="删除全部 class 类" />
    <input type="button" value="删除指定 class 类" />
    <input type="button" value="重复切换 class 类" />
    <input type="button" value="判断元素是否含有某个 class 类" />
    <p class="myClass" title="选择你最喜欢的水果"> 你最喜欢的水果是什么 ?</p>
    <ul>
      <li title="苹果"> 苹果 </li>
      <li title="橘子"> 橘子 </li>
      <li title="菠萝"> 菠萝 </li>
    </ul>
</body>
</html>
```

例 3–16 中使用的方法 attr() 与 css() 类似，也可以同时获取或设置键值对，具体代码如下：

```
alert( $("p").attr("class"));          // 获取 class 属性的值
$("p").attr("class","high");           // 为 class 属性设置新值 high
```

执行之后，对应 <p> 标签的脚本变成了以下内容：

```
<p class="high" title="选择你最喜欢的水果"> 你最喜欢的水果是什么 ?</p>
```

之后，addClass() 追加一个 class 值使样式叠加，具体代码如下：

```
$("p").addClass("another");        // 追加样式
```

结果如下：

```
<p class="high another" title="选择你最喜欢的水果"> 你最喜欢的水果是什么 ?</p>
```

例 3–16 用 removeClass() 方法将 class 属性值删除，如果不指定参数，则会清空。

例 3–16 还用 toggleClass() 方法判断传递的参数。如果 class 中有这个样式值，它就会删掉这个样式值；如果 class 中没有这个样式值，它就会加上这个样式值。具体代码如下：

```
$("p").toggleClass("another");
// 如果反复点击按钮，样式会在添加、清除中切换
```

例 3-16 还使用了两个辅助方法，其中 hasClass() 是判断有无这个样式值，而 is() 则是判断当前匹配的元素集合中的元素是否为一个选择器、DOM 元素或 jQuery 对象，如果这些元素中的任何一个匹配给定的参数，那么就返回 true。当然，is() 实际上可以用来判断很多类型。具体代码如下：

```
alert( $("p").hasClass("another") )
alert( $("p").is(".another") )
```

上面这两句代码的结果其实是一样的，都是判断有无“.another”这个选择器。注意，“another”单词前的“.”不能遗漏，这个是类选择器的标志。

6. jQuery 获取、设置 HTML 元素的值和文本

获取 HTML 元素的值或者给 HTML 元素设置值也是 jQuery 中的常见操作，一共有三个方法，即 html()、text() 和 val()。html() 方法用来获取集合中第一个匹配元素的 HTML 内容，或设置每一个匹配元素的内容。

【例 3-17】div 嵌套示例。

```
<html>
<head>
  <style>
  .hello,.goodbye{
    border:blue solid 2px;
  }
  .container{
    border:red solid 2px;
    padding:2px;
  }
  </style>
  <script src="./jquery-3.3.1.js" ></script>
</head>
<body>
```

```
    <div class="demo-container">
        demo-container
        <div class="demo-box">Demonstration Box</div>
    </div>
    <input type="text" id="txtName" value="Michael Jackson" />
    <input type="button" id="btnHtml" value="Html">
    <input type="button" id="btnText" value="Text">
    <input type="button" id="btnVal" value="Value">
<script>
    $(function(){
        $("#btnHtml").click(function(){
            alert($("div.demo-container").html());
        });

        $("#btnText").click(function(){
            alert($("div.demo-container").text());
        });

        $("#btnVal").click(function(){
            alert($("#txtName").val());
        });
    });
</script>
</body>
</html>
```

执行“$("div.demo-container").html();”返回的结果具体如下：

```
demo-container
<div class="demo-box">Demonstration Box</div>
// 返回的是这个标签嵌套的内部元素的完整 HTML 代码，一模一样
```

执行“$("div.demo-container").text();”返回的结果具体如下：

```
demo-container
Demonstration Box
// 返回的结果是两个文本字符串
```

执行“alert($("#txtName").val());”返回的结果具体如下：

```
Michael Jackson
```

如果这三个方法传递参数值，那么原来的结果将被传入的值替换。注意，赋值操作必须精确定位到一个元素，否则很容易误操作。如果要批量赋值，建议用 each() 遍历元素后再一一赋值。

7. jQuery 获取、设置元素尺寸

在 Web 前端开发中，有一类操作是经常遇到的，那就是尺寸的设置。jQuery 专门提供了一系列的尺寸设置方法，具体见表 3–18。元素尺寸示意图如图 3–6 所示。

表 3–18　　jQuery 尺寸设置方法

方法	说明
height()	获取匹配元素集合中第一个元素的当前计算高度值，或者设置每个匹配元素的高度值
innerHeight()	获取匹配元素集合中第一个元素的当前计算高度值，包括 padding，但是不包括 border
outerHeight()	获取匹配元素集合中第一个元素的当前计算高度值，包括 padding、border 和选择性的 margin，返回一个整数值（不包含 px 等单位符号）。如果在一个空集合上调用该方法，则会返回 null
width()	获取匹配元素集合中第一个元素的当前计算宽度值，或者设置每个匹配元素的宽度值
innerWidth()	获取匹配元素集合中第一个元素的当前计算宽度值，包括 padding，但是不包括 border
outerWidth()	获取匹配元素集合中第一个元素的当前计算宽度值，包括 padding、border 和选择性的 margin，返回一个整数值（不包含 px 等单位符号）。如果在一个空集合上调用该方法，则会返回 null

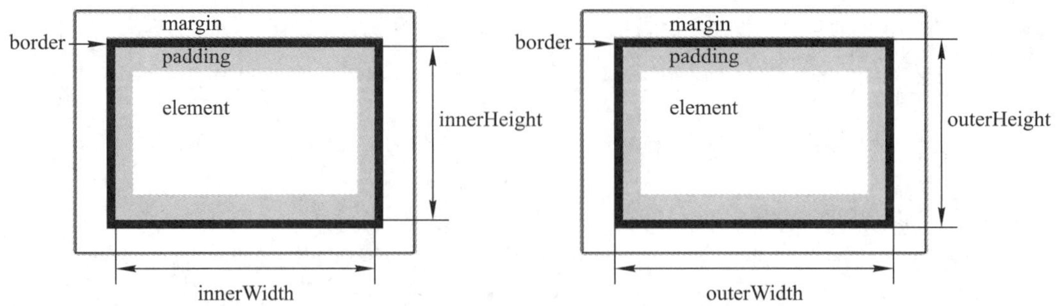

图 3-6　元素尺寸示意图

上述方法可以直接使用，以下代码供参考：

```
var $p = $("p:first");
alert($p.innerHeight());       // 直接使用
```

在 HTML 元素对象中，有两个比较特殊的对象，即 window 和 document。当这两个特殊对象去获取 height 和 width 时，示例代码及返回结果如下：

```
$(window).height();          // 获取浏览器视窗的高度
$(document).height();        // 获取 HTML 文档的高度
$(window).width();           // 获取浏览器视窗的高度
$(document).width();         // 获取 HTML 文档的高度
```

另外，height() 和 width() 方法还可以接收数值，设定元素的高度和宽度（window 和 ducument 不适用）。以下代码供参考：

```
function() {
  var modWidth = 50;
  $("div").one("click", function () {
    $(this).width(modWidth).addClass("mod");
  modWidth -= 8;
}
```

学习单元 2

jQuery 事件、动画和特效设置

学习目标

- 了解 jQuery 事件、动画和特效设置的基础知识。
- 能够在网站设计中应用 jQuery 事件、动画和特效。

知识准备

一、页面的加载以及事件的绑定、合成、冒泡及移除

1. 页面的加载

当页面加载时，JS 会触发 DOM 的 onload() 事件。在 jQuery 中，这个过程使用的方法为 $(document).ready()。在这个方法中，要将被执行的代码作为参数给 ready()，以下代码供参考：

```
$(document).ready(function(){
……        // 页面加载需要执行的操作
});
```

因为这个操作频率太高，所以 jQuery 对其进行了简化。当在 $() 的括号里不写任何内容时，就代表 $(document)，且 ready() 方法可以直接省略不写。以下三种写法意思相同：

```
$(document).ready(function(){ …… });
$().ready(function(){ …… });
$(function(){ …… });        // 这种写法最简单、最常用
```

2. 事件的绑定

在使用 jQuery 编写代码的过程中可以随时绑定相关事件，但是很多时候要在 ready() 方法中进行事件的绑定操作。jQuery 也提供了一个适用于所有事件绑定的专门方法 bind()，其语法格式如下：

bind(type [,data], fn)

参数 1 代表事件类型，可以是包含一个或多个 DOM 事件类型的字符串，如“click”、“submit”或自定义事件的名称；参数 2 是可选的，作为 event.data 属性值传递给事件的额外数据对象；参数 3 用来绑定处理函数。以下代码供参考：

```
$("#foo").bind("click", function() {
  alert('User clicked on "foo."');
});
```

上述代码将 ID 设置为 foo 的元素，用来响应 click 事件，当用户点击这个元素之后，将显示弹出框，内容为 User clicked on "foo."。

bind() 方法可以支持多个事件，以下代码供参考：

```
$("#foo").bind("mouseenter mouseleave", function() {
  $(this).toggleClass("entered");
});
```

在 ID 为 foo 的元素（当最初它不会有 entered 样式类时）上效果是这样的：当鼠标进入这个元素时，给它添加 entered 样式类；当鼠标离开时，移除这个样式类。还可以像以下代码这样写：

```
$("#foo").bind({
  click:function() {
```

```
        // do something on click
    },
    mouseenter:function() {
        // do something on mouseenter
    }
});      // 通过传递事件类型和处理函数的数据键值对映射来绑定多个事件处理程序
```

3. 事件的合成

事件的合成是指用一个处理方法合成几个 DOM 事件。曾经 jQuery 有两个用来合成事件的方法——hover() 和 toggle()，但在 jQuery1.9 版本之后，toggle() 就被废弃了。

hover() 方法是将两个事件函数绑定到匹配元素上，当鼠标指针进入和离开元素时被执行。

【例 3–18】hover() 应用示例。

```
<html>
<head>
    <link rel="stylesheet" type="text/css" href="./style.css" />
    <script src="./jquery-3.3.1.js" type="text/javascript"></script>
    <script type="text/javascript">
        $(function () {
            $("#panel h5.head")
                .hover(
                    function () {
                        $(this).next("div.content").show();
                    }, function () {
                        $(this).next("div.content").hide();
                    }
                )
        })
    </script>
</head>
```

```
<body>
  <div id="panel">
    <h5 class="head"> 什么是 jQuery?</h5>
    <div class="content" style="display:none;">
    jQuery 是继 Prototype 之后又一个优秀的 JavaScript 库，创建于 2006 年 1 月，属于开源项目。jQuery 凭借简洁的语法和跨平台的兼容性，极大地简化了 JavaScript 开发人员遍历 HTML 文档、操作 DOM、处理事件、执行动画和开发 AJAX 的工作量。它独特而又优雅的代码风格改变了 JavaScript 开发人员的设计思路和编写程序的方式。
    </div>
  </div>
</body>

</html>
```

4. 事件的冒泡

如果有三层嵌套的 <div> 标签元素，且每一层 <div> 都绑定了不同的 click 事件，那么在点击鼠标之后，事件的冒泡就是哪个事件先执行、哪个事件后执行的顺序。目前，浏览器对事件处理的策略主要有两种，一种是从最底层开始一层一层往上触发，另一种是从顶层开始一层一层往下触发。有时也希望触发一次就结束，即不需要层层触发。

【例 3–19】事件的冒泡示例。

```
<html>
<head>
  <style>
    div{
      display:block;
      border:black solid 1px;
      text-align:center;
      margin-left:25%;
      margin-top:10px;
    }
```

```
.lvl1,#div1{
    background:royalblue;
    width:200px;
    height:200px;

}
.lvl2,#div2{
    background:skyblue;
    width:100px;
    height:100px;
}
.lvl3,#div3{
    background:white;
    width:50px;
    height:50px;
}

</style>
<script src="./jquery-3.3.1.js" type="text/javascript"></script>
<script type="text/javascript">
    $(function () {
        $(".lvl1").click(function(){
            alert("这是第一层");
        });
        $(".div2").click(function(){
            alert("这是第二层");
        });
        $(".div3").click(function(){
            alert("这是第三层");
        });

        $("#div1").click(function(){
```

```
                alert("这是第一层");
            });
            $("#div2").click(function(){
                alert("这是第二层");
            });
            $("#div3").click(function(event){
                alert("这是第三层");
                event.stopPropagation();    // 停止事件的冒泡
            });
        })
    </script>
</head>

<body>
    <div class="lvl1"> 第一层
        <div class="lvl2"> 第二层
            <div class="lvl3">
                第三层
            </div>
        </div>
    </div>
    <div id="div1" > 第一层
        <div id="div2"> 第二层
            <div id="div3">
                第三层
            </div>
        </div>
    </div>
</body>

</html>
```

上述代码中 event.stopPropagation() 的作用是使事件不再冒泡，即上层元素的相同事件将不再执行。

5. 事件的移除

bind() 方法用来进行事件的绑定，相反，进行事件的移除则采用 unbind() 方法。以下代码供参考：

```
// 先绑定了一个 click 事件
$("#foo").click( function() {
   alert('User clicked on "foo."');
});
// 然后移除这个 click 事件
$("#foo").unbind("click");       // 这样，就把这个对象上的 click 事件全部移除了
```

二、模拟操作

jQuery 提供了 trigger() 方法，可以用来模拟一些操作。例如，在页面加载的 ready() 方法中添加以下代码：

```
$("#btn").trigger("click");
```

当页面加载完毕，就会自动触发 id=btn 元素的 click 事件。以上代码可以简写为：

```
$("#btn").click();
```

trigger() 方法更强大的功能是触发自定义的一些事件，具体代码如下：

```
$("#btn").bind("myClick",function(){       // 模拟 click 操作
$("#test").append("<p> 我的自定义事件 </p>");
});
$("#btn").trigger("myClick");              // 将这句代码写到任何函数中去执行
```

上述代码中的 myClick 事件是在 JS 和 jQuery 中都不存在的事件名称，因此当需要被触发时，就要用 trigger() 来完成。

三、jQuery 的隐藏与显示、淡入与淡出以及滑动

1. hide() 和 show()

这两个方法可以针对元素 CSS 样式中的 display 项进行操作。当执行 hide() 后，会设置样式 display=none，所以对象就不显示了；当执行 show() 后，样式 display 会设置为 block、inline 或其他非 none 的值。以下代码供参考：

```
$("element").hide();
$("element").show();
```

这两个方法如果没有参数，那么动画就会在一瞬间完成。如果想让动画慢慢地出来、消失，就需要给它传递一个时间值做参数，单位是 ms（毫秒）。

```
$("element").hide(1000);     // 过程持续 1 000 ms
$("element").show(1000);     // 过程持续 1 000 ms
```

jQuery 还定义了以下枚举值（括号内数值单位是 ms）：slow(600)、normal(400)、fast(200)。以下代码供参考：

```
$("element").hide("fast");
$("element").show("normal");
```

2. fadeIn() 和 fadeOut()

这两个方法与 show() 和 hide() 在视觉感官上差不多，都是用来隐藏元素对象的。但不同的是，这两个方法仅仅改变元素对象的透明度，不会改变其高度和宽度。以下代码供参考：

```
$("element").fadeIn();
$("element").fadeOut();
```

3. slideUp() 和 slideDown()

这两个方法的效果是以下拉或上缩的方式显示或隐藏相应的元素对象，以下代码供参考：

```
$("element").slideUp();
$("element").slideDown();
```

fadeIn() 和 fadeOut()、slideUp() 和 slideDown()，这些方法的动画时间是默认设定好的。当然，可以为其传递一个自定义时间。

4. animate ()

animate() 用来根据一组 CSS 属性执行自定义动画，之前介绍的几个方法在实际使用中无法满足用户要求，所以就有了自定义动画方法 animate()。

【例 3-20】animate() 应用示例。

```
<html>

<head>
  <style>
  </style>
  <script src="./jquery-3.3.1.js" type="text/javascript"></script>
  <script type="text/javascript">
    $(function () {
      $("#clickme").click(function () {
        $("#logo").animate(
          {// 以下是动画执行完毕的目标样式
            opacity:0.25,
            left:"+=50",
            height:"toggle"
          },
          5000,      // 动画执行时间
          function () {
            // 动画执行完毕的回调函数
          });
      });
    })
  </script>
```

```
</head>

<body>
  <div id="clickme">
    点击这里
  </div>
  <img id="logo" src="ssiaLogo.png" alt="" width="100" height="123" style="position:
relative; left:10px;" />
</body>

</html>
```

其中，加粗的部分是动画脚本代码。

注意，这里指定 toggle 作为 height 属性的目标值。点击后图片开始是可见的，当动画缩小至其高度为 0 时这个图片就隐藏了，再次点击时将进行相反的转变。

5. toggle()

toggle() 方法用来切换元素的可见或隐藏状态。如果元素是可见状态，则切换为隐藏状态；如果元素是隐藏状态，则切换为可见状态。以下代码供参考：

```
$("#book").toggle();
// 或
  $("#book").toggle("slow", function() {
    // 动画结束
  });
```

6. slideToggle()

slideToggle() 方法用滑动动画显示或隐藏一个匹配元素。这个方法相当于将前面介绍的 slideUp() 和 slideDown() 结合起来，实现来回切换，通过改变元素的高度来实现动画。以下代码供参考：

```
$("#book").slideToggle();
```

7. fadeTo()

fadeTo() 是把元素的不透明度以渐变方式调整到指定的值。这个方法只调整元素的不透明度，即元素的高度和宽度不会发生变化。以下代码供参考：

```
$("#book").fadeTo(600,0.2);      // 动画 600 ms，将不透明度调整到 20%
```

四、jQuery 回调函数

当一个函数的主体功能执行完之后，代码执行的进程回到被调用的代码位置，此时主程序针对函数的执行结果还需要做一些额外的操作，这类函数称为回调函数。回调函数必须是全局函数或静态函数，不可以是某个对象的函数。以例 3–20 中动画脚本部分的 animate() 方法为例，即 animate({……},5000,function(){……})，它的第三个参数就是一个回调函数，只需要把需要做的操作放在里面即可。

学习单元 3

jQuery 数据组织与表单操作

学习目标

- 了解 jQuery 数据组织与表单操作的基础知识。
- 能够在网站设计中应用 jQuery 数据组织与表单操作。

知识准备

一、JSON 数据组织方法

JSON（JavaScript object notation，JS 对象简谱）是一种轻量级的数据交换格式，它是基于 ECMAScript 的一个子集，采用完全独立于编程语言的文本格式来存储和表示数据。简洁和清晰的层次结构使 JSON 成为理想的数据交换语言，而且 JavaScript 能与其良好兼容。JSON 格式语言便于阅读和编写，在网站前后端交互中使用非常广泛。

JSON 基于两种结构——对象和数组。对象在 JS 中是由大括号 {} 括起来的内容，数据结构为 {key:value,key:value,……}，在面向对象的语言中，key 为对象的属性，value 为对应的属性值，获取属性值的语法为“对象名 .key”，属性值的类型可以是数字、字符串、数组和对象。数组在 JS 中是由中括号 [] 括起来的内容，数据结构为 ["java","javascript","vb",……]，取值方式与其他语言一样是使用索引获取，字段值的类型可以是数字、字符串、数组和对象。

请读者阅读以下 JSON 示例代码：

```
{
"employees":[
{ "firstName":"Bill" , "lastName":"Gates" },
{ "firstName":"George" , "lastName":"Bush" },
{ "firstName":"Thomas" , "lastName":"Carter" }
]
}
```

上述代码包含一个 employees 数组，这个数组包含三个元素，每个元素都有两个键值对（即所保存的数据），键和值中间用半角冒号“:”隔开，两个键值对之间用半角逗号“,”隔开。注意，这些冒号和逗号都必须是英文格式，不允许是中文格式。JSON 代码在语法上与创建 JS 对象的代码相同，因此无须解析器，JS 程序能够使用内建的 eval() 函数和 JSON 数据来生成 JS 的原生对象。

1. JSON 语法规则

（1）JSON 键值对。键值对包括一个字段名称（必须在英文格式的双引号中），字段名称后面有一个英文格式的冒号，然后是值，如 "firstName":"John"，它等价于 firstName = "John"。注意，JSON 字符串中的名称也必须用英文格式的双引号引起来，这是语法规定的。

（2）JSON 值。JSON 值见表 3-19。注意，JS 中有 undefined 这种数据值，但是 JSON 不支持。

表 3-19　　JSON 值

类型	语法格式	备注
数字（整数或浮点数）	"width":500	不允许有千分位
字符串（在双引号中）	"name":"sun1"	—
逻辑值（true 或 false）	"useDataStore":true	—
数组（在中括号中）	"types":["GML","XML"]	—

对象（在大括号中）	"image":{
	"src":"Images/Sun.png",
	"name":"sun1"
	}
	// 对象的值，其实是一组 JSON 键值对
		—

null	"id":null	小写

2. 解析与序列化

早期的 JSON 解析器基本上使用了 JS 的 eval() 函数。由于 JSON 是 JS 语法的子集，因此 eval() 函数可以解析、解释并返回 JS 对象和数组。ECMAScript 5 对 JSON 的解析行为进行了规范，定义了全局对象。JSON 对象有两个方法 stringify() 和 parse()。在最简单的情况下，stringify() 用于把 JS 对象序列化为 JSON 字符串，parse() 用于把 JSON 字符串解析为 JS 原始值。

【例 3–21】解析与序列化应用示例。

```
<html>

<head>
  <style>
  </style>
  <script src="./jquery-3.3.1.js" type="text/javascript"></script>
  <script type="text/javascript">
    $(function () {
      var JSONInfo = {
        title:"JSON",
        type:[
          "数字","字符串","逻辑值","数组","对象"
        ],
        rule:"键值对",
        status:true
      };
      var jsonText = JSON.stringify(JSONInfo);
      document.write(jsonText);
    })
  </script>
</head>
<body>
</body>

</html>
```

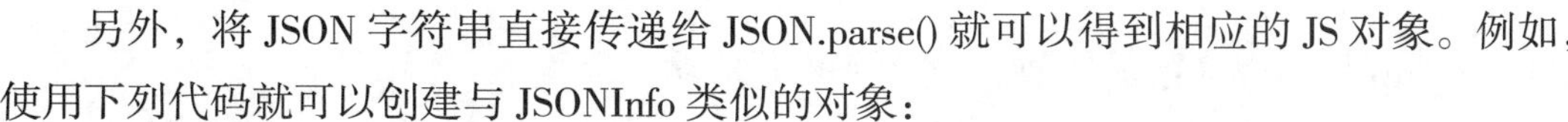

另外，将 JSON 字符串直接传递给 JSON.parse() 就可以得到相应的 JS 对象。例如，使用下列代码就可以创建与 JSONInfo 类似的对象：

```
var myInfo = JSON.parse(jsonText);
```

3. jQuery 中的 JSON 操作方法

在 jQuery 中，也为 JSON 操作提供了两个方法——$.getJSON() 和 $.parseJSON()。$.getJSON() 方法是在 AJAX 操作中，使用一个 GET 请求从服务器加载 JSON 格式数据的。$.parseJSON() 方法是接收一个标准格式的 JSON 字符串，并返回解析后的 JS 对象。以下代码供参考：

```
// 将一个 JSON 字符串解析为一个 JS 对象
var obj = jQuery.parseJSON('{"name":"John"}');
alert( obj.name === "John" );                    // 访问 JS 对象中的 name 属性
```

二、AJAX 操作

AJAX 是一种实现前后端数据交互的网页开发技术，它能够向服务器请求额外的数据而无须重新加载页面，这样会带来更好的用户体验。AJAX 技术的核心是 XMLHttpRequest（简称 XHR）对象，这是由微软公司首先引入的，其他浏览器供应商后来陆陆续续都提供了相似的对象。注意，后续示例需要用到 Web 服务端程序，而 Windows 系统默认自带一个微软的 IIS 服务端程序，因此不需要下载其他的程序。本书相关示例都是基于 IIS 服务端编写的，其部署过程见附录。

在使用 AJAX 之前，需要先创建一个 XHR 对象。由于 IE5、IE6 浏览器具有特殊性，因此 XHR 对象需要通过 ActiveXObject() 方法引入，以下代码供参考：

```
//IE5、IE6 浏览器实例化一个 XMLHttpRequest 对象
xmlHttpReq = new ActiveXObject("Microsoft.XMLHTTP");
// 其他浏览器实例化一个 XMLHttpRequest 对象
xmlHttpReq = new XMLHttpRequest();
```

创建了 xmlHttpReq 对象之后，就可以发起 AJAX 请求了，以下代码供参考：

```
if(xmlHttpReq != null){      // 如果对象实例化成功
   xmlHttpReq.open("GET","test.php",true);      // 调用 open() 方法并采用异步方式
   xmlHttpReq.onreadystatechange=RequestCallBack;      // 设置回调函数
   xmlHttpReq.send(null);      // 因为使用 GET 方式提交，所以可以使用 null 参数调用
}
```

回调函数中的代码用于请求提交并返回结果：

```
function RequestCallBack(){      // 一旦 readyState 值改变，就会调用这个函数
   if(xmlHttpReq.readyState == 4){
      if(xmlHttpReq.status == 200){
      // 将 xmlHttpReq.responseText 的值赋给 ID 为 resText 的元素
      document.getElementById("resText").innerHTML = xmlHttpReq.responseText;
      }
   }
}
```

上述回调函数中有两个状态值很重要，即 readyState 和 status。在 AJAX 实际运行过程中，访问 XMLHttpRequest 对象并不是一次完成的，而是经历多种状态的结果，在 AJAX 中共有五种状态值，分别是：0，未初始化状态，还没有调用 send() 方法；1，载入状态，已调用 send() 方法，正在发送请求；2，载入完成状态，send() 方法执行完成；3，交互状态，正在解析响应内容；4，完成状态，响应内容解析完成，可以在客户端调用了。上述代码采用“xmlHttpReq.readyState == 4”判断是否成功完成了一次请求过程，而 status 是 AJAX 状态码说明，200 是指正常完成一次请求交易。常用的 HTTP 标准头部信息如下：200，访问成功且无错误；404，访问页面未找到。

【例 3-22】XMLHttpRequest 请求示例。

```
<html>
<head>
   <title></title>
   <meta http-equiv="Content-Type" content="text/html; charset=utf-8" />
   <script language="javascript" type="text/javascript">
      // 通过这个函数来异步获取信息
      function Ajax() {
```

```
        var xmlHttpReq = null;       // 声明一个空对象装入 XMLHttpRequest 对象
        if (window.ActiveXObject) {
      //IE5 和 IE6 是以 ActiveXObject 的方式引入 XMLHttpRequest 对象的
            xmlHttpReq = new ActiveXObject("Microsoft.XMLHTTP");
        }
        else if (window.XMLHttpRequest) {
      // 对于除 IE5 和 IE6 以外的浏览器，XMLHttpRequest 是 window 的子对象
            xmlHttpReq = new XMLHttpRequest();       // 实例化一个 XMLHttpRequest 对象
        }
        if (xmlHttpReq != null) {       // 如果该对象实例化成功
            xmlHttpReq.open("GET", "http://localhost/WebDevelopingDemo/Home/
GetTestInfo", true);
      // 调用 open() 方法并采用异步方式
            xmlHttpReq.onreadystatechange = RequestCallBack;       // 设置回调函数
      // 因为使用 GET 方式提交，所以可以使用 null 参数调用
            xmlHttpReq.send(null);
        }
        function RequestCallBack() {// 一旦 readyState 值改变，就会调用这个函数
            if (xmlHttpReq.readyState == 4) {
                if (xmlHttpReq.status == 200) {
                    // 将 xmlHttpReq.responseText 的值赋给 ID 为 resText 的元素
                    document.getElementById("resText").innerHTML = xmlHttpReq.responseText;
                }
            }
        }
    }
  </script>
</head>

<body>
  <input type="button" value="AJAX 提交" onclick="Ajax();" />
  <div id="resText"></div>
```

```
</body>

</html>
```

三、jQuery 中的 AJAX 操作方法

jQuery 提供了以下几个方法来简化 AJAX 的操作：最底层方法 $.ajax()，第二层方法 load()、$.get() 和 $.post()，第三层方法 $.getScript() 和 $.getJSON()。下面主要介绍第二层方法（使用频率最高）和最底层方法。

1. load() 方法

load() 方法用来从服务器载入数据并将返回的 HTML 代码插入匹配的元素中。

【例 3-23】load() 方法应用示例（所涉及网址仅为测试用例，即非真实网址，仅供参考）。

```
<html>
<head>
    <title></title>
    <meta http-equiv="Content-Type" content="text/html; charset=utf-8" />
    <style type="text/css">
        * {
            margin:0;
            padding:0;
        }
        body {
            font-size:12px;
        }
        .comment {
            margin-top:10px;
            padding:10px;
            border:1px solid #ccc;
            background:#DDD;
        }
```

```
        .comment h6 {
            font-weight:700;
            font-size:14px;
        }

        .para {
            margin-top:5px;
            text-indent:2em;
            background:#DDD;
        }
    </style>
    <!-- 引入 jQuery -->
    <script src="./jquery-3.3.1.js" type="text/javascript"></script>
    <script language="javascript" type="text/javascript">
        $(function () {
            $("#send").click(function () {
                $("#resText").load("http://localhost/WebDevelopingDemo/test.html");
            })
        })
    </script>
</head>

<body>
    <input type="button" id="send" value="AJAX 获取" />
    <div class="comment">
        已有评论：
    </div>
    <div id="resText"></div>
</body>

</html>
```

执行源代码之后，可以看到，JS 脚本中那句“$("#resText").load("http://localhost/

WebDevelopingDemo/test.html");”会去服务端请求 test.html 的资源文件，且当文件内容返回后，会被完整地加载到 <div id="resText"></div> 中。注意，这些内容是加载到一个 div 控件中的，按照 DOM 层次规则，div 无法容纳 <html>、<head>、<body> 这些标签，因此，编译器直接截取 <body> 内部的内容。可以查看后端服务代码等目录下的 test.html 文件确认效果。当然，还可以对需要加载的内容进行过滤，只要在 URL 之后加选择器即可，语法是“url selector”。注意，url 和 selector 之间有一个空格。于是，上面那句代码可以改写为“$("#resText").load("http://localhost/WebDevelopingDemo/test.html div");”。

2. GET 和 POST 方式

前端页面往往需要与服务器实现数据的交互，而不仅仅是加载某个页面。在客户端与服务端之间传递数据的方式主要有两种——GET 和 POST 方式。

GET 方式是将所有的查询条件直接放在 URL 中，如 http://test/demo_form.asp?name1=value1&name2=value2（非真实网址），因为 URL 信息直接显示在浏览器的地址栏中，所以可以直接看到传递的所有信息。这种方式可以传递一般的非敏感信息，但是它有两个缺点：一是传递的信息长度有限，URL 地址不能有几千个字符那么长；二是不安全，可以被人一眼看到。因此，POST 数据传递方式出现了。这种方式在 URL 中是看不到任何参数的，如上述 URL 采用 POST 方式时写为 http://test/demo_form.asp（非真实网址）。POST 方式的参数保存在 HTTP 请求的头部信息中，需要用浏览器开发工具跟踪，或者通过类似 Fiddler 的监测工具才能看到。GET 方式和 POST 方式区别见表 3-20。

表 3-20　　GET 方式和 POST 方式区别

区别项	GET 方式	POST 方式
后退按钮 / 刷新	无须反复提交数据	数据会被重新提交（浏览器应该告知用户）
书签	可收藏为书签	不可收藏为书签
缓存	能缓存	不能缓存
编码类型	application/x-www-form-urlencoded	application/x-www-form-urlencoded 或 multipart/form-data，为二进制数据使用多重编码
历史	参数会保存在浏览器历史中	参数不会保存在浏览器历史中
对数据长度的限制	URL 长度是受限制的（最大长度是 2 048 个字符）	无限制

续表

区别项	GET 方式	POST 方式
对数据类型的限制	只允许 ASCII 字符	没有限制，也允许二进制数据
安全性	GET 的安全性较差，因为所发送的数据是 URL 的一部分。注意，在发送密码或其他敏感信息时不要使用 GET	POST 更安全，因为参数不会被保存在浏览器历史或服务器日志中
可见性	数据在 URL 中对所有人都是可见的	数据不会显示在 URL 中

鉴于两种方式各有特点，需要根据需求有针对性地进行选择。出于安全性的考虑，建议尽量使用 POST 方式，尤其是在 jQuery 异步请求数据的时候。

在 jQuery 中，专门为 GET 和 POST 请求提供了便捷的方法。

（1）$.get() 方法。$.get() 方法是使用 GET 方式请求从服务器加载数据的。其语法格式如下：

jQuery.get(url, [data], [callback], [type])

参数说明：url，待载入页面的 URL 地址；data，待发送的 key 或 value 参数，可选；callback，载入成功时的回调函数，可选；type，返回内容格式，如 xml、html、script、json、text 和 default，可选。以下代码供参考：

```
$.get("GetTest",
   { name:"John", time:"2pm" },
      function(data){
      alert("Data Loaded:" + data);
   });
```

上述代码提交一个请求到 GetTest 后端服务器接口，传递的数据对象是 { name:"John", time:"2pm" }，回调函数是 function(data){alert("Data Loaded:"+data);}。该回调函数有一个参数 data，data 中是请求完成之后返回的结果。对于具体格式，jQuery 会自动识别、判断。

（2）$.post()。$.post() 是使用 POST 方式向服务器发出请求的。其语法格式如下：

jQuery.post(url, [data], [callback], [type])

参数说明：url，发送请求地址；data，待发送的 key 或 value 参数，可选；callback，发送成功时的回调函数，可选；type，返回内容格式，如 xml、html、script、json、text 和 default，可选。以下代码供参考：

```
$.post(
"PostTest",
{ "func":"getNameAndTime" },
   function(data){
   console.log(data.name);       // John
   console.log(data.time);       // 2pm
   },
"json"
);
```

这个 POST 请求和之前的 GET 请求本质上是一样的，只是参数传递方式不同。

3. $. ajax()

所有 jQuery 的 AJAX 请求方法都源自一个基础方法——$.ajax()。所有 AJAX 请求方法本质上是相同的，只是在实际开发中，特别是大型项目开发中，习惯用 $.ajax() 方法来编写代码，因为其字段信息更加直观。以下代码供参考：

```
$.ajax({
   url:url,
   data:data,
   success:function(){      // 成功后的回调函数 },
   dataType:dataType
});
```

上述代码默认采用 GET 方式，如果要采用 POST 方式，只要多加一个属性 type: "post" 即可。

AJAX 对象的方法和属性见表 3-21。

表 3-21　　AJAX 对象的方法和属性

方法 / 属性	描述 / 值
async	布尔值，表示请求是否异步处理，默认是 true
beforeSend(xhr)	发送请求前运行的函数
cache	布尔值，表示浏览器是否缓存被请求页面，默认是 true
complete(xhr,status)	请求完成时运行的函数［在请求成功或失败之后均调用，即在 success() 和 error() 函数之后调用］

续表

方法 / 属性	描述 / 值
contentType	发送数据到服务器时所使用的编码类型，默认是 "application/x-www-form-urlencoded"
context	为所有 AJAX 相关的回调函数规定 this 值
data	规定要发送到服务器的数据
dataFilter(data,type)	用于处理 XMLHttpRequest 对象原始响应数据的函数
dataType	服务器响应的预期数据类型
error(xhr,status,error)	如果请求失败要运行的函数
global	布尔值，规定是否为请求触发全局 AJAX 事件处理程序，默认是 true
ifModified	布尔值，规定是否仅在最后一次请求之后响应发生改变时才请求成功，默认是 false
jsonp	在一个 JSONP（JSONP 是在网站访问资源跨域情况下 JSON 的一种“使用模式”）中重写回调函数的字符串
jsonpCallback	在一个 JSONP 中规定回调函数的名称
password	规定在 HTTP 访问认证请求中使用的密码
processData	布尔值，规定通过请求发送的数据是否转换为查询字符串，默认是 true
scriptCharset	规定请求的字符集
success(result,status,xhr)	当请求成功时运行的函数
timeout	设置本地的请求超时时间（以 ms 计）
traditional	布尔值，规定是否使用参数序列化的传统样式
type	规定请求方式（GET 或 POST）
url	规定发送请求的 URL，默认是当前页面
username	规定在 HTTP 访问认证请求中使用的用户名
xhr	用于创建 XHR 对象的函数

【例 3-24】$.ajax() 应用示例。

```
<html>
<head>
  <title></title>
  <meta http-equiv="Content-Type" content="text/html; charset=utf-8" />
  <style type="text/css">
    * {
      margin:0;
      padding:0;
```

```
    }

    body {
        font-size:12px;
    }

    .comment {
        margin-top:10px;
        padding:10px;
        border:1px solid #ccc;
        background:#DDD;
    }

    .comment h6 {
        font-weight:700;
        font-size:14px;
    }

    .para {
        margin-top:5px;
        text-indent:2em;
        background:#DDD;
    }
</style>
<!-- 引入 jQuery -->
<script src="./jquery-3.3.1.js" type="text/javascript"></script>
<script type="text/javascript">
    //<![CDATA[
    $(function () {
        $("#send").click(function () {
            $.ajax({
                type:"GET",
```

```
                url:"http://localhost/WebDevelopingDemo/test.json",
                dataType:"json",
                success:function (data) {
                    $("#resText").empty();
                    var html =" ";
                    $.each(data, function (commentIndex, comment) {
                        html += '<div class="comment"><h6>' + comment['username'] + ':</h6>
<p class="para">' + comment['content'] + '</p></div>';
                    })
                    $("#resText").html(html);
                }
            });
        });
    })
//]]>
  </script>
</head>

<body>
  <br />
  <p>
    <input type="button" id="send" value="加载" />
  </p>
  <div class="comment"> 已有评论：</div>
  <div id="resText">
  </div>
</body>
</html>
```

在上述示例代码中，请求的数据文件为 test.json，其内容如下：

```
[{"username":"张三","content":"沙发 ."},
  {"username":"李四","content":"板凳 ."},
```

```
    {"username":"王五","content":"地板 ."}
]
```

以上字符串是一个标准的JSON序列化后的字符串，在实际开发中，服务端执行相关数据查询之后的结果，只要转化为标准的JSON格式字符串并返回，就能实现一样的前端显示结果，这是目前比较流行的前后端分离的开发模式。

四、jQuery表单遍历节点

在项目开发中，几乎每个页面都要和后台做交互，而页面上的表单数据信息需要向后台提交。前面介绍了如何简化后台调用的代码，但是表单中的元素是如何传递到后台的呢？最原始的方法就是造一个JSON字符串，并定义每个字段对应的变量，然后把表单上这些表单元素的值一一赋值给这些变量。

以下面的表单为例：

```
<form id="form1">
<p> 留言 :</p>
  <p> 姓名 :<input type="text" name="username" id="username" /></p>
  <p> 内容 :<textarea name="content" id="content" ></textarea></p>
  <p><input type="button" id="send" value="提交"/></p>
</form>
```

那么提交的采用POST方式的代码可以这样写：

```
$.get("get3",
{
  username :$("#username").val() ,
  content :$("#content").val()
},
function (data, textStatus){
  //……回调函数……
  },
"json");
```

上述代码中的粗体部分需要一一定义变量后赋值。一个表单可能有上百个元素，

一一定义、赋值的做法耗时、耗力，而且容易出错。jQuery 提供了强大的筛选功能，可以按照一定的编码规范快速地筛选出所要的信息元素。

【例 3-25】快速筛选生成 JSON 字符串示例。

```
<html>
<head>
  <script src="./jquery-3.3.1.js"></script>
</head>
<body>
  <form id="form1">
    <p> 留言 :</p>
      <p> 姓名 :<input type="text" name="username" id="username" /></p>
      <p> 内容 :<textarea name="content" id="content" ></textarea></p>
      <p><input type="button" id="send" value="提交"/></p>
    </form>
<script>
$(function(){

  $("#send").click(function(){
    // 获取所有 form1 表单下 <p> 标签下的子元素
    var alltxt = $("#form1 p").children();
    var txtJson = "";
    $.each(alltxt,function(i,obj){
      if($(this).is("[name]")){
        // 包含属性称作 name 的元素
        if(txtJson==""){
          txtJson = "\"" + $(this).attr("name") + "\":"+ "\"" + $(this).val() + "\"";
        }
        else{
          txtJson += ",\"" + $(this).attr("name") + "\":"+ "\"" + $(this).val() + "\"";
        }
      }
    });
```

```
        txtJson = "{"+ txtJson +"}";
        alert(txtJson);
    });
});
</script>
</body>
</html>
```

但是有了 AJAX，就不用手工拼接 JSON 字符串了，因为它提供了一个非常有用的 serialize() 方法。该方法的作用是将 DOM 元素序列化为字符串，再用于 AJAX 请求。

【例 3-26】serialize() 方法应用示例。

```
<html>
<head>
  <script src="./jquery-3.3.1.js"></script>
</head>
<body>
  <form id="form1">
    <p> 留言 :</p>
    <p> 姓名 :<input type="text" name="username" id="username" /></p>
    <p> 内容 :<textarea name="content" id="content"></textarea></p>
    <p><input type="button" id="send" value="提交" /></p>
  </form>
  <script>
    $(function () {
      $("#send").click(function () {
        var alltxt = $("#form1").serialize();       // 序列化表单元素
        alert(alltxt);
      });
    });
  </script>
</body>
</html>
```

在姓名处输入“Michael Jackson”，在内容处输入“Heal the World.”，得到的结果如下：

```
username=Michael%20Jackson&content=Heal%20the%20World.
```

serialize() 方法执行之后的字符串是采用 GET 方式提交的参数字符串，所以可以看到像空格这种字符已经重新进行了 URL 编码。这种类型的字符串可以直接通过 GET 方式提交至服务器，但是也可以将它转成标准的 JSON 字符串。

【例 3-27】转成标准 JSON 字符串应用示例。

```
<html>
<head>
  <script src="./jquery-3.3.1.js"></script>
</head>
<body>
  <form id="form1">
    <p> 留言 :</p>
    <p> 姓名 :<input type="text" name="username" id="username" /></p>
    <p> 内容 :<textarea name="content" id="content"></textarea></p>
    <p><input type="button" id="send" value="提交" /></p>
  </form>
  <script>
    $(function () {
      $("#send").click(function () {
        var alltxt = $("#form1").serializeArray();            // 序列化表单元素
        alert(JSON.stringify(alltxt));
      });
    });
  </script>
</body>
</html>
```

与例 3-26 输入信息相同，但是结果变为：

```
[ {"name":"username","value":"Michael Jackson"},
{"name":"content","value":"Heal the World."}]
```


上述返回结果是一个标准的JSON字符串，但是，JSON字符串的内容全都是以name和value组成的键值对，也就是把所有字段名称和内容都作为name和value字段的“值”保存了。

学习单元 4

常见的 jQuery 控件

学习目标

- 了解常见 jQuery 控件的应用知识。
- 能够在网站设计中应用常见的 jQuery 控件。

知识准备

一、文件上传类 jQuery 控件

文件上传类控件有很多，本书主要介绍——jQuery File Upload，读者可以自行下载相关资料，下载地址为 https://github.com/blueimp/jQuery-File-Upload。另外，本书配套素材包含该控件文件，其名称为“jQuery-File-Upload-9.31.0”。该控件的功能非常强大，可以满足文件上传操作的所有需求。

使用控件时首先引用以下 JS 文件：jquery.ui.widget.js、jquery.fileupload.js 和 jquery.iframe-transport.js。注意，不同使用场景需要的 JS 文件是不同的，顺序也很重要。然后在页面上添加一个 input 类型的 file 控件：<input id="fileupload" type="file" name="files[]" multiple>，并给这个控件绑定 fileupload 处理方法。

【例 3-28】fileupload 应用示例。

```
<html>
<head>
   <title> 文件上传示例 </title>
   <script src="./jquery-3.3.1.js"></script>
   <script src="./jQuery.ui.widget.js"></script>
   <script src="./jQuery.fileupload.js"></script>
   <script src="./jQuery.iframe-transport.js"></script>
   <style>
   input {
      display:block;
   }
   .progress{
      height:20px;
      margin-bottom:20px;
      overflow:hidden;
      background-color:#f5f5f5;
      border-radius:4px;
      -webkit-box-shadow:inset 0 1px 2px rgba(0, 0, 0, .1);
      box-shadow:inset 0 1px 2px rgba(0, 0, 0, .1);
   }
   </style>
</head>

<body>
   <h2> 文件上传演示 </h2>
   <span> 选择文件 </span><input id="fileupload" type="file" name="files[]" multiple>
   <br>
   <br>
<p id="result">
</p>
   <script>
```

```
    $("#fileupload").fileupload({
        url:"http://localhost/WebDevelopingDemo/Home/UploadFile",
        dataType:"json",        //注意，这里如果返回的数据不是 JSON，可以去掉该属性
        done:function (e, data) { // 这是文件上传完成后的回调函数
            if (data.result.files && data.result.files != "") {
                $("<a/>").text(data.result.files)
                    .attr("href", "http://localhost/WebDevelopingDemo/UploadFiles/" + data.
result.files)
                    .attr("target", "_blank")
                    .appendTo("#result");
                $("<br/>").appendTo("#result");
            }
        }
    });
  </script>
</body>
</html>
```

上传文件后，通过查找服务端代码目录下的 UploadFiles 文件夹进行确认。

二、表单验证类 jQuery 控件

表单验证是指对用户填写的信息进行格式、内容、长度等方面的规则检查，目的是让用户在表单上按照提示正确地填写相关信息，避免用户乱填信息导致后台无法正确地存储、处理数据而产生错误，甚至造成系统崩溃。本书介绍一个非常好用的 jQuery 表单验证控件——easyform（资源来源于 http://www.jq22.com/）。easyform 控件包括 easyfrom 主体和 easytip 提示框两个部分。

1. easyform 主体

easyform 主体支持复杂的表单验证规则且使用方便，可以做到一行 JS 代码搞定全部。目前，easyform 主体支持的控件是 input（包括 text、radio、checkbox 三种类型）和 textarea。使用时，首先引用 CSS 及 JS 文件，以下代码供参考：

```
<link rel="stylesheet" href="../easyform/easyform.css">
<script src="js/jquery-2.1.0.min.js"></script>
<script src="../easyform/easyform.js"></script>
```

注意，jQuery 版本不能低于 1.7，引用顺序不能颠倒。另外，因为 easyform 主体依赖于 jQuery，所以要先加载 jQuery。最后，在 document 的 ready 事件函数中加上下面这句代码：

```
$("#form").easyform();
```

easyform 控件目前支持 IE10 及以上版本，以及其他各类浏览器，可以在移动设备上使用。easyform 应用示例（即例 3-29，本书不具体列出）的完整代码见配套素材“培训任务 3_Web 前端交互开发”文件夹中“示例”文件夹中的“3-29 easyform 应用 .html”，请读者自行阅读。部分代码如下：

```
<input name="uid" type="text" id="uid"
data-easyform="length:4 16;char-normal;real-time;
ajax:ajax_demo(1);"
data-message="用户名必须为 4 至 16 位的英文字母或数字"
data-easytip="position:top;class:easy-blue;"
data-message-ajax="用户名已存在 !">
```

上述代码通过在 input 控件中设定 easyform 的扩展属性，自动给输入框添加相应的表单验证规则。data-easyform 属性后面可以写上所需要的规则，用英文格式的分号连接，语法上有些像 CSS 语言。该属性不是必需的，如果该属性后面什么都不写，那么默认效果就是这个控件的值不能为空。data-easyform 的验证规则见表 3-22。data-message 属性是一个默认的提示信息，如果不写出，在遇到错误时会默认提示“格式错误”，通常可以写入提示信息。data-easytip 属性是 easytip 的配置属性，可以不写，这样 easytip 就会按照默认的样式和行为进行初始化。

表 3-22　　　　data-easyform 的验证规则

规则名称	说明	类型	默认情况	示例
null	可否为空	无	默认所有值都是必填项	data-easyform="null;"
email	电子邮件地址	无	无	data-easyform="email;"

续表

规则名称	说明	类型	默认情况	示例
char-normal	只能为英文、数字、下划线	无	无	data-easyform="char-normal;"
char-chinese	只能为中文、英文、数字、下划线、中文标点符号	无	无	data-easyform="char-chinese;"
char-english	只能为英文、数字、下划线、英文标点符号	无	无	data-easyform="char-english;"
length	长度限制，可以设置最大值和最小值。如果仅设置一个值，则长度必须为该值。注意，宽字符长度为 2	int	无	data-easyform="length:1 10;" data-easyform="length:6;"
equal	是否与某值相等，可以用来判断密码的确认情况	string	无	data-easyform="equal:#psw1;"
ajax	AJAX 验证，异步。需要通过 easyform-ajax 事件来返回验证结果	string	无	data-easyform="ajax:fun(1);"
real-time	实时检查。如果设置实时检查，则对象每次失去焦点时就会验证一次	无	无	data-easyform="real-time;"
date	日期格式为 yyyy-mm-dd	无	无	data-easyform="date;"
time	时间格式为 hh:mm:ss	无	无	data-easyform="time;"
datetime	日期和时间格式为 yyyy-mm-dd hh:mm:ss	无	无	data-easyform="datetime;"
money	金额格式，等同于 float:10 2	无	无	data-easyform="money;"
uint	无符号正整数，参数为起始值和最大值	int	默认最大值为 999999999999999	data-easyform="uint:1 100;"
number	数字字符串，只能是数字，不含小数点	无	无	data-easyform="number;"
float	浮点数	int	无	data-easyform="float:7 2;"
regex	自定义正则表达式	string	无	data-easyform="regex:^(\\d{4})-(\\d{2})-(\\d{2})$;"

AJAX 验证方法：在任意 input 的 data-easyform 属性中添加“ajax:fun(a,b,c);”，就可以定义一个验证规则。其中，ajax 是固定的，fun 是函数名称，任意一个函数都可以使用。当然，函数里即使未执行 AJAX 操作也可以。函数的参数也是完全自定义的，没有任何硬性要求。唯一需要注意的是，验证规则通过在 input 上添加 easyform-ajax

事件来监听验证结果，所以需要在自定义函数中返回 easyform-ajax 事件，以下代码供参考：

```
$("#uid").trigger("easyform-ajax", false);        //true 或 false 代表验证成功或失败
```

2. easytip 提示框

easytip 是这个控件配套使用的错误提示框，它其实可以单独作为一个 tooltip 控件使用。从例 3-29 代码可以看到，easytip 的外观是可以定制的。easytip 的使用也很简单，以下代码供参考：

```
var tip=$("#uid").easytip();
tip.show("Hello!");
```

三、时间、日期类和颜色选取类 jQuery 控件

1. 时间、日期控件

时间、日期在日常开发的表单中是比较常见的信息要素，本书介绍一种时间、日期控件——datetimepicker（资源来自 https://github.com/xdan/datetimepicker）。datetimepicker 控件示例效果如图 3-7 所示。datetimepicker 控件不但可以选择日期，还可以选择时间，显示样式会根据配置项的不同而有所变化。

图 3-7　datetimepicker 控件示例效果

使用 datetimepicker 控件时，应先引用必要的资源文件：

```
<script src="./jquery-3.3.1.js"></script>
<script src="./jquery.datetimepicker.full.js"></script>
<link rel="stylesheet" type="text/css" href="./jquery.datetimepicker.css" />
```

然后创建一个 input 文本输入框：

```
<input value="" id="datetimepicker" type="text" />
```

待页面加载完毕，执行下面的 JS 语句：

```
jQuery("#datetimepicker").datetimepicker();
```

datetimepicker 控件的使用场景默认是英文的，通常可以对该控件的参数进行设定，以实现个性化定制。datetimepicker 控件的属性见表 3-23。

表 3-23　　datetimepicker 控件的属性

属性	默认值	描述	示例
parentID	body	将 datetimepicker 控件添加到指定元素中，该元素可以是选择器，也可以是 DOM 或 jQuery 元素	{parentID:'#parent'}
value	null	设置当前 datetimepicker 控件的值，如果已设置，则忽略 input.value	{value:'12.03.2013', format:'d.m.y'}
formatDate	y/m/d	minDate 和 maxDate 的格式日期	{formatDate:'d.m.y'}
validateOnBlur	true	当失去焦点时，从输入内容中验证日期、时间的值。如果值无效，则插入当前日期、时间的值	{ validateOnBlur:false}
timepicker	true	是否启用时间设定器	{timepicker:false}
datepicker	true	是否启用日期设定器	{datepicker:false}
weeks	false	显示周数	{weeks:true}
theme	default	设置配色方案，现在只支持默认主题和暗色主题	{theme:'dark'}
minDate	false	设置最小日期值	{minDate:0} // today
			{minDate:'2013/12/03'}
maxDate	false	设置最大日期值	{maxDate:0}
			{maxDate:'2013/12/03'}
startDate	false	设置日历日期	{startDate:'1987/12/03'}
			{startDate:new Date()}

【例 3-30】datetimepicker 控件应用示例。

```
<html>

<head>
   <meta http-equiv="content-type" content="text/html; charset=utf-8" />
   <script src="./jquery-3.3.1.js"></script>
   <script src="./jquery.datetimepicker.full.js"></script>
   <link rel="stylesheet" type="text/css" href="./jquery.datetimepicker.css" />
   <style type="text/css">
      .custom-date-style {
         background-color:red !important;
      }

      .input-wide {
         width:500px;
      }
   </style>
</head>
<body>
   <h3>datetimepicker 控件展示 </h3>
   <input value="" id="datetimepicker" type="text" />
</body>

<script>
// 默认显示，英文
jQuery("#datetimepicker").datetimepicker();

// 设置为中文，设定初始值
   // $.datetimepicker.setLocale('ch');
   // $('#datetimepicker').datetimepicker({
   //   value:'2019/06/01 09:00',
   //   step:10,
```

```
    //  lang:'ch',
    //  i18n:{
    //  ch:{
    //  months:['一月', '二月', '三月', '四月', '五月', '六月', '七月', '八月', '九月', '十月', '十一月', '十二月'],
    //  dayofWeek:['星期一', '星期二', '星期三', '星期四', '星期五', '星期六', '星期日']
    //      }
    //  }
    // });
</script>

</html>
```

上述 JS 示例代码在设置控件语言为中文的同时设置初始值。

2. 颜色选取控件

如果需要在代码中选择颜色，一般需要使用颜色选取控件。这类控件有很多，本书介绍一个比较实用的控件——spectrum（资源来源于 https://github.com/bgrins/spectrum）。spectrum 控件的显示效果如图 3-8 所示。

所选颜色的色号为：

#000000

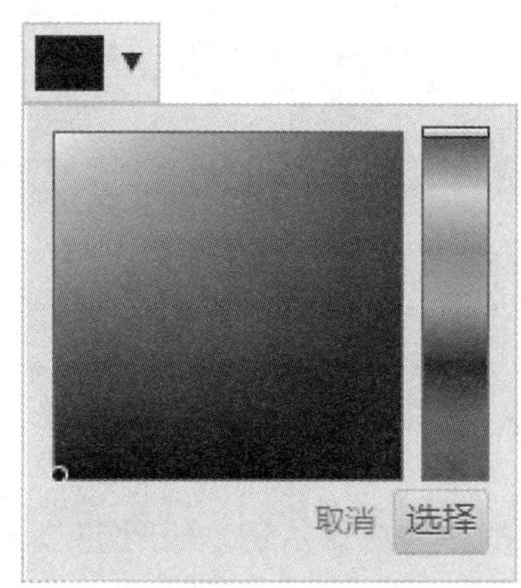

图 3-8　spectrum 控件的显示效果

该控件的使用方法很简单：首先引用下列 JS 和 CSS 文件，spectrum.js、docs.js、jquery.spectrum-zh-cn.js（用于中文显示）和 spectrum.css；然后进行初始化。部分代码如下：

```
<div style=("text-align:center;">
    <input id="myColor" />
</div>
……
<script>
    $("#myColor").spectrum();        //初始化控件
……
</script>
```

以上是最简单的初始化方式，但在实际运用中，更多的是采用下面这种初始化方式：

```
<script>
    $("#myColor").spectrum({
        move:function (color) {
            updateBorders(color);   //颜色改变时触发相应方法
        }
    });
//颜色更新时的动作，将颜色值保存在一个控件中，就可以获取这个值
function updateBorders(color) {
    var hexColor = "transparent";
    if(color) {
        hexColor = color.toHexString();
    }
    $("#selectedColor").text(hexColor);
}
</script>
```

颜色选取控件应用示例（即例 3-31，本书不具体列出）的完整代码见配套素材“培训任务 3_Web 前端交互开发”文件夹中“示例”文件夹中的“3-31 颜色选取控件应用 .html”，请读者自行阅读。

四、幻灯片、手风琴特效类 jQuery 控件

在实际开发中，经常要对图片、页面进行切换、过渡，下面介绍两个控件应用示例。

1. 幻灯片特效控件

下面介绍一个轻量级的幻灯片控件——unslider。unslider 控件应用（即例 3–32，本书不具体列出）的完整代码见配套素材“培训任务 3_Web 前端交互开发”文件夹中“示例”文件夹中的“3–32 幻灯片特效应用 .html”，这里主要分析图片切换的实现过程。

使用 unslider 时，首先引用相应的 JS 文件，具体代码为：

```
<script src="./jquery-3.3.1.js"></script>
<script src="./unslider.min.js"></script>
```

然后生成图片列表，目前代码中的列表是固定的，但在实际项目开发中，往往通过 AJAX 动态请求列表数据后动态生成列表。最后，套上相应的脚本，主要有以下三个方法：

```
imgReload(){……}                                    // 样式调整主方法
$(window).resize(function () { imgReload(); });    // 响应窗体变化
$(document).ready(function (e) {……});              // 页面初始化，启动幻灯片插件
```

unslider 控件的配置参数见表 3–24。

表 3–24 unsilder 控件的配置参数

配置参数	说明
speed	图片切换的时间，数字单位是 ms
delay	图片停留的时间，数字单位是 ms
complete	每次图片切换完后的回调函数，function() {}
keys	是否支持键盘控制，取值 true 或 false
dots	是否显示指示器，取值 true 或 false
fluid	是否支持响应式布局，取值 true 或 false

2. 手风琴特效控件

手风琴特效是指点击某个分页的头部后，控制样式发生相应的变化，其动画过程

给人感觉像在拉动手风琴。手风琴特性可以通过 jQuery 自带的 slideDown、slideUp 等方法实现。本书提供一个简单的应用示例，读者可以举一反三。

【例 3-33】手风琴特效应用示例。手风琴特效应用示例效果如图 3-9 所示。

```
<html>
<head>
  <meta http-equiv="Content-Type" content="text/html; charset=utf-8" />
  <title> 手风琴特效 </title>
  <script src="./jquery-3.3.1.js"></script>
  <link rel="stylesheet" href="./style2.css" type="text/css" media="screen" />
  <style type="text/css">
    body {
      width:500px;
      margin:0 auto
    }
    .footer {
      margin-top:50px;
      text-align:center;
      color:#666;
      font:bold 14px Arial
    }
    .footer a {
      color:#999;
      text-decoration:none
    }
    #wrapper-250 {
      width:250px;
      margin:0 auto;
    }
  </style>
</head>

<body>
```

```
<div id="wrapper-250">
  <ul class="accordion">
    <li id="one" class="files"> <a href="#one">My Files<span>495</span></a>
      <ul class="sub-menu">
        <li><a href="#"><em>01</em>Dropbox<span>42</span></a></li>
        <li><a href="#"><em>02</em>Skydrive<span>87</span></a></li>
        <li><a href="#"><em>03</em>FTP Server<span>366</span></a></li>
        <li><a href="#"><em>04</em>Dropbox<span>1</span></a></li>
        <li><a href="#"><em>05</em>Skydrive<span>10</span></a></li>
      </ul>
    </li>
    <li id="two" class="mail"> <a href="#two">Mail<span>26</span></a>
      <ul class="sub-menu">
        <li><a href="#"><em>01</em>Hotmail<span>9</span></a></li>
        <li><a href="#"><em>02</em>Yahoo<span>14</span></a></li>
      </ul>
    </li>
    <li id="three" class="cloud"> <a href="#three">Cloud<span>58</span></a>
      <ul class="sub-menu">
        <li><a href="#"><em>01</em>Connect<span>12</span></a></li>
        <li><a href="#"><em>02</em>Profiles<span>19</span></a></li>
        <li><a href="#"><em>03</em>Options<span>27</span></a></li>
        <li><a href="#"><em>04</em>Connect<span>12</span></a></li>
        <li><a href="#"><em>05</em>Profiles<span>19</span></a></li>
        <li><a href="#"><em>06</em>Options<span>27</span></a></li>
      </ul>
    </li>
    <li id="four" class="sign"> <a href="#four">Sign Out</a>
      <ul class="sub-menu">
        <li><a href="#"><em>01</em>Log Out</a></li>
        <li><a href="#"><em>02</em>Delete Account</a></li>
        <li><a href="#"><em>03</em>Freeze Account</a></li>
```

```
            </ul>
        </li>
    </ul>
</div>

<script type="text/javascript">

    $(document).ready(function () {
        // 获取相应的对象
        var accordion_head = $(".accordion > li > a"),
            accordion_body = $(".accordion li > .sub-menu");

        // 打开第一个对象
        accordion_head.first().addClass("active").next().slideDown("normal");

        // 点击方法
        accordion_head.on("click", function (event) {

            // 使头部链接失效
            event.preventDefault();
            // 控制点击之后的显示和隐藏
            if ($(this).attr("class") != "active") {
                accordion_body.slideUp("normal");
                $(this).next().stop(true, true).slideToggle("normal");
                accordion_head.removeClass("active");
                $(this).addClass("active");
            }
        });
    });
</script>
</body>
</html>
```

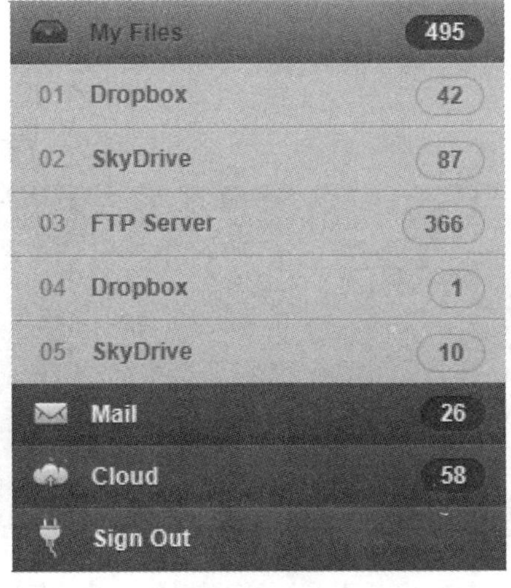

图 3-9　手风琴特效应用示例效果

实战练习

在培训任务 2 的实战练习基础上，添加 JS 脚本，让页面产生互动效果。

1. 操作 login.html 页面模拟用户登录，添加用户名和密码验证逻辑

（1）如图 3-10 所示，如果用户名或密码为空，提示“请输入用户名和密码!”。

（2）如果输入的用户名为“admin”，密码为“123456”，则登录成功，页面跳转到 index.html。如图 3-11 所示，如果输入其他内容，则提示“用户名或密码错误!”。

2. 在 index.html 页面添加互动操作要求

（1）对于导航栏目，目前只有两个栏目有内容，那么对于其他尚未完成的栏目（即无内容），当点击页面时，需要弹出提示框显示“栏目建设中!”，如图 3-12 所示。

图 3-10　用户名或密码为空的提示框

图 3-11　用户名或密码错误的提示框

图 3-12　“栏目建设中!”提示框

（2）编写脚本实现以下功能：当将鼠标移动到正文中某个段落上时，该段落背景色变成浅灰色，如图 3-13 所示；当将鼠标移走时，恢复原来样式。

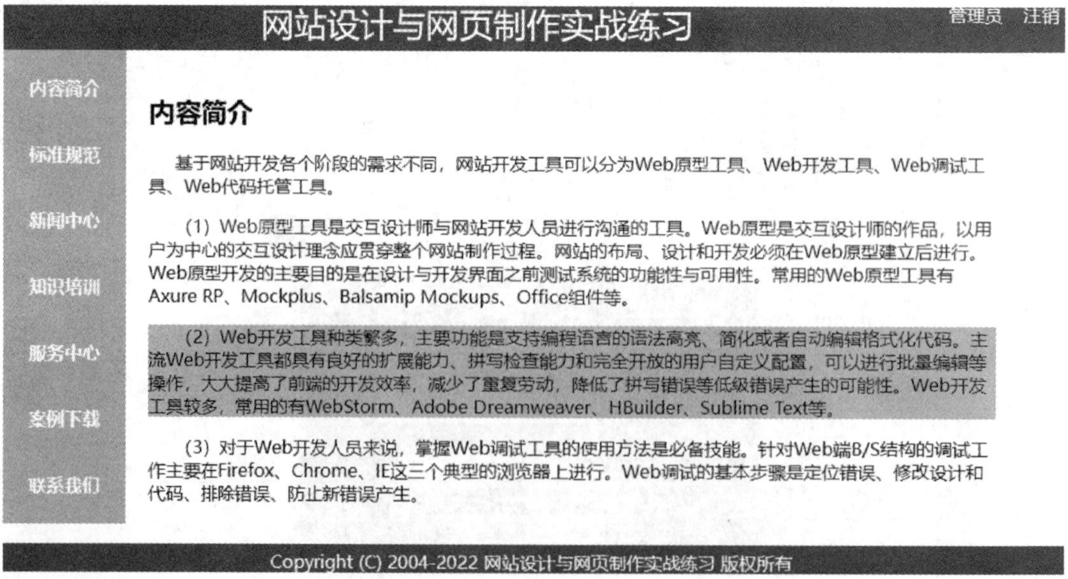

图 3-13　将鼠标移动到段落上的效果

（3）当点击“联系我们”后弹出一个提示框，如图 3-14 所示，其大小为 600 px × 400 px，500 ms 渐变显示“欢迎来到网站设计与网页制作实战练习场。”点击“关闭”按钮之后，提示框渐变消失。

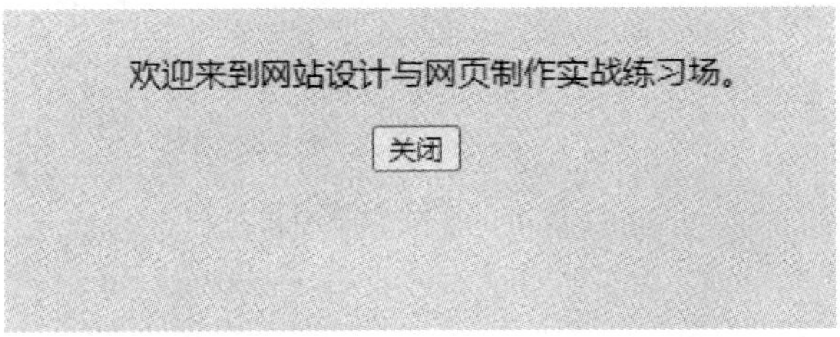

欢迎来到网站设计与网页制作实战练习场。

关闭

图 3-14 点击“联系我们”后弹出的提示框

（4）上述功能在 index.html 中实现后，提炼 JS 脚本到独立的 JS 文件中，再以 JS 引用的方式使两个 HTML 文件都实现相同的功能。

附　录

Web 服务器环境的安装准备——IIS 服务器的部署

本附录介绍微软 Win10 家庭中文版环境下的 IIS 服务器部署步骤。

步骤 1　在 Windows 设置界面（见图附 -1）中点击“应用”。

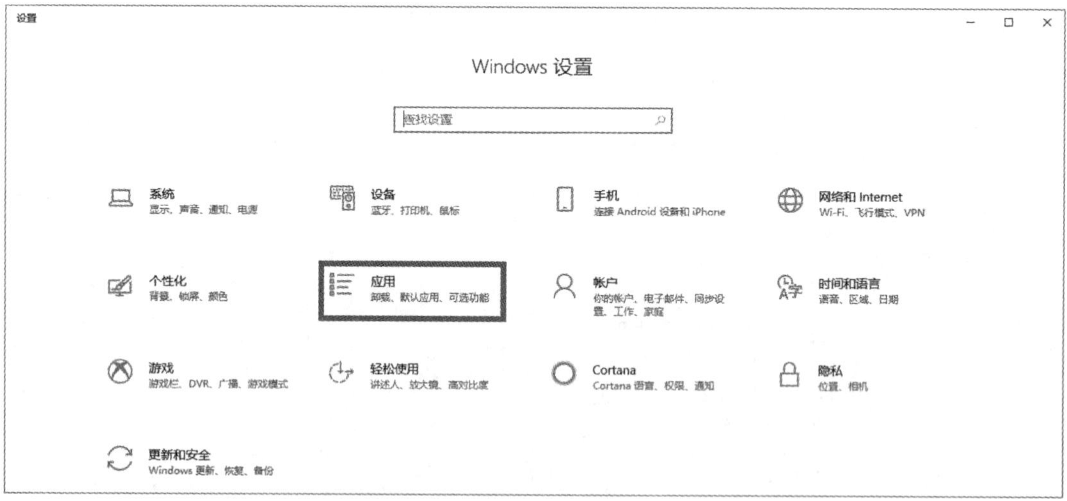

图附 -1　Windows 设置界面

步骤 2　在 Windows 应用和功能界面（见图附 -2）中点击“相关设置”下方的“程序和功能”。

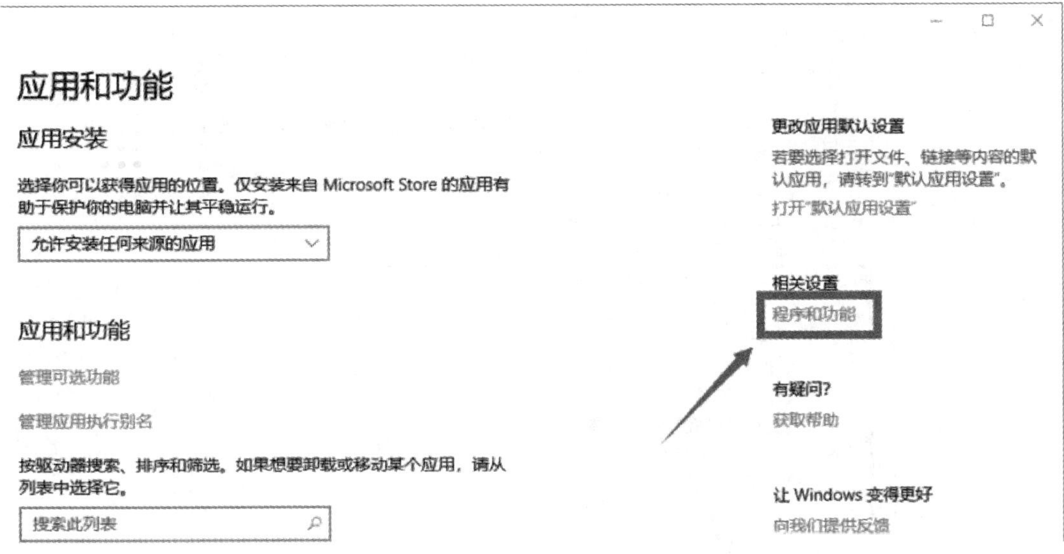

图附 -2　Windows 应用和功能界面

步骤 3　在 Windows 程序和功能界面（见图附 -3）中点击“启用或关闭 Windows 功能”。

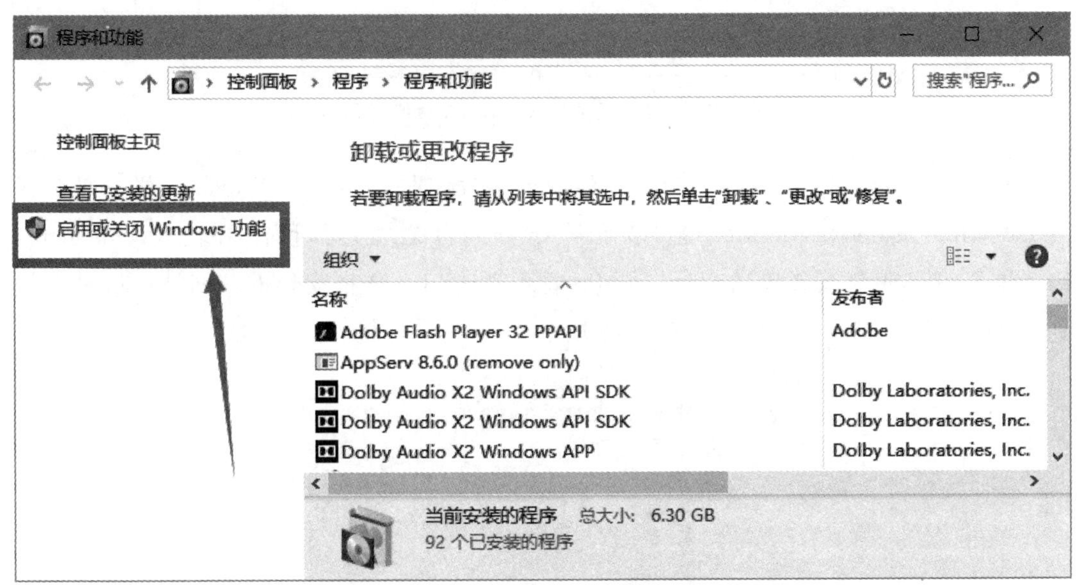

图附 -3　Windows 程序和功能界面

步骤 4　在打开的启用或关闭 Windows 功能对话框（见图附 -4）中勾选相应的 IIS 服务功能，点击“确定”之后，系统会自动安装。

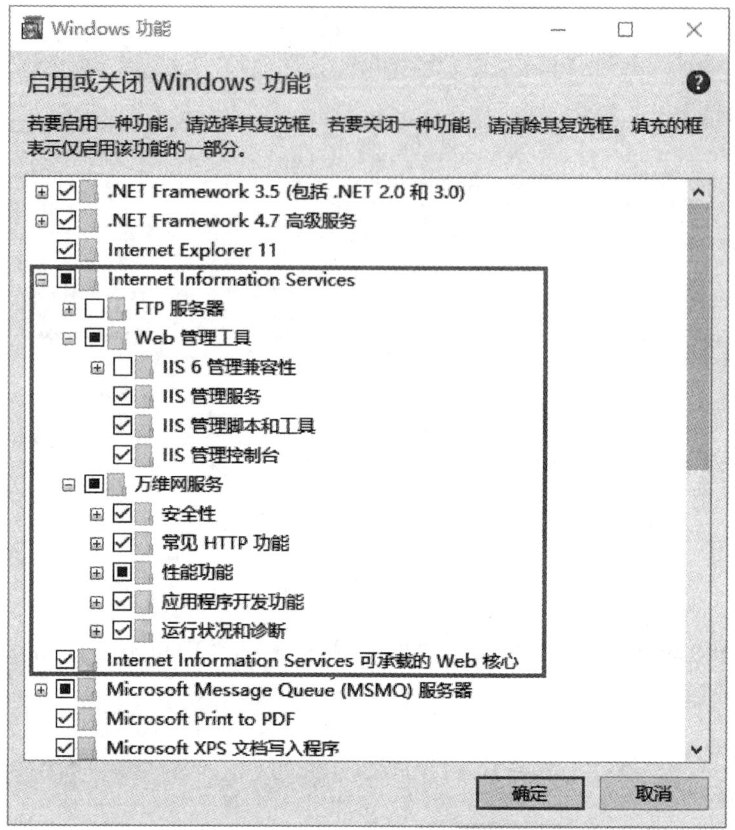

图附 –4　启用或关闭 Windows 功能对话框

步骤 5　启动 IIS 管理器。按以上步骤安装完之后，可以在 Windows 菜单里查找“Internet Information Services”；也可以按下 win+r 组合键，在运行窗口中输入“inetmgr”，按下回车键。如果安装成功，会打开 IIS 管理器窗口，并在窗口的“网站”目录下找到“Default Web Site”站点，如图附 –5 所示。

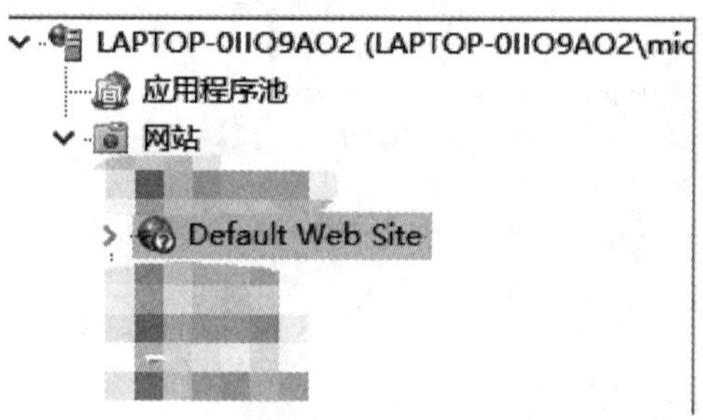

图附 –5　IIS 管理器窗口的“网站”目录

步骤 6　用鼠标右键点击“Default Web Site”站点，在弹出的菜单中点击“添加应用程序”，打开 IIS 添加应用程序界面（见图附 –6）。在“别名”处填入应用名

字，如 WebDevelopingDemo 等。在“物理路径”处填入网站程序所在的本地目录地址。注意，站点文件路径（见图附 -7）在哪里，这个目录就要定位到哪里，如 D:\test\WebDevelopingDemo\WebDevelopingDemo。填好后点击“确定”，IIS 服务端便部署完毕。

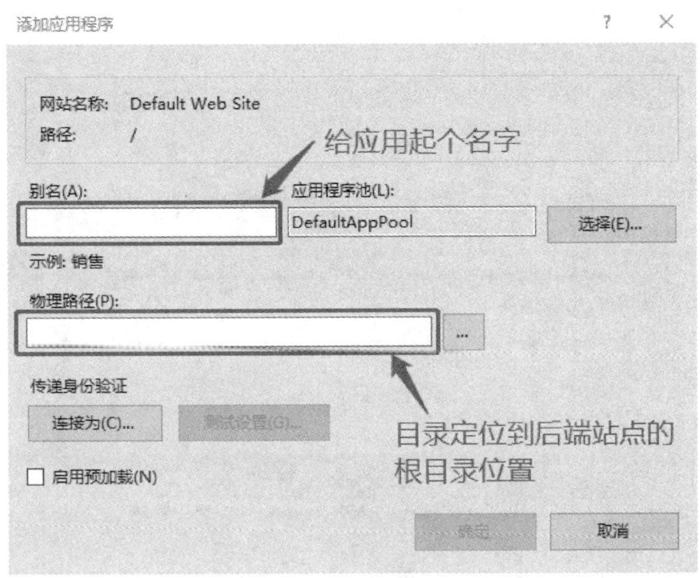

图附 -6　IIS 添加应用程序界面

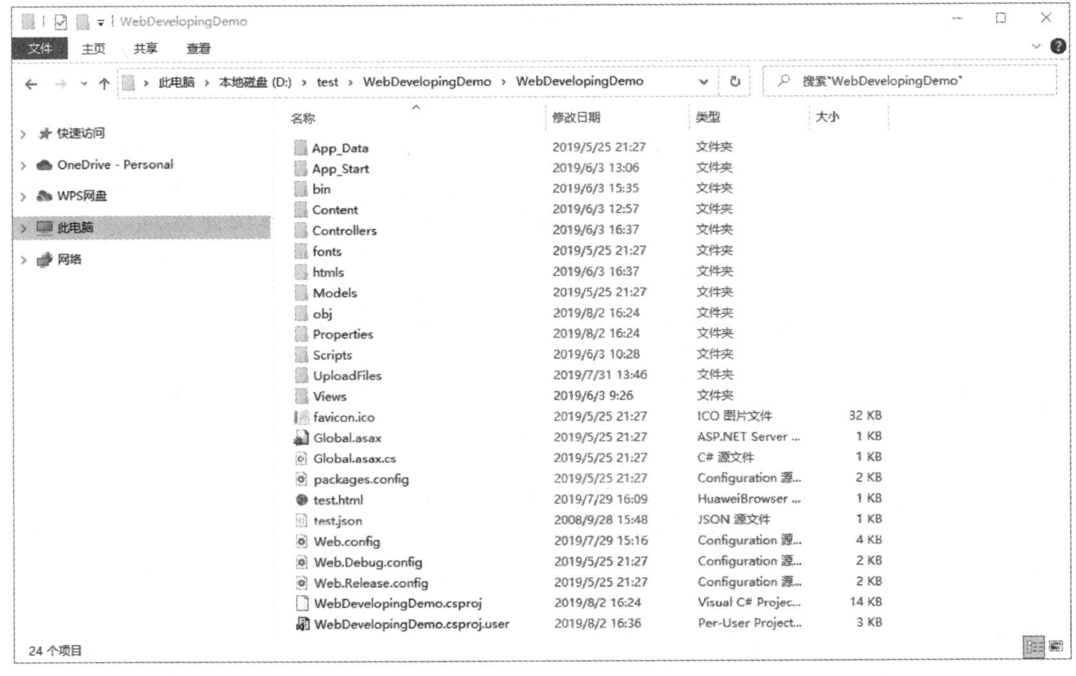

图附 -7　站点文件路径

步骤 7　验证部署结果。将 IIS 服务端部署完成后，点击“WebDevelopingDemo”站点，然后在窗口右边的“操作”选项中点击“浏览应用程序”菜单项的“浏览 *：80（http）”，验证是否部署成功（见图附 -8）。若部署成功，系统会自动打开默认的浏览器，显示这个站点的首页。至此，后端服务器部署并验证完毕。

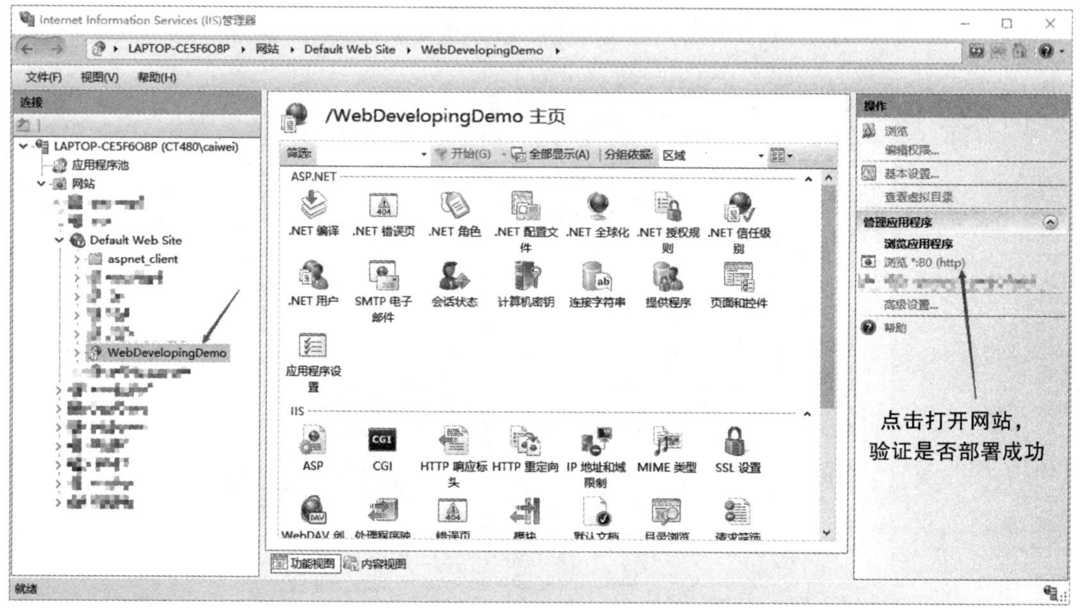

图附 -8　验证是否部署成功